Python实现WebUI自动化测试实战

Selenium 3/4+unittest/Pytest+GitLab+Jenkins

Storm 李鲲程 边宇明 著

人民邮电出版社

北京

图书在版编目（CIP）数据

Python实现Web UI自动化测试实战：Selenium 3/4+ unittest/Pytest+GitLab+Jenkins / Storm, 李鲲程, 边宇明著. -- 北京：人民邮电出版社, 2021.8（2024.4重印）
ISBN 978-7-115-56405-4

Ⅰ.①P… Ⅱ.①S… ②李… ③边… Ⅲ.①软件工具—自动检测 Ⅳ.①TP311.561

中国版本图书馆CIP数据核字(2021)第073220号

内 容 提 要

本书主要介绍如何基于 Python 使用 Selenium、unittest、Pytest、GitLab、Jenkins 等工具实现 Web UI 自动化测试，以帮助读者提升测试水平。

本书第 1 章简要介绍自动化测试的相关概念和思路、Selenium 的特点和发展历史、WebDriver 的原理，以及 Selenium IDE 的简单应用。第 2 章和第 3 章介绍与 Python 相关的基础知识，为后续内容的讲解做准备。第 4 章～第 15 章详细介绍使用各种框架进行自动化测试的方法和实战案例，帮助读者进一步掌握自动化测试技能。第 16 章从实际情况出发，介绍提升自动化测试用例执行效率的几种常见方法，供读者在实际操作中参考。

本书适合计算机相关专业的学生、测试行业的从业人员和希望提升自动化测试实战水平的技术人员阅读。

◆ 著　　Storm　李鲲程　边宇明
  责任编辑　张天怡
  责任印制　陈　犇
◆ 人民邮电出版社出版发行　北京市丰台区成寿寺路11号
  邮编　100164　电子邮件　315@ptpress.com.cn
  网址　https://www.ptpress.com.cn
  固安县铭成印刷有限公司印刷
◆ 开本：787×1092　1/16
  印张：26.75　　　　　　2021年8月第 1 版
  字数：524千字　　　　　2024年4月河北第 8 次印刷

定价：99.90元

读者服务热线：(010)81055410　印装质量热线：(010)81055316
反盗版热线：(010)81055315
广告经营许可证：京东市监广登字 20170147 号

序 PREFACE

我和作者的合作始于自动化测试。

我们合作的产品1.0版本发布时，由于从规划设计到开发上线，时间短，任务重，产品带伤上线，出现了不少功能性的漏洞（bug）。产品上线后我们收到了原型客户的大量反馈，于是，除了修复bug，我们还需要正常地进行需求迭代。当时的测试主要是以功能、性能测试为主，测试团队整体的工作效率不高，而且每次迭代都会遗留不少问题。于是，我们想到了通过自动化的方式进行常规的回归测试和冒烟测试：一方面可以提高自动化用例的覆盖度，保证已有功能不出问题；另一方面也能大幅提高测试人员的工作效率，保证新功能稳定投产。

经过半年多的努力，作者带领测试团队的自动化测试工程师，付出了大量的努力，实现了主要功能点的自动化测试。覆盖移动端和Web端的UI自动化测试以及Server端的接口自动化测试，自动化测试时间控制在4小时之内，很大程度上提高了测试效率，提高了产品的稳定性。

回顾整个自动化测试方法创建的过程，作者和团队逐步探索，遇到了不少问题，攻克了不少难关，摸索出了一条适用于企业级SaaS应用的自动化测试方案。在这里，我们希望读者能将自动化测试作为项目、产品的常规测试方法进行实践，探索自己的自动化测试方案。

首先，要从观念上重视自动化测试团队的作用，将自动化测试作为重要的测试方法内化到测试过程中，建立完整的自动化测试团队，制订适应自己产品和项目的自动化测试方案。

其次，在实施过程中，量身定制，有侧重点地覆盖测试点，逐步完善用例库。

再次，根据测试的结果，评估实效，制订改进方案。

最后，逐步改进，对成功的经验加以肯定，对失败的教训予以总结和重视，将自动化测试过程标准化，并且做到跟随需求的迭代而迭代。

稻盛和夫在《活法》中说："专心致志于一事、努力工作的人，通过日常的精进，精神自然得到磨砺，进而形成厚德载物的人格。"我想，正是由于本书作者在工作中持之以恒地追求工作效率和产品质量,他们才能不断总结出测试的方法论;加之以"厚德载物"的人格,以及"利他"的精神,他们又将自动化测试的精华赋能给每一个测试人。最后,希望每一个测试人可以在书中获得进益!

用友网络科技股份有限公司产品总监　王雪东

前言

为什么要写这本书

在开始本书内容之前，先简单介绍一下软件项目模式，如瀑布模式、敏捷开发、DevOps（过程、方法与系统的统称）等，然后通过分析模式的演变引出对测试的思考，这样有利于读者学习测试的相关知识。我深信：好的开始是成功的前提。

简单来说，瀑布模式将软件生命周期划分为制订计划、需求分析、软件设计、程序编写、软件测试和运行维护6个基本步骤，并且规定了它们自上而下、相互衔接的固定次序，如同瀑布流水，逐级下落。敏捷开发的出现缩小了需求和开发之间的"隔阂"，有效地缩减了产品开发的周期，并提高了产品开发的效率。敏捷开发的特点是高度迭代、有周期性，并且能够及时、持续地响应客户的频繁反馈。敏捷开发测试与普通测试的区别如下。

- 项目开发与测试并行，项目完成整体时间较快（在Scrum模式下，建议每个Sprint周期为2~4周）。
- 模块提交较快，测试时较有压迫感。
- 工作任务划分清晰，工作效率较高。
- 项目规划要合理，不然测试时会出现复测的现象，导致工作量加大。
- 发现问题需及时解决，因为项目中的人员都比较忙，问题很容易被遗忘。
- 耗时且较难解决，又对项目影响不大的问题一般会遗留到下个阶段。
- 发现漏洞（bug）能够很快解决，对相关模块的测试影响比较小。
- 版本更换比较快，且版本会影响测试速度。
- 与开发人员沟通较频繁。
- 要注意版本的更新情况。
- 测试人员几乎要参与整个项目组的所有会议。

再来看看DevOps。敏捷开发的流行在某种程度上"放任"了缺陷的存在，这直接影响了线上系统的稳定性。当一方（产品人员、研发人员）想快速发版、完成工作量（开发、上线的功能对应技术人员的工作量），而另一方（运维人员）要保障线上系统的高可用性（系统无故障运行时间是运维人员绩效的重要衡量指标）时，必然要减少不必要的发版，技术人员与运维人员之间的"隔阂"由此产生。于是一种强调技术人员和运维人员之间的沟通合作，通过自动化流程使得软件构建、测试、发布更加快捷、频繁和可靠的概念逐步开始流行。以下是DevOps对测试人员提出的新要求。

- "测试左移"的概念更加明确，即更加强调测试人员应该在需求阶段进入项目。
- 出现"测试右移"的概念，即测试人员需要对生产环境进行必要的监控，实时获取相应的数据反馈。
- 开发人员和运维人员中间"夹着"测试人员，且要求开发人员和运维人员拥有较高的效率，因此测试人员必须要有能力应对频繁的版本发布。

总之，敏捷开发和DevOps的迅速发展，对测试人员提出了更高的要求，例如快速回归测试、快速版本验证，这些都是手动测试无能为力的情况。于是"穷则思变"，测试前辈们开始逐步将"自动化测试"和"精准测试"等新技术应用于项目中。应用最多的是接口自动化测试、UI自动化测试，但由于部分研发团队不会输出项目接口文档，因此UI自动化测试变成测试部门快速响应的"利器"。本书将带领大家从零开始，借助开源测试工具Selenium，封装一个Web UI自动化测试框架。本书会为读者提供一些自动化测试框架开发的思路，各位在此基础上可以开发自己的自动化测试框架，从而提升测试效率，适应新时代的发展。

阅读本书的建议

为了保证前后内容的逻辑性，本书会在前面的章节中讲解一些看似不相关的知识点，但这些知识点都会用在后续内容的讲解上，所以读者尽量不要跳读书中的章节。另外，即便是非常简单的例子，也建议读者亲自练习，因为"看懂"和"会写"真的是两回事。最后，只有将学习到的知识应用到实际操作中，才能证明其存在的价值，所以读者要注重实践。

本书配套文件

本书提供了书中提到的所有源码文件和学习资料，有需要的读者可以加入本书QQ交流群：460430320。读者可以在群中交流学习心得，笔者也会不定期在线答疑。

致谢

感谢人民邮电出版社，感谢编辑张天怡及其他工作人员，第二次合作，很愉快。感谢领导穆总的大力支持。感谢家人分担了家庭中几乎所有的琐碎事务，让我有更多的时间编写书稿。最后，感谢自己。

Storm（杜子龙）

2021年6月

目录 CONTENTS

第 1 章 自动化测试简介

1.1 什么是自动化测试   2
1.2 Selenium简介   3
    1.2.1 Selenium的特点   3
    1.2.2 Selenium发展历史   3
    1.2.3 WebDriver组件   4
1.3 Selenium IDE   5
    1.3.1 Selenium Firefox IDE   6
    1.3.2 Katalon Recorder插件   9
1.4 WebDriver脚本示例   10

第 2 章 测试环境准备

2.1 Windows操作系统测试环境搭建   13
    2.1.1 Python   13

2.1.2	Selenium	16
2.1.3	PyCharm	18
2.2	macOS操作系统测试环境搭建	23
2.3	开发者工具简介	24
2.3.1	Chrome DevTools	24
2.3.2	Firefox DevTools	25

第3章 Python知识储备

3.1	Python基本数据类型	27
3.1.1	数值	27
3.1.2	字符串	28
3.1.3	列表	29
3.1.4	元组	30
3.1.5	字典	31
3.1.6	集合	32
3.2	顺序、分支、循环语句	32
3.2.1	顺序语句	32
3.2.2	分支语句	33
3.2.3	循环语句	34
3.3	Python函数、模块	35
3.3.1	创建函数	36
3.3.2	函数参数	36
3.3.3	Python模块	44
3.4	面向对象编程	44
3.4.1	类和实例	46
3.4.2	继承和多态	49

3.5	Python中的os模块	51
3.6	Python中的time模块	53
3.7	文件读写	55
	3.7.1　Python中的open函数	56
	3.7.2　JSON文件	58
	3.7.3　YAML文件	63
	3.7.4　CSV文件	65

第4章　前端知识储备

4.1	HTML基础知识	68
	4.1.1　创建HTML文件	68
	4.1.2　HTML元素	69
	4.1.3　HTML元素属性	71
	4.1.4　复杂元素	71
4.2	CSS相关知识	76
	4.2.1　CSS基础	76
	4.2.2　CSS选择器	77
4.3	JavaScript相关知识	78
	4.3.1　JavaScript基础概念	78
	4.3.2　JavaScript HTML DOM	79
4.4	XML相关知识	80
	4.4.1　XML简介	80
	4.4.2　XML树结构	81
	4.4.3　XPath	83

第5章 Selenium 基础方法

5.1 Selenium常用方法   86
- 5.1.1 打开、关闭浏览器   87
- 5.1.2 访问某个网址   87
- 5.1.3 网页的前进和后退   88
- 5.1.4 刷新浏览器页面   89
- 5.1.5 浏览器窗口最大化、最小化和全屏   89
- 5.1.6 获取、设置浏览器窗口的大小   90
- 5.1.7 获取、设置浏览器窗口的位置   91
- 5.1.8 获取页面的title   91
- 5.1.9 获取当前页面的URL地址   92
- 5.1.10 获取页面的源码   93
- 5.1.11 多窗口操作（Selenium 3）   94
- 5.1.12 多窗口操作（Selenium 4）   96
- 5.1.13 浏览器方法和属性总结   96

5.2 Selenium元素定位方法   97
- 5.2.1 页面元素定位方法概览   98
- 5.2.2 使用id定位元素   99
- 5.2.3 使用name定位元素   100
- 5.2.4 使用class name定位元素   101
- 5.2.5 使用tag name定位元素   101
- 5.2.6 使用链接的全部文字定位元素   103
- 5.2.7 使用部分链接文字定位元素   104
- 5.2.8 使用XPath定位元素   105
- 5.2.9 使用CSS定位元素   105
- 5.2.10 使用find_element('locator', 'value')定位元素   106

	5.2.11	定位组元素	107
	5.2.12	XPath和CSS selector精讲	110
	5.2.13	Selenium 4的相对定位器	117
	5.2.14	元素定位"没有银弹"	118
5.3	获取页面元素的相关信息		122
	5.3.1	获取元素的基本信息	123
	5.3.2	获取元素的属性信息	123
	5.3.3	获取元素的CSS属性值	124
	5.3.4	判断页面元素是否可见	125
	5.3.5	判断页面元素是否可用	127
	5.3.6	判断元素的选中状态	128
5.4	鼠标操作实战		129
	5.4.1	鼠标单击操作	129
	5.4.2	内置鼠标操作包	129
	5.4.3	鼠标双击操作	130
	5.4.4	鼠标右击操作	130
	5.4.5	鼠标指针悬浮操作	131
	5.4.6	鼠标拖动操作	131
	5.4.7	其他鼠标操作汇总	132
5.5	键盘操作		133
	5.5.1	文字输入	133
	5.5.2	组合键	133

第6章　常见控件实战

6.1	搜索框	137
6.2	按钮	138

6.3	复选框	141
6.4	链接	143
6.5	select下拉列表	144
6.6	input下拉列表	152
6.7	表格	154
6.8	框架	158
6.9	JavaScript弹窗	164
6.10	非JavaScript弹窗	168
6.11	日期时间控件	170
6.12	文件下载	171
6.13	文件上传	177

第7章 Selenium高级应用

7.1	复杂控件的操作	182
	7.1.1 操作Ajax选项	182
	7.1.2 操作富文本编辑器	183
	7.1.3 滑动滑块操作	186
7.2	WebDriver的特殊操作	188
	7.2.1 元素class值包含空格	188
	7.2.2 property、attribute、text的区别	190
	7.2.3 定位动态id	192
	7.2.4 操作cookie	193
	7.2.5 截图功能	199
	7.2.6 获取焦点元素	202
	7.2.7 颜色验证	202
7.3	JavaScript的应用	203

	7.3.1	操作页面元素	204
	7.3.2	修改页面元素属性	204
	7.3.3	操作滚动条	205
	7.3.4	高亮显示正在被操作的页面元素	207
	7.3.5	操作span类型元素	208
7.4	浏览器定制启动参数		209
7.5	AutoIt的应用		213
7.6	重要的异常		217

第8章 Selenium等待机制

8.1	影响元素加载的外部因素	221
8.2	Selenium强制等待	222
8.3	Selenium隐性等待	223
8.4	Selenium显性等待	226

第9章 线性测试脚本

9.1	Redmine系统		243
	9.1.1	下载和安装	243
	9.1.2	常见错误	246
	9.1.3	Redmine系统的启动和关闭	247
	9.1.4	Redmine简单使用	249
9.2	线性脚本		251

第10章 unittest测试框架

10.1	unittest框架结构	256
10.2	测试固件	258
10.3	编写测试用例	260
10.4	执行测试用例	260
10.5	用例执行次序	263
10.6	内置装饰器	266
10.7	命令行执行测试	268
10.8	批量执行测试文件	270
10.9	测试断言	272
10.10	测试报告	273
10.11	unittest与Selenium	276
10.12	unittest参数化	279
	10.12.1　unittest + DDT	279
	10.12.2　unittest + parameterized	281

第11章 Pytest测试框架

11.1	Pytest框架简介	284
11.2	Pytest测试固件	286
11.3	Pytest测试用例和断言	290
11.4	Pytest框架测试执行	292

	11.4.1 使用main函数执行	292
	11.4.2 在命令行窗口中执行	294
11.5	Pytest框架用例执行失败重试	295
11.6	标记机制	298
	11.6.1 对测试用例进行分级	298
	11.6.2 跳过某些用例	300
11.7	全局设置	301
11.8	测试报告	304
	11.8.1 pytest-html测试报告	304
	11.8.2 Allure测试报告	307
11.9	Pytest与Selenium	312
11.10	Pytest参数化	315

第12章 PO设计模式

12.1	PO方案一	318
12.2	PO方案二	324
12.3	项目变更应对	330

第13章 测试框架开发

13.1	测试数据分离	336
13.2	测试配置分离	338

13.3	Selenium API封装	341
13.4	测试报告	346

第14章　项目实战

14.1	测试计划	348
14.2	测试用例	349
14.3	测试脚本	351
14.4	反思：测试数据	358
	14.4.1　测试数据准备	358
	14.4.2　冗余数据处理	359

第15章　持续集成

15.1	Git应用	364
	15.1.1　Git安装	365
	15.1.2　Git基本操作	366
	15.1.3　GitLab部署	369
	15.1.4　Git远端仓库	373
15.2	Jenkins应用	374
	15.2.1　Jenkins部署	375
	15.2.2　管理插件	378
	15.2.3　创建任务	379

15.2.4	命令行启动Jenkins	381
15.2.5	设置项目执行频率	383
15.2.6	配置邮件	384
15.2.7	配置钉钉	386
15.3	自动化测试持续集成	389

第16章 提升效率

16.1	立足根本	394
16.2	另辟蹊径	395
16.2.1	无头浏览器	395
16.2.2	不关闭浏览器	396
16.3	着眼未来	397
16.3.1	分布式执行	398
16.3.2	Docker技术	402

写在最后

第 1 章
自动化测试简介

本章主要讲解自动化测试的概念、分类及其适用的场景和开展的思路。本章后面会简单介绍一下开源测试工具 Selenium 及集成开发环境（Integrated Development Environment，IDE）的使用方法。

1.1 什么是自动化测试

所谓自动化测试，就是把人为驱动的测试行为转化为机器执行的一种过程。通常，在设计了测试用例并通过评审之后，测试人员会根据测试用例中描述的步骤逐步执行测试，将得到的实际结果与期望结果比较。在此过程中，为了节省人力、时间和硬件资源，提高测试效率，便引入了自动化测试的概念。

接下来，我们再通过几个问题，深入了解一下自动化测试的相关知识。

（1）为什么要做自动化测试

- 用自动化的手段替代测试中的重复性工作。（√）
- 提高测试用例的执行效率，及时反馈项目质量。（√）
- 用于在线产品的运行状态监控。（√）
- 完成一些辅助工作，例如创建数据。（√）
- 完全替代手工测试。（×）
- 提升工作成就感、幸福感。（×）
- 减少测试人员的数量，降低测试开发比，节省企业人力成本。（×）

（2）自动化测试的分类有哪些

对象维度不同，自动化测试的分类也不同。从测试对象来说，自动化测试分为如下3类。

- 单元自动化测试（对象为代码）。
- 接口自动化测试（对象为接口）。
- UI自动化测试（对象为UI页面）。

（3）什么场景适合做自动化测试

- 缺陷回归测试。
- 冒烟测试。
- 业务场景覆盖测试。
- 重点功能全面测试。
- 部分线上功能监测。

（4）自动化测试开展的原则有哪些

- UI自动化和接口自动化测试相结合。
- 不要盲目追求自动化测试对功能测试用例的覆盖率。

- 自动化测试要注重可扩展性、可维护性。

（5）UI 自动化测试脚本思路是什么

- 定位页面元素。
- 对元素执行动作。
- 自动检查结果。

1.2 Selenium 简介

在 1.1 节中，我们介绍了自动化测试的相关概念，那应该借助什么工具或者框架来实现 UI 自动化测试呢？相信读者听说过各种各样的自动化测试工具，不过近几年最为流行的开源自动化测试工具非 Selenium 莫属。

1.2.1 Selenium 的特点

Selenium 是一个用于 Web 应用程序的测试工具。在浏览器中可直接运行 Selenium 测试，就像真正的用户在操作一样。Selenium 具有以下特点。

- 免费、开源。
- 支持多语言（C、Java、Ruby、Python、C#）。
- 支持多平台（Windows、macOS、Linux）。
- 支持多浏览器（IE、Firefox、Chrome、Safari、Opera等）。
- 分布式（可以把测试用例分布到不同的测试机器上执行，相当于分发机的功能）。
- 技术支持（成熟的社区、大量的文档支持）。

总之，Selenium 是一个成功的开源软件，其在发展过程中获得了很多公司和独立开发者的支持，同时也被众多公司和项目组选为 UI 自动化测试的工具。

1.2.2 Selenium 发展历史

Selenium 最早诞生于 2004 年，由 ThoughtWorks 的员工贾森·哈金斯（Jason Huggins）开发并开源，后续有多位开发人员加入。Selenium 不断迭代更新，目前被广泛使用的是 Selenium 3。

（1）Selenium 3 包含的 3 个部分

- **Selenium WebDriver**

WebDriver 是 Selenium 的核心部分，其提供了各式各样的接口，供用户实现 Web UI 自动化测试的功能。

- **Selenium IDE**

Chrome 和 Firefox 浏览器有对应的 Selenium IDE 插件。借助插件，我们可以录制和回放浏览器操作，从而快速创建自动化测试。

- **Selenium Grid**

为了提升测试效率，需要将自动化测试脚本分发到不同的测试机器上执行，此操作可以借助 Selenium Grid 来实现。

（2）Selenium 3 的新特性

- Selenium 3 去掉了 RC。
- 支持 Java 8 及以上版本。
- 不再提供默认浏览器支持，所有浏览器均由浏览器官方提供支持。例如，Firefox 官方提供 geckodriver 来驱动 Firefox 浏览器。
- 在 Windows 10 上可以对 Edge 浏览器进行自动化测试。
- Apple 提供了 SafariDriver，以支持 macOS 中的 Safari 浏览器。
- Selenium 3 支持 IE 9.0 及以上版本。

1.2.3 WebDriver 组件

使用 WebDriver 构建测试之前，我们先要了解相关的组件。

（1）本地执行

本地执行的最基础结构如图 1-1 所示，WebDriver 通过 Browser Driver 与浏览器通信，并且以同样的路径来接收浏览器返回的信息。

> **注意** ▶ 不同的浏览器需要不同的 Browser Driver 来驱动。

（2）远端执行

如果不想在本地执行测试，我们还可以借助 Remote WebDriver 实现在远端执行测试，如图 1-2 所示。

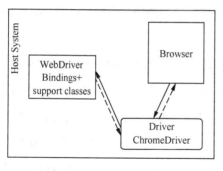
图 1-1　本地执行

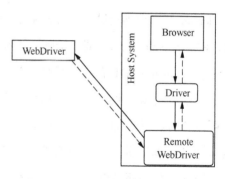
图 1-2　远端执行

> **注意** ▶ Remote WebDriver、Browser Driver 与浏览器在同一系统上。

（3）集群执行

借助 Selenium Server 或 Selenium Grid，我们可以实现集群执行的效果，如图 1-3 所示。

（4）框架执行

WebDriver 的长处是可以配合 Browser Driver 与浏览器进行通信。但 WebDriver 对测试相关事情不太擅长，例如它不知道如何比较事物，如何断言成功或失败。这些问题是需要各种框架来解决的，因此需要选择一种与开发语言相关的测试框架。如本书以 Python 作为开发语言，所以选择了 unittest 和 Pytest 框架。测试框架负责执行 WebDriver 中与测试相关的步骤，如图 1-4 所示。

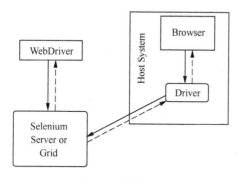
图 1-3　集群执行

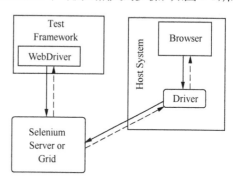
图 1-4　框架执行

1.3　Selenium IDE

如果你想快速创建一个缺陷回归测试，或者创建自动化测试脚本来进行探索测试，那么你就可以使用 Selenium IDE，它可以简单地记录和回放与浏览器的交互行为。

Selenium IDE 分别提供了 Firefox 和 Chrome 两种浏览器的插件，这里我们以 Firefox 的插件为例，讲解一下插件安装、脚本录制的过程。

对于 Selenium IDE 存在的价值，笔者是这样理解的：因为 IDE 很难满足自动化测试的复杂场景，所以借助 IDE 来完成整个项目的自动化测试很不现实；但是 IDE 录制完成后，可以查看、导出测试脚本，这有助于我们了解官方推荐的脚本编写思路，为后续我们编写测试脚本提供指导。遗憾的是，官方 IDE 在 3.0 后的版本中不再提供脚本导出的功能。因此，我们还会介绍另外一款非官方插件——Katalon Recorder，该插件能够提供脚本导出功能。

1.3.1 Selenium Firefox IDE

本小节我们简单了解 Selenium Firefox IDE 的安装、脚本录制等相关过程。

（1）安装 Firefox IDE

- 打开Firefox浏览器，访问Selenium官网。
- 单击Selenium IDE下方的"DOWNLOAD"按钮，进入下载页面，如图1-5所示。

图 1-5　Selenium 官网首页

- 单击"+Add to Firefox"按钮，开始安装插件，如图1-6所示。
- 安装过程中，会弹出图1-7所示的提示框。此时，单击"添加(A)"按钮。
- 浏览器右上角出现提示框，提示Selenium IDE已经被添加到Firefox浏览器，并且我们可以选择Firefox浏览器菜单中的"附加组件"选项来管理相关插件，如图1-8所示。

（2）Selenium IDE 录制

- 单击插件图标，打开图1-9所示的对话框。

第1章 自动化测试简介

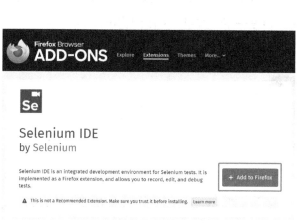

图 1-6 安装插件

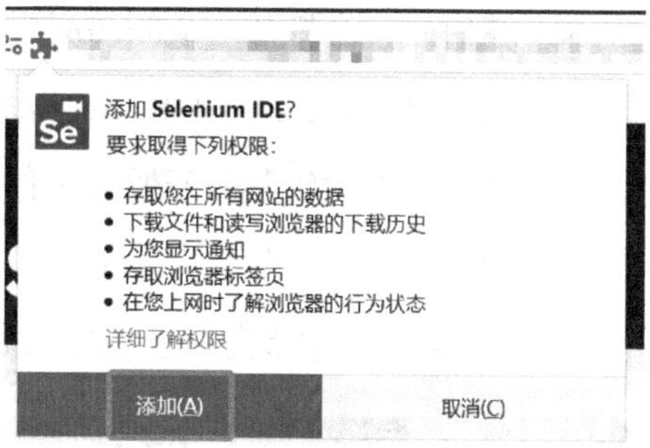

图 1-7 添加提示框

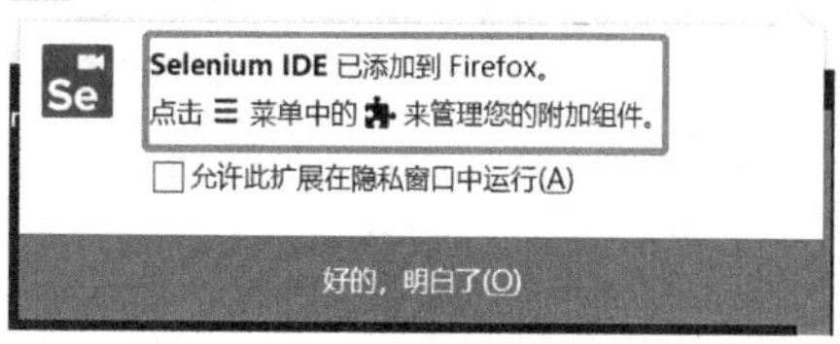

图 1-8 安装完成

- 根据实际需要选择在新项目中录制新测试或打开一个已存在的项目等。这里，我们单击第一项"Record a new test in a new project"。
- 在弹出的对话框中输入项目名称，然后单击"OK"按钮，如图1-10所示。
- 在开始录制之前，先要输入起始的URL（这里我们输入了百度的URL），然后单击"START RECORDING"按钮，如图1-11所示。

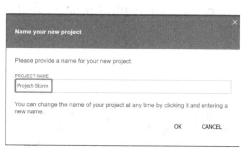

图 1-10 输入项目名称

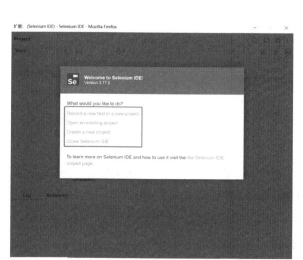

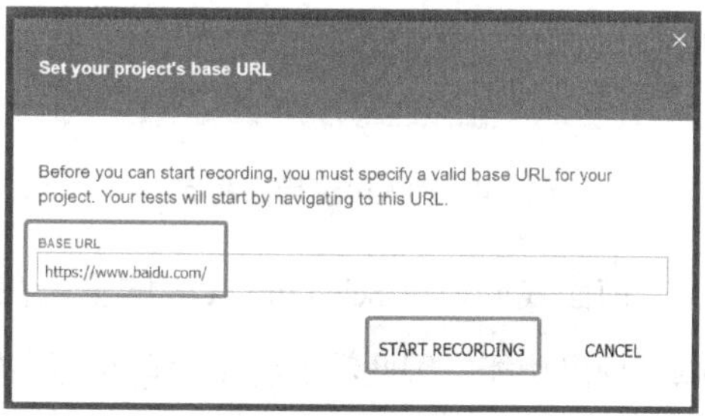

图 1-9 Selenium IDE 弹出的对话框

图 1-11 输入 URL

- 这时候，会打开一个Firefox浏览器并访问上一步骤中输入的URL（在浏览器的右下方会显示"Selenium IDE is recording"），如图1-12所示。
- 然后我们对浏览器所做的所有操作都会被录制下来，这里我们做3个动作：在百度搜索框中输入关键字"Storm"，单击"百度一下"按钮，关闭浏览器。
- 在IDE窗口中单击右上角的"Stop recording"按钮，结束录制，如图1-13所示。

图 1-12　访问 URL　　　　　　　　　　　　图 1-13　IDE 窗口

- 输入该测试脚本（用例）的名字，这里输入"test1"，然后单击"OK"按钮，如图1-14所示。
- 单击图1-15中的三角按钮，可以回放录制的动作。

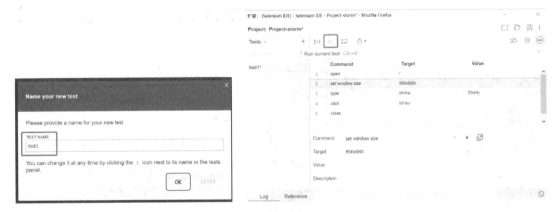

图 1-14　输入测试用例名字　　　　　　　　图 1-15　回放功能

前面我们说过 Selenium IDE 的重点在于其脚本导出功能，不过官方新版本 IDE 不再提供脚本导出功能，因此我们将不会再花更多的篇幅来介绍此功能。如果读者有兴趣的话，可以自行研究（整个 IDE 的操作都相对比较简单）。

1.3.2 Katalon Recorder 插件

接下来，我们安装并使用 Katalon Recorder 插件，重点看一下官方推荐的测试脚本编写风格和思路。

（1）安装 Katalon Recorder 插件

- 打开Firefox浏览器，然后打开菜单，选择"附加组件"，再搜索"Katalon Recorder"，最后选择图1-16所示的搜索结果。

图 1-16　Katalon Recorder 插件

- 单击"添加到Firefox"按钮，完成插件的安装，如图1-17所示。

（2）使用 Katalon Recorder 插件

- 打开Firefox浏览器，单击菜单栏中的"Katalon Recorder"图标，打开Katalon Recorder窗口，如图1-18所示。

图 1-17　添加插件

- 单击"Record"按钮即可开始录制，这里我们还是做3个操作：打开百度首页，在搜索框中输入"Storm"，单击"百度一下"按钮。录制结果如图1-19所示。

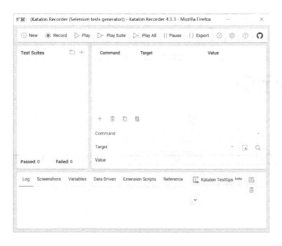

图 1-18　Katalon Recorder 窗口

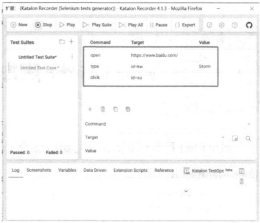

图 1-19　录制结果

（3）Katalon Recorder 导出脚本

- 单击"Export"按钮，可以选择导出脚本的语言，如图1-20所示。
- 这里我们选择"Python 2（WebDriver + unittest）"，如图1-21所示。

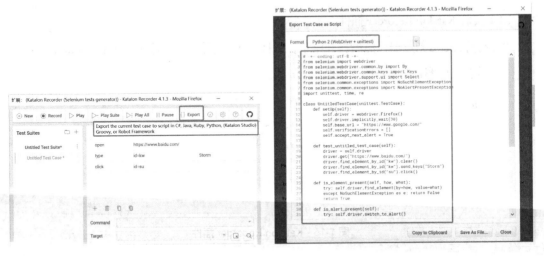

图 1-20　导出脚本　　　　　　　　图 1-21　脚本示例

最后再强调一下，IDE 所能提供的脚本功能实在有限，我们学习它的目的，是了解其脚本编写风格，再无其他。

> **注意** ▶ Katalon Recorder 插件不支持导出 Python 3 版本格式脚本。Python 2 和 Python 3 在语法上有部分差异，不过我们还是可以参考脚本的 unittest 框架风格。在本书第 10 章中，我们将详细讲解基于 Python 使用 Selenium、unittest 编写脚本的过程。

1.4　WebDriver 脚本示例

WebDriver 是 Selenium 的核心组成部分，也是本书重点讲解的内容之一。本节先带大家浏览一下测试脚本的样式。

```
from selenium import webdriver
import unittest

class VisitPTPress(unittest.TestCase):
```

```python
    def setUp(self):
        self.driver = webdriver.Chrome()

    def test_open_ptpress(self):
        self.driver.get('https://www.ptpress.com.cn/')  # 打开人民邮电出版社官网
        self.assertIn('图书', self.driver.page_source)  # 断言：网页中有"图书"字样

    def tearDown(self):
        self.driver.quit()

if __name__ == '__main__':
    unittest.main()
```

上述脚本采用 Python unittest 框架编写，整个操作流程如下。

- 导入WebDriver的包。
- 打开Chrome浏览器。
- 访问人民邮电出版社官网。
- 判断打开的网页中是否有"图书"字样。
- 退出浏览器。

第2章
测试环境准备

"工欲善其事，必先利其器。"在开始 Web UI 自动化测试学习之前，我们先来准备一下必要的测试环境，这部分我们会在 Windows 和 macOS 两种操作系统上进行演示，包括 Python 的安装、Selenium 的安装和 PyCharm 工具的安装以及简单使用。

2.1 Windows 操作系统测试环境搭建

本节以 Windows 10 为例，演示 Python、Selenium 和 PyCharm 的安装过程。

2.1.1 Python

（1）安装 Python

- 访问Python官网，如图2-1所示。

图 2-1　Python 官网

- 将鼠标指针悬浮在"Downloads"上，单击右侧"Python 3.8.2"即可开始下载，如图2-2所示。

图 2-2　下载 Python

- 双击下载的安装包进行安装，注意勾选"Add Python 3.8 to PATH"复选框，将Python

添加到系统环境变量，单击"Customize installation"按钮，开始自定义安装，如图2-3所示。

- 在安装过程中单击"Next"按钮，在"Advanced Options"界面中勾选"Install for all users"复选框，自定义Python的安装目录（注意，目录中不要出现中文）。最后单击"Install"按钮，如图2-4所示。

图2-3　添加环境变量　　　　　　　　图2-4　自定义安装目录

- 如果显示"Setup was successful"，则证明安装成功，如图2-5所示。
- 按"Win+R"组合键打开"运行"窗口，输入"cmd"并按"Enter"键，打开DOS窗口，输入命令"python --version"并按"Enter"键，查看Python版本，如图2-6所示。

图2-5　安装成功　　　　　　　　　　图2-6　查看Python版本

安装过程中有以下注意事项。

- 下载安装包时，注意选择相应的操作系统的种类和位数（目前Python官网会自动判断用户的操作系统的种类和位数）。
- 注意安装路径中不要出现中文。

（2）Python目录结构解析

访问Python的安装目录，可以看到类似图2-7所示的结构。

下面对Python的目录进行简单介绍。

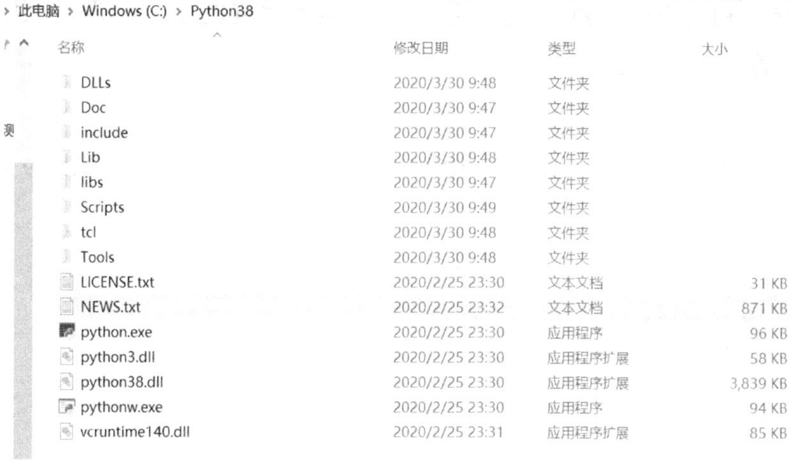

图 2-7 Python 目录结构

- Doc：存放Python帮助文档的文件夹。
- Lib：将来安装的第三方库都会存放在该文件夹下。
- libs：包含一些内置库（可以直接引用的模块，如time、os等）。
- Scripts：包含可执行的文件，如pip。

（3）Python IDLE

IDLE 是 Python 内置的开发与学习环境。我们可以在 Windows 菜单中找到它，如图 2-8 所示。

- ♦ IDLE的特性
- 完全用Python编写，使用名为 tkinter 的图形用户界面工具。
- 跨平台，在 Windows、UNIX和macOS 平台上均能运行。
- 提供输入/输出高亮和错误信息的 Python 命令行窗口（交互解释器）。
- 提供多次撤销操作、Python 语法高亮、智能缩进、函数调用提示、自动补全等功能的多窗口文本编辑器。
- 能够在多个窗口中检索、在编辑器中替换文本，以及在多个文件中检索（通过 grep 工具）。

图 2-8 Python IDLE

- 提供持久保存的断点调试、单步调试、查看本地和全局命名空间功能的调试器。
- 提供配置、浏览以及其他对话框。

◆ IDLE试用

在 Python 的 IDLE 中，使用 print 语句输出字符串“Hello World！”，如图 2-9 所示。

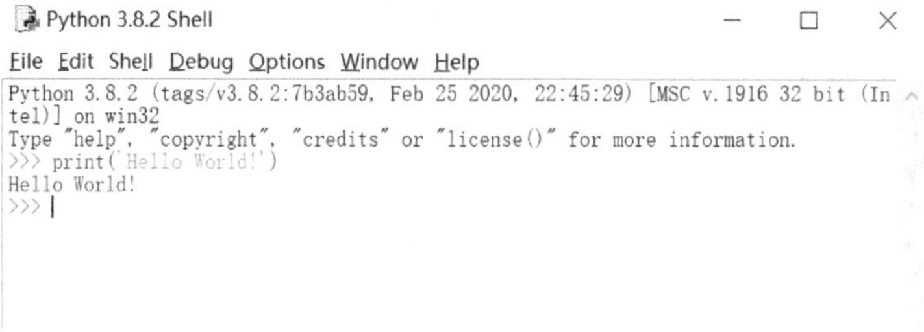

Python 3.8.2 Shell
File Edit Shell Debug Options Window Help
Python 3.8.2 (tags/v3.8.2:7b3ab59, Feb 25 2020, 22:45:29) [MSC v.1916 32 bit (Intel)] on win32
Type "help", "copyright", "credits" or "license()" for more information.
>>> print('Hello World!')
Hello World!
>>>

图 2-9　IDLE 试用

2.1.2　Selenium

本小节我们来看一下如何安装 Selenium 与配置其相关环境。

（1）安装 Selenium

Selenium 主要有两种安装方式。

◆ 通过Python的pip工具安装

pip 是 Python 的包管理工具，该工具提供了对 Python 包的查找、下载、安装、卸载等功能。最新版本 Python 的安装包自带该工具。pip 工具的默认安装目录为 Python 安装目录下的 Scripts 文件夹，如图 2-10 所示。

此电脑 > Windows (C:) > Python38 > Scripts
名称
修改日期
类型
大小
easy_install.exe 2020/3/30 9:48 应用程序 91 KB
easy_install-3.8.exe 2020/3/30 9:48 应用程序 91 KB
pip.exe 2020/3/30 9:49 应用程序 91 KB
pip3.8.exe 2020/3/30 9:49 应用程序 91 KB
pip3.exe 2020/3/30 9:49 应用程序 91 KB

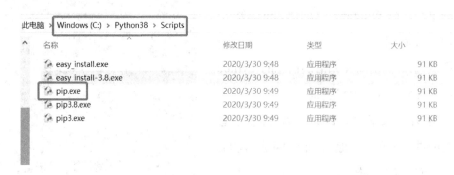

图 2-10　pip 工具的默认安装目录

同样，我们在 DOS 窗口中输入“pip3--version”并按“Enter”键，假如显示了 pip 版本信息，证明 pip 工具可以使用，如图 2-11 所示。

图 2-11　查看 pip 版本

接下来，我们使用"pip install selenium"命令来安装 Selenium，如图 2-12 所示。

图 2-12　安装 Selenium

安装完成后，我们可以使用"pip show selenium"命令来查看 Selenium 的版本，如图 2-13 所示。另外，还有如下命令供大家参考。

- pip install -U selenium：将 Selenium 升级到最新版本。
- pip uninstall selenium：卸载 Selenium。

♦ 下载安装包安装

- 访问 Selenium 官网，下载 Selenium 安装包（setup.py 文件）。

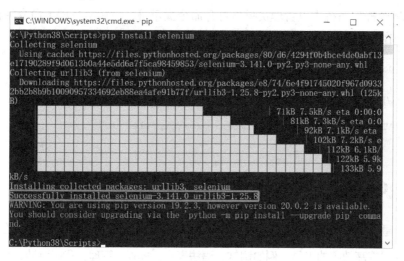

图 2-13　查看 Selenium 版本

- 切换到安装包目录，使用"python setup.py install"命令即可完成安装。

（2）下载 Browser Driver

安装完 Selenium 后，我们还需要下载 Browser Driver 才能操控浏览器。

♦ 下载 Browser Driver

对于 Selenium 3 及以后的版本，各个浏览器的 Browser Driver 由各浏览器厂商自己维护，因此大家可以去浏览器官网下载对应的 Browser Driver。

> **注意** 很多浏览器都会开启自动升级功能，部分情况下，浏览器升级后，需要下载新的Browser Driver。

◆ 放置目录

将下载的 Browser Driver 放置到 Python 安装目录下（如 D:\python），解压即可。当然也可以将其放置到任意目录下，然后将该目录添加到环境变量 PATH 中。添加环境变量的方法参考如下。

在 Windows 操作系统中以管理员身份打开命令提示符，然后执行以下命令将目录永久添加到环境变量中。

```
setx /m path "%path%;C:\WebDriver\bin\"
```

在 macOS/Linux 操作系统中打开终端，使用如下命令添加环境变量。

```
export PATH=$PATH:/opt/WebDriver/bin >> ~/.profile
```

2.1.3 PyCharm

PyCharm 是由 JetBrains 公司打造的一款 Python IDE，带有一整套可以帮助用户在使用 Python 语言开发程序时提高效率的工具，例如调试、语法高亮、Project 管理、代码跳转、智能提示、自动完成、单元测试、版本控制。PyCharm 有两个版本，分别是 Professional 版和 Community 版。前者为专业版，支持更多的功能；后者为社区版，是免费的。本书将以 Professional 版作为演示工具。

（1）安装 PyCharm

进入 PyCharm 官方下载页面，选择对应的操作系统，单击"下载"按钮，如图 2-14 所示。

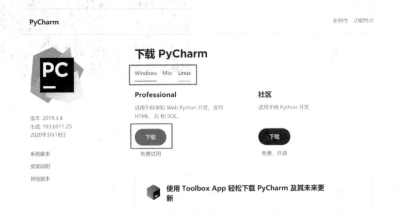

图 2-14　下载 PyCharm

下载完成后，双击".exe"文件，然后多次单击"Next"按钮，完成安装。

（2）设置 PyCharm

◆ 创建新项目

安装完成后，首次打开 PyCharm 时会提醒你选择界面风格，然后创建新项目。如图 2-15 所示，你可以单击"+Create New Project"按钮来创建一个新项目。

在"Location"处设置项目的保存地址，并单击"Project Interpreter: New Virtualenv environment"，展开后，勾选"Inherit global site-packages"和"Make available to all projects"复选框，如图 2-16 所示。

图 2-15　新建项目　　　　　　　　图 2-16　设置目录及解释器环境

注意▶ 这里建议选择非 C 盘目录，因为 C 盘的写保护可能会带来一些不必要的麻烦。

◆ 设置PyCharm的默认编码格式

选择 PyCharm 的菜单栏中的"File → Settings → Editor → File Encodings"命令，将"Global Encoding"和"Project Encoding"设置为"UTF-8"，如图 2-17 所示。

图 2-17　设置编码格式

◆ 设置字体、文字大小和行间距

打开"Font"窗口，根据自己的需要设置"Font""Size""Line spacing"，如图 2-18 所示。

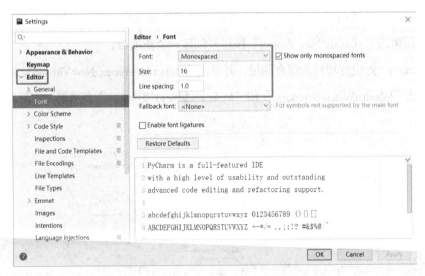

图 2-18 设置字体、文字大小和行间距

◆ 安装第三方包

我们可以通过 PyCharm 来安装第三方包，首先进入"Project Interpreter"窗口，然后单击右侧的"+"按钮，如图 2-19 所示。

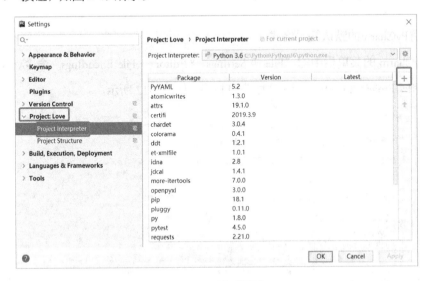

图 2-19 项目解释器窗口

打开"Available Packages"窗口，在搜索框中输入关键字，如"xlrd"，此时下方会显示所有包含该关键字的包名，单击选中要安装的包，然后单击左下角的"Install Package"按钮，即可开始安装，如图 2-20 所示。

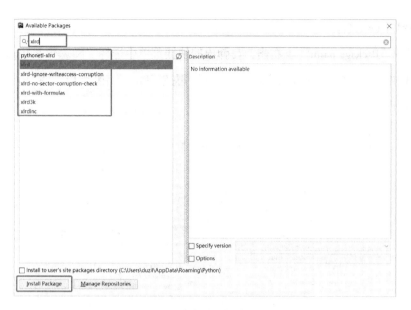

图 2-20　搜索并安装第三方包

♦ 创建Package

接下来，我们通过 PyCharm 创建一个"Package"。右击项目"Love"，从弹出的快捷菜单中选择"New → Python Package"命令，然后在弹出窗口的文本框中输入"package name"，再按"Enter"键，即可完成创建，如图 2-21 所示。

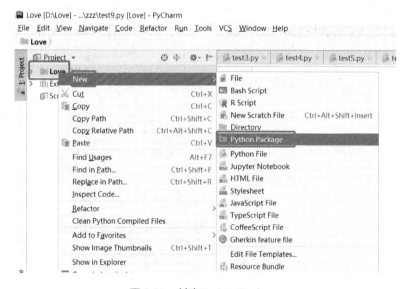

图 2-21　创建 Python Package

> **注意**▶ "Package"的中文意思是"包"，你可以简单理解为我们需要将一组具有相似功能的 Python 文件放置到一个"Package"中。

◆ 创建Python文件

在项目或"Package name"上右击，在弹出的快捷菜单中选择"New → Python File"命令，然后在弹出的窗口的文本框中输入文件名"test0"，再按"Enter"键，即可创建一个 Python 文件，如图 2-22 所示。

图 2-22　创建 Python 文件

◆ 执行Python文件

在新建的 Python 文件中编写脚本，这里使用 print 语句输出"Hello World!"。在代码输入区的空白处右击，在弹出的快捷菜单中选择"Run 'test0'"命令，即可执行该 Python 文件，如图 2-23 所示。

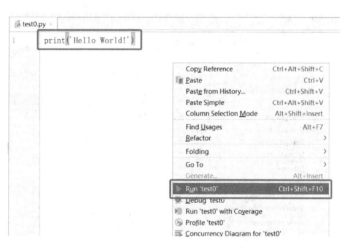

图 2-23　执行 Python 文件

注意 ▶ 也可以按组合键"Ctrl+Shift+F10"执行当前 Python 文件。

◆ 查看执行结果

在 PyCharm 窗口的下方会出现执行结果，如图 2-24 所示。

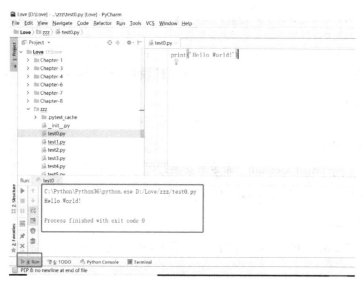

图 2-24　查看执行结果

到目前为止，我们的 Windows 操作系统已经安装了所有的 Web UI 自动化测试所需要的软件。

2.2　macOS 操作系统测试环境搭建

因为 macOS 的测试环境搭建和 Windows 操作系统大同小异，所以本节我们简单叙述其中的不同点。

（1）安装 Python

通常 macOS 默认安装了 Python 2。我们需要重新访问官网，下载 Python 3，如图 2-25 所示。

图 2-25　下载 macOS Python 3

下载文件的名称格式为"python-×××.pkg",双击该文件,按照提示逐步安装即可。

接下来,我们使用下面的命令将 Python 3 设置为默认 Python。

```
export PATH=/Library/Frameworks/Python.framework/Versions/3.8/bin:${PATH}
source ~/.bash_profile
```

> **注意** ▶ 上述命令的作用是将新安装的 Python 3 环境加入环境变量,用户需要根据自己的实际安装目录进行调整。

(2)安装 Selenium

同样,使用"pip install selenium"命令来安装即可,这里不再赘述。

下载浏览器 Driver,放置到 Python 根目录即可。

(3)安装 PyCharm

同样,去 PyCharm 官网下载对应的 macOS 版本安装即可,这里不再赘述。

2.3 开发者工具简介

因为在编写 Web UI 自动化测试脚本的过程中,我们需要查看、使用页面元素,所以本节我们以 Chrome 和 Firefox 为例,介绍一下浏览器开发者工具的元素识别功能。

2.3.1 Chrome DevTools

(1)如何打开浏览器开发者工具

我们可以通过以下几种方式打开浏览器开发者工具。

- 按快捷键"F12"(笔记本电脑的话需要按组合键"Fn+F12")。
- 按组合键"Ctrl+Shift+I"。
- 在浏览器页面中右击,在弹出的快捷菜单中选择"检查"命令。

(2)使用页面元素查看器

单击图 2-26 所示的开发者工具左侧框中的按钮,当其变为蓝色时,再单击页面中的元素。例如百度的搜索框,下方"Elements"标签中将以蓝底显示该元素对应的 HTML 代码。此时,我们能定位到该元素,图片长框中显示元素的相关属性,例如:标签名称为"input"(前端相关的知识会在第 4 章介绍)。

第 2 章　测试环境准备　25

图 2-26　Chrome DevTools

（3）复制元素 XPath 和 CSS selector

在元素代码上右击，在弹出的快捷菜单中选择"Copy"命令，选择"Copy XPath"或"Copy selector"命令即可复制 XPath 或 CSS selector，如图 2-27 所示。

图 2-27　复制 XPath 或 CSS selector

Chrome DevTools 还有很多重要的功能，是帮助开发调试、测试确认结果的重要工具。大家可以根据实际需要，自行深入学习。

2.3.2　Firefox DevTools

Firefox DevTools 和 Chrome DevTools 的使用方法大同小异，这里不再过多讲解。需要提醒读者的是，2017 年 Firebug 插件的功能全部集成到了 DevTools，Firebug 已经退出了历史舞台。在网络上搜索 Selenium 相关知识的时候，你可能会看到较多关于 Firebug 和 Firepath 插件的介绍，但是你已经无法再搜索和安装这些插件了，当然你也没有必要安装它们。

第3章
Python知识储备

考虑到本书读者 Python 基础的不同，本章会花一定的篇幅来介绍后续要用到的知识点，例如 Python 的数据类型、分支语句、函数、类等知识点，这些知识会应用在 Web UI 自动化测试框架开发中。如果读者已经熟练掌握这部分内容，可以跳到下一章进行学习。

3.1 Python 基本数据类型

Python 程序共包含 6 种基本数据类型，分别是数值（number）、字符串（string）、列表（list）、元组（tuple）、字典（dictionary）、集合（set）。要想编写能实现各种功能的程序，我们首先要知道如何使用这些基本的数据类型。

3.1.1 数值

我们可以简单地将数值认为是数学中的数字。在 Python 3 中，数值类型又可以细分为以下 3 种。

- int：带符号整数，例如3、101、-5。
- float：浮点数，可以理解为实数，例如5.5、9.0。
- complex：复数。

接下来，我们通过命令行来看一些数值运算。

```
>>> 3+4              # 加法
7
>>> 66-1             # 减法
65
>>> 3*8              # 乘法
24
>>> 6/2              # 除法
3.0
>>> 19%5             # 求余
4
>>> 19//3            # 取模
6
>>> 5**2             # 平方
25
```

除此之外，Python 还有一个 math 模块，支持复杂的数学运算，我们来看几个简单的示例。

```
>>> import math          # 需要导入 math 模块
>>> abs(-3)              # 求绝对值
3
>>> math.ceil(4.3)       # 向上取整
5
>>> math.floor(4.3)      # 向下取整
4
```

```
>>> max(1,2,3)                    # 取最大数
3
>>> min(1,2,3)                    # 取最小数
1
>>> pow(2,3)                      # 求幂
8
>>> math.sqrt(9)                  # 求平方根
3.0
>>>
```

至此，我们已经掌握了数值数据类型的基本用法。

3.1.2 字符串

字符串是个比较特殊的数据类型。除了常见的"Storm""中国"以外，被双引号或单引号（英文状态下）引起来的数据都是字符串，例如"1"" ['a']" 等。接下来，我们通过代码来看一下字符串常见的操作。

```
>>> 'Storm'.upper()               # 将字母转换成大写字母
'STORM'
>>> 'Storm'.lower()               # 将字母转换成小写字母
'storm'
>>> 'Hi storm'.title()            # 将每个单词的首字母转换成大写字母
'Hi Storm'
>>> 'Hi storm'.swapcase()         # 将字母大小写反转
'hI STORM'
>>> '123'.isdigit()               # 判断字符串是否全为数字
True
>>> 'storm'.isalpha()             # 判断字符串是不是全是字母
True
>>> 'hello storm'.count('o')      # 返回括号中的字符在字符串中出现的次数
2
>>> 'Hi Storm'.startswith('Hi')   # 判断前面的字符串是不是以括号中的字符串开头，返回布尔值
True
>>> 'Hi Storm'.endswith('rm')     # 判断前面的字符串是不是以括号中的字符串结尾，返回布尔值
True
>>> 'Hi' in 'Hi Storm'            # 判断前面的字符串是不是包含在后面的字符串中，区分大小写，返回布尔值
True
>>> 'Hi Storm'.replace('Hi', 'Hello')    # 把字符串中的"Hi"替换为"Hello"
'Hello Storm'
>>> 'Hi,Storm,Hello'.split(',')   # 以括号中的字符来切分前面的字符串，返回一个列表
['Hi', 'Storm', 'Hello']
>>> ' Hi Storm '.strip()          # 去除字符串前后的空格，中间的空格不去除
'Hi Storm'
>>> 'Hi' + 'Storm'                # 通过加号连接字符串
'HiStorm'
>>> 'Storm'*3                     # 通过乘法生成重复字符串
'StormStormStorm'
```

3.1.3 列表

列表是一种非常重要和常见的数据类型。它是一种"有序的集合",我们可以对其进行增、删、改、查等操作。下面通过代码来学习列表的常见用法。

(1) 定义列表

我们可以通过以下方式定义列表。

```
>>> hero = ['storm','sk','shadow']     # 直接用中括号来定义列表
>>> hero                                # 输出列表
['storm', 'sk', 'shadow']
>>> mylist = list('storm')              # 通过 list 将字符串转换成列表
>>> mylist                              # 输出列表
['s', 't', 'o', 'r', 'm']
>>>
```

(2) 查询列表元素

我们可以通过以下方式查询列表中的元素。

```
>> mylist = list('storm')
>>> mylist              # 输出列表
['s', 't', 'o', 'r', 'm']
>>> mylist[0]           # 通过下标获取列表元素,注意,下标从 0 开始
's'
>>> mylist[0:2]         # 切片,包括下标为 0 的元素,不包括下标为 2 的元素
['s', 't']
>>> mylist[2:]          # 切片,从下标为 2 的元素开始,一直到最后
['o', 'r', 'm']
>>> mylist[:-1]         # 切片,从下标为 0 的元素开始,不包括倒数第一个元素
['s', 't', 'o', 'r']
```

(3) 增加元素

我们可以通过以下方式为列表增加元素。

```
>>> mylist                              # 原始列表
['s', 't', 'o', 'r', 'm']
>>> mylist.append('abc')                # 通过 append 往列表的最后面追加一个元素
>>> mylist
['s', 't', 'o', 'r', 'm', 'abc']
>>> mylist.insert(0, 'hello')           # 通过 insert 在指定下标的元素前面插入一个元素
>>> mylist
['hello', 's', 't', 'o', 'r', 'm', 'abc']
```

(4) 删除元素

我们可以通过以下方式删除列表中的元素。

```
>>> mylist.pop()                        # 通过 pop 将列表的最后一个元素"弹"出来
'abc'
```

```
>>> mylist
['hello', 's', 't', 'o', 'r', 'm']
>>> mylist.remove('hello')          # 通过 remove 删除指定的元素
>>> mylist
['s', 't', 'o', 'r', 'm']
>>> del(mylist[0])                   # 通过 del 关键字删除指定下标的元素
>>> mylist
['t', 'o', 'r', 'm']
```

（5）修改元素

另外，我们还可以修改列表中的元素，例如修改指定下标的元素、反转列表元素等，请见示例代码。

```
>>> mylist                           # 原始列表
['s', 't', 'r', 'o', 'm']
>>> mylist[0] = 'S'                  # 修改指定下标的元素
>>> mylist
['S', 't', 'r', 'o', 'm']
>>> mylist.reverse()                 # 反转列表元素
>>> mylist
['m', 'o', 'r', 't', 'S']
>>> mylist.sort()                    # 按 ASCII 值排序，大写字符小于小写字符
>>> mylist
['S', 'm', 'o', 'r', 't']
```

（6）特殊操作

再来看几个列表的特殊操作。

```
>>> mylist                           # 原始列表
['s', 't', 'r', 'o', 'm']
>>> len(mylist)                      # 通过 len 获取列表长度
5
>>> max(mylist)                      # 通过 max 获取列表中最大的元素
't'
>>> min(mylist)                      # 通过 min 获取列表中最小的元素
'm'
>>> mylist.count('s')                # 通过 count 统计括号中字符在列表中出现的次数
1
```

3.1.4 元组

元组也是一个有序的集合。它和列表最大的区别在于一旦初始化就不能修改。上一小节中我们所学列表的多数操作方法，同样适用于元组的操作，这里不再赘述。我们着重来介绍一下不同点。

```
>>> mytup = ('a', 'b', 'c')          # 通过小括号定义元组
>>> mytup
('a', 'b', 'c')
>>> mytup[0]='aaa'                   # 尝试修改元素，报错
```

```
Traceback (most recent call last):
  File "<stdin>", line 1, in <module>
TypeError: 'tuple' object does not support item assignment
>>> mytup2 = ('a')          # 如果想定义包含一个元素的元组，需要加个逗号，否则会变成字符串
>>> type(mytup2)            # 通过 type 可以查看元素类型
<class 'str'>
>>> mytup3 = ('a',)         # 如果想定义包含一个元素的元组，需要加个逗号
>>> type(mytup3)
<class 'tuple'>
```

3.1.5 字典

字典使用键-值对（key-value）存储。和列表相比，字典查找元素的速度更快，但字典的读取占用较多内存。下面通过代码来学习一下字典的增、删、改、查等操作。

（1）定义字典

我们来看一下在 Python 中如何定义字典。

```
>>> mydict = {}             # 用大括号定义字典
>>> mydict
{}
>>> mydict1 = {'name':'storm', 'age':35}# 一个键-值对是字典中的一个元素，键和值用冒号分隔
>>> mydict1
{'name': 'storm', 'age': 35}
>>> type(mydict1)           # 通过 type 查看元素类型
<class 'dict'>
```

（2）查看字典元素

接下来，我们看一下在 Python 中如何查看字典中的键和值。

```
>>> mydict1                 # 字典
{'name': 'storm', 'age': 35}
>>> mydict1.keys()          # 通过 keys 获取字典中的键
dict_keys(['name', 'age'])
>>> mydict1.values()        # 通过 values 获取字典中的值
dict_values(['storm', 35])
>>> mydict1['name']         # 通过键获取值
'storm'
```

（3）增加字典元素

我们再来看一下在 Python 中如何给字典增加元素。

```
>>> mydict1                 # 原始字典
{'name': 'storm', 'age': 35}
>>> mydict1['hero'] = 'Storm' # 增加一个键，并赋一个值
>>> mydict1                 # 再次输出字典元素
{'name': 'storm', 'age': 35, 'hero': 'Storm'}
```

（4）删除字典元素

接下来，学习在 Python 中如何删除字典中的元素。

```
>>> mydict1
{'name': 'storm', 'age': 35, 'hero': 'Storm'}
>>> del mydict1['age']          # 通过 del 删除指定的元素
>>> mydict1
{'name': 'storm', 'hero': 'Storm'}
```

（5）修改字典元素

再来学习如何修改字典中的元素。

```
>>> mydict2
{'name': 'storm', 'age': 35, 'hero': 'Storm'}
>>> mydict2['name'] = 'sk'      # 直接赋值，修改
>>> mydict2
{'name': 'sk', 'age': 35, 'hero': 'Storm'}
```

3.1.6 集合

集合和字典类似，也是一组键的集合，但是不存储值。注意，集合中的键不能重复。要创建一个集合，需要提供一个列表作为输入集合。下面通过代码来简单了解一下。

```
>>> myset = set([1,2,3])        # 传入列表，创建集合
>>> myset
{1, 2, 3}
>>> myset.add(4)                # 通过 add 添加集合元素
>>> myset
{1, 2, 3, 4}
>>> myset.remove(2)             # 通过 remove 删除集合元素
>>> myset
{1, 3, 4}
```

3.2 顺序、分支、循环语句

了解了 Python 的基本数据类型后，我们就可以编写一些相对简单的语句。接下来我们来学习顺序、分支、循环等语句的复杂逻辑语法，以编写更复杂的程序。

3.2.1 顺序语句

先来看看最基础的顺序执行语句，即顺序语句。所谓顺序，即"先来后到"。这里通过

PyCharm 来编写代码。示例代码：test3_1.py。

```python
# 按从上到下的顺序执行语句
name = 'Storm'
print('start')
print('Hello {}'.format(name))
print('end')
```

控制台输出内容如下。

```
start
Hello Storm
end
```

3.2.2 分支语句

生活中的事情不总是按从前到后顺序执行的，某些时候，我们要根据条件去做出不同的响应，好比"下雨的时候，我才打伞"。接下来，我们通过几个示例来学习 Python 的分支语句。

（1）if…else 语句（test3_2.py）

编写程序，实现如下功能：当程序运行的时候，输入天气，如果天气为"下雨"，则输出"打伞"，否则输出"省点事儿"。

```python
a = input("plz input the weather today :")    # 通过 input 让用户自己输入

if a == '下雨':
    print('打伞')
else:
    print('省点事儿')
```

运行后，在控制台中输入"下雨"，然后控制台输出如下。

```
plz input the weather today :下雨
打伞
```

运行后，在控制台中输入"起雾"，然后控制台输出如下。

```
plz input the weather today :起雾
省点事儿
```

（2）if…elif…else（test3_3.py）

编写程序，实现如下功能：当程序运行的时候，输入天气，如果天气为"下雨"，则输出"打伞"；如果输入"起雾"，则输出"开雾灯"；否则输出"省点事儿"。

```python
a = input("plz input the weather today :")

if a == '下雨':
```

```
        print('打伞')
elif a == '起雾':
        print('开雾灯')
else:
        print('省点事儿')
```

控制台输出如下。

```
C:\Python\Python36\python.exe D:/Love/Chapter_3/test3_3.py
plz input the weather today：起雾
开雾灯

Process finished with exit code 0
```

3.2.3 循环语句

遇到需要按照一定规律重复做的情况，就要用到循环语句了。

（1）for 循环

循环将字符串的每个元素输出。示例代码：test3_4.py。

```
# for 循环
for i in 'storm':
    print(i)
```

控制台输出如下。

```
s
t
o
r
m
```

（2）while 循环

我们可以通过 while 循环来实现计算 1 加到 100 的和。示例代码：test3_5.py。

```
# while 循环
sum = 0
n = 100
while n > 0:
    sum = sum + n
    n-=1

print(sum)
```

控制台输出如下。

```
5050
```

（3）continue 跳过

在执行循环过程中，当遇到某种条件，使用 continue 语句可以跳过当前循环，进入后续的循环。例如示例代码 test3_6.py，当遇到"o"这个字符时，跳过后续代码（输出语句），直接进入下一次循环。

```python
# continue 跳过当前循环
for i in 'storm':
    if i == 'o':
        continue
    print(i)
```

控制台输出如下。

```
s
t
r
m
```

可以看到控制台并未输出字符"o"，这是因为当遇到"o"这个字符时，程序执行了 continue 语句，从而跳过了输出"o"，进入了下次循环。

（4）break 终止

在执行循环过程中，当遇到某种条件，使用 break 语句可以终止循环。示例代码：test3_7.py。

```python
# break 终止循环
for i in 'storm':
    if i == 'o':
        break
    print(i)
```

控制台输出如下。

```
s
t
```

可以看到控制台并未输出字符"o"及其后面的字符。这是因为当遇到"o"这个字符的时候，程序执行了 break 语句，从而跳出（结束）了整个循环过程，后面所有的语句都不再执行，也不会进行后续的循环了。

3.3 Python 函数、模块

定义函数时，我们需要声明函数名和参数。定义函数的好处是，对函数的调用者来说，只需要知道如何传递正确的参数，以及函数将返回什么样的值就够了，函数内部的复杂逻辑被封装起来，调用者无须了解。

3.3.1 创建函数

先来看一个函数，该函数的函数名为 hello，有一个参数 name，该函数能够实现输出"Hello + name"的效果。示例代码：test3_8.py。

```
def hello(name):
    """Print Hello + name"""
    print("Hello {}".format(name))

if __name__ == '__main__':
    hello('Storm')
```

执行结果如下。

```
Hello Storm
```

对代码的分析如下。

- 关键字（在计算机语言中又称关键词）def用来定义一个函数，后面必须跟函数名称。
- 函数名称后面是括号，括号中为参数列表（可以是0个参数或多个参数），括号后面需要加上英文冒号。
- 函数体语句从下一行开始，并且必须缩进。
- 函数体的第一行语句是该函数的文档信息（前后用3个英文双引号引起来），为可选项。
- 后面是该函数的主体功能。

3.3.2 函数参数

Python 的函数定义非常简单，灵活度非常大。除了正常定义的必选参数外，函数还可以使用默认参数、可变参数和关键字参数。如果能灵活运用，定义出来的函数不但能处理复杂的操作，还可以简化调用者的代码。

（1）位置参数

我们在 Python 命令行写一个计算 x^2 的函数。

```
>>> def power(x):
...     return x*x
```

对于 power 函数，参数 x 就是一个位置参数。当我们调用 power 函数时，必须传入且仅能

传入一个参数 x。

```
>>> power(3)
9
>>> power(6)
36
```

现在，如果我们要计算 x^3 该怎么办？当然，你可以再定义一个 power3 函数，但是如果要计算 x^4，x^5，…怎么办？我们不可能定义无限多个函数。你也许想到了，可以把 power(x) 修改为 power(x, n)，用来计算 x^n。示例代码：test3_9.py。

```
def power(x, n):
    '''定义一个函数，计算x的n次方'''
    s = 1
    while n > 0:
        n = n - 1
        s = s * x
    return s

if __name__ == '__main__':
    print(power(3,2))
    print(power(2,3))
```

修改后的 power 函数可以计算某个数值的任意 n 次方。

修改后的 power 函数有两个参数：x 和 n。这两个参数都是位置参数，调用函数时，传入的两个值需要按照顺序依次赋给参数 x 和 n。

（2）默认参数

新的 power 函数定义没有问题，但是旧的调用代码失败了。原因是我们增加了一个参数，导致旧的代码因为缺少一个参数而无法正常调用。

```
power(3)
```

执行结果如下。

```
Traceback (most recent call last):
  File "D:/Love/Chapter_3/test3_2.py", line 11, in <module>
    power(3)
TypeError: power() missing 1 required positional argument: 'n'
```

执行结果的错误信息很明确：调用函数 power 时缺少了一个位置参数 n。假如我们希望参数未传递的时候，默认计算平方（在日常生活中计算平方的场景更多些），该如何做呢？这时候，默认参数就派上用场了。由于我们经常计算 x^2，因此我们可以把第二个参数 n 的默认值设定为 2。示例代码：test3_10.py。

```
def power(x, n=2):
    '''定义一个函数，计算x的n次方，当n未传递时，n=2'''
```

```
        s = 1
        while n > 0:
            n = n - 1
            s = s * x
        return s

if __name__ == '__main__':
    # print(power(3,2))
    # print(power(2,3))
    print(power(3))
    print(power(3,2))
```

这样，当我们调用函数，只传递一个参数时，n 就取默认值。例如，power(3) 相当于 power(3, 2)，如图 3-1 所示。

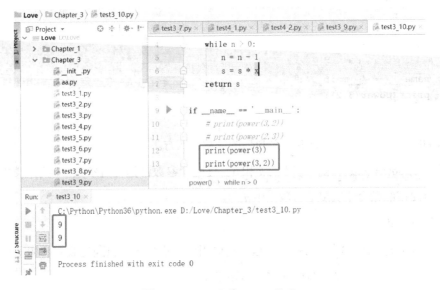

图 3-1　power(3) 和 power(3,2)

而对于 n ≠ 2 的其他情况，就必须明确地传入 n，如 power(3, 3)。

从上面的例子可以看出，默认参数可以简化函数的调用。设置默认参数时，有以下几点要注意。

- 必选参数在前，默认参数在后，否则Python的解释器会报错（思考一下为什么默认参数不能放在必选参数前面）。
- 当函数有多个参数时，把变化大的参数放前面，变化小的参数放后面，变化小的参数就可以作为默认参数。

使用默认参数有什么好处？默认参数降低了函数调用的难度，而一旦需要更复杂的调用时，又可以传递更多的参数来实现。无论是简单调用还是复杂调用，函数只需要定义一个。

（3）可变参数

在 Python 中，还可以定义可变参数。顾名思义，可变参数就是传入的参数个数是可变的，可以是 1 个、2 个或任意多个，还可以是 0 个。

我们以数学题为例子，给定一组数字 a，b，c，…，请计算 $a^2+b^2+c^2+\cdots$。

要定义一个函数，必须确定输入的参数。但这里的参数的个数不确定，我们首先想到可以把 a，b，c，…作为一个列表（list）或元组（tuple）传进来，这样，函数可以定义如下。

```
""" 这里是交互式命令行代码 """
>>> def calc(numbers):
...     sum = 0
...     for n in numbers:
...         sum = sum + n * n
...     return sum
```

调用的时候，需要先组装出一个列表或元组。

```
>>> calc([1, 2, 3])
14
>>> calc((1, 3, 5, 7))
84
```

如果使用可变参数，调用函数的方式可以简化如下。

```
>>> calc(1, 2, 3)
14
>>> calc(1, 3, 5, 7)
84
```

所以，我们把函数的参数改为可变参数。

```
""" 这里是交互式命令行代码 """
>>> def calc(*numbers):
...     sum = 0
...     for n in numbers:
...         sum = sum + n * n
...     return sum
```

定义可变参数和定义一个列表或元组参数相比，仅仅在参数前面加了一个 * 号。在函数内部，参数 numbers 接收到的是一个元组，因此，函数代码完全不变。但是，调用该函数时，可以传入任意个参数，包括 0 个参数。

```
>>> calc(1, 2)
5
>>> calc()
0
```

如果已经有一个列表或者元组，要调用一个可变参数怎么办？解决方法如下。

```
>>> nums = [1, 2, 3]
>>> calc(nums[0], nums[1], nums[2])
14
```

这种写法当然是可行的，不过太烦琐了。Python 允许在列表或元组前面加一个 * 号，把列表或元组中的元素变成可变参数传进去。

```
>>> nums = [1, 2, 3]
>>> calc(*nums)
14
```

*nums 表示把 nums 这个列表中的所有元素作为可变参数传进去。这种写法相当有用，而且很常见。

（4）关键字参数

可变参数允许传入 0 个或任意多个参数，这些可变参数在函数调用时会自动组装为一个元组。而关键字参数允许传入 0 个或任意多个含参数名的参数，这些关键字参数在函数内部会自动组装为一个字典（dictionary）。请看以下示例。

```
def person(name, age, **kw):
    print('name:', name, 'age:', age, 'other:', kw)
```

函数 person 除了接收必选参数 name 和 age 外，还接收关键字参数 kw。在调用该函数时，可以只传入必选参数。

```
>>> person("Storm", 30)
name: Storm age: 30 other: {}
```

当然，我们也可以传入任意个关键字参数。

```
""" 这里是交互式命令行代码 """
>>> person('SK', 35, city='Beijing')
name: SK age: 35 other: {'city': 'Beijing'}
>>> person('UG', 45, gender='M', job='Engineer')
name: UG age: 45 other: {'gender': 'M', 'job': 'Engineer'}
```

关键字参数有什么用呢？它可以扩展函数的功能。例如，在 person 函数里，我们保证能接收到 name 和 age 这两个参数，但是，如果调用者愿意提供更多的参数，程序也能收到。试想你正在做一个用户注册的功能，除了用户名和年龄是必填项，其他都是可选项，利用关键字参数来定义这个函数就能满足注册的需求。

和可变参数类似，用户也可以先组装出一个字典，然后把该字典转换为关键字参数传进去。

```
""" 这里是交互式命令行代码 """
>>> extra = {'city': 'Beijing', 'job': 'Engineer'}
>>> person('Jack', 24, city=extra['city'], job=extra['job'])
name: Jack age: 24 other: {'city': 'Beijing', 'job': 'Engineer'}
```

当然，上面的复杂调用可以用简化的写法。

```
""" 这里是交互式命令行代码 """
>>> extra = {'city': 'Beijing', 'job': 'Engineer'}
>>> person('Jack', 24, **extra)
name: Jack age: 24 other: {'city': 'Beijing', 'job': 'Engineer'}
```

**extra 表示把 extra 这个字典中的所有键-值对用关键字参数传入函数的 **kw 参数，kw 将获得一个字典。注意，kw 获得的字典是 extra 的一份复制结果，对 kw 的改动不会影响到函数外的 extra。

（5）命名关键字参数

函数的调用者可以传入任意不受限制的关键字参数，至于到底传入了哪些，就需要在函数内部通过 kw 检查。

仍以 person 函数为例，我们希望检查是否有 city 和 job 参数。

```
def person(name, age, **kw):
    if 'city' in kw:
        # 有 city 参数
        pass
    if 'job' in kw:
        # 有 job 参数
        pass
    print('name:', name, 'age:', age, 'other:', kw)
```

但是调用者仍可以传入任意不受限制的关键字参数。

```
""" 这里是交互式命令行代码 """
>>> person('Jack', 24, city='Beijing', addr='Chaoyang', zipcode=123456)
```

如果要限制关键字参数的名字，就可以用命名关键字参数。例如，只接收 city 和 job 作为关键字参数，函数定义如下。

```
def person(name, age, *, city, job):
    print(name, age, city, job)
```

和关键字参数 **kw 不同，命名关键字参数需要一个特殊分隔符 *，* 后面的参数将被视为命名关键字参数。调用方式如下。

```
""" 这里是交互式命令行代码 """
>>> person('Jack', 24, city='Beijing', job='Engineer')
Jack 24 Beijing Engineer
```

如果函数定义中已经有了一个可变参数，后面跟着的命名关键字参数就不再需要一个特殊分隔符 * 了。

```
def person(name, age, *args, city, job):
    print(name, age, args, city, job)
```

命名关键字参数必须传入参数名，这和位置参数不同。如果没有传入参数名，调用将报错。

```
""" 这里是交互式命令行代码 """
>>> person('Jack', 24, 'Beijing', 'Engineer')
Traceback (most recent call last):
  File "<stdin>", line 1, in <module>
TypeError: person() takes 2 positional arguments but 4 were given
```

由于调用时缺少参数名 city 和 job，Python 解释器把这 4 个参数均视为位置参数，但 person 函数仅接收两个位置参数，所以报错。

命名关键字参数可以有默认值，从而简化调用。

```
def person(name, age, *, city='Beijing', job):
    print(name, age, city, job)
```

由于命名关键字参数 city 具有默认值，因此在调用时可不传入 city 参数。

```
""" 这里是交互式命令行代码 """
>>> person('Jack', 24, job='Engineer')
Jack 24 Beijing Engineer
```

使用命名关键字参数时要特别注意，如果没有可变参数，就必须加一个 * 作为特殊分隔符。如果缺少 *，Python 解释器将无法区分位置参数和命名关键字参数。

```
def person(name, age, city, job):
    ''' 缺少 *，city 和 job 被视为位置参数 '''
    pass
```

（6）参数组合

在 Python 中定义函数时，可以使用必选参数、默认参数、可变参数、关键字参数和命名关键字参数，这 5 种参数可以组合使用。但是请注意，参数定义的顺序必须是必选参数、默认参数、可变参数、命名关键字参数、关键字参数。

例如定义一些函数，包含上述若干种参数，代码如下。

```
""" 这里是交互式命令行代码 """
def f1(a, b, c=0, *args, **kw):
    print('a =', a, 'b =', b, 'c =', c, 'args =', args, 'kw =', kw)

def f2(a, b, c=0, *, d, **kw):
    print('a =', a, 'b =', b, 'c =', c, 'd =', d, 'kw =', kw)
```

在函数调用的时候，Python 解释器会自动按照参数位置和参数名把对应的参数传进去。

```
""" 这里是交互式命令行代码 """
>>> f1(1, 2)
a = 1 b = 2 c = 0 args = () kw = {}
>>> f1(1, 2, c=3)
a = 1 b = 2 c = 3 args = () kw = {}
```

```
>>> f1(1, 2, 3, 'a', 'b')
a = 1 b = 2 c = 3 args = ('a', 'b') kw = {}
>>> f1(1, 2, 3, 'a', 'b', x=99)
a = 1 b = 2 c = 3 args = ('a', 'b') kw = {'x': 99}
>>> f2(1, 2, d=99, ext=None)
a = 1 b = 2 c = 0 d = 99 kw = {'ext': None}
```

比较灵活的用法是，可以通过元组或字典来调用上述函数。

```
""" 这里是交互式命令行代码 """
>>> args = (1, 2, 3, 4)
>>> kw = {'d': 99, 'x': '#'}
>>> f1(*args, **kw)
a = 1 b = 2 c = 3 args = (4,) kw = {'d': 99, 'x': '#'}
>>> args = (1, 2, 3)
>>> kw = {'d': 88, 'x': '#'}
>>> f2(*args, **kw)
a = 1 b = 2 c = 3 d = 88 kw = {'x': '#'}
```

所以，对于任意函数，都可以通过类似 func(*args, **kw) 的形式调用它，无论它的参数是如何定义的。

> **注意** ▶ 虽然可以组合多达 5 种参数，但不要同时使用太多的组合，否则函数接口的可理解性很差。

本节小结如下。

- Python的函数具有非常灵活的参数形态，既可以实现简单的调用，又可以传入非常复杂的参数。
- 默认参数一定要用不可变对象，如果是可变对象，程序运行时会出现逻辑错误。
- 要注意定义可变参数和关键字参数的语法：*args是可变参数，args接收的是一个元组；**kw是关键字参数，kw接收的是一个字典。
- 注意调用函数时传入可变参数和关键字参数的语法：可变参数既可以直接传入［如func(1, 2, 3)］，也可以先组装列表或元组，再通过*args传入［如func(*(1, 2, 3))］；关键字参数既可以直接传入［如func(a=1, b=2)］，也可以先组装字典，再通过**kw传入［如func(**{'a': 1, 'b': 2})］。
- *args和**kw是Python的惯用写法，当然也可以用其他参数名，但最好使用该惯用写法。
- 命名关键字参数是为了限制调用者可以传入的参数名，同时还可以提供默认值。
- 定义命名关键字参数时在没有可变参数的情况下不要忘了写分隔符*，否则定义的将是位置参数。

3.3.3 Python 模块

Python 模块（module）是指以".py"结尾的 Python 文件。模块用来定义函数、类和变量。把相关的代码放到一个模块中，能让代码变得更有逻辑性。文件 test3_11.py 包含以下内容，你可以将它看作一个模块。

```python
def say_hello(name):
    print('Hello: {}'.format(name))
```

模块定义好后，我们可以使用 import 语句来导入。

- 方法一：导入整个模块，导入格式为"模块名.方法名"。

```python
import module1, module2, …
```

例如我们要导入 math 模块（test3_12.py）。

```python
# 导入模块
import math

# 然后就可以调用 math 模块提供的 sqrt 方法
print(math.sqrt(9))
```

- 方法二：导入模块的某个方法，调用的时候直接使用方法名（test3_13.py）。

```python
# 从 math 模块导入 sqrt 方法
from math import sqrt

# 直接使用 sqrt 方法
print(sqrt(9))
```

- 方法三：使用通配符*一次导入模块的所有方法（test3_14.py）。

```python
# 从 math 模块导入所有方法
from math import *

# 直接使用 sqrt、sin 方法
print(sqrt(9))
print(sin(180))
```

3.4 面向对象编程

面向对象编程（Object Oriented Programming，OOP）是一种程序设计思想。它把对象作为程序的基本单元，一个对象包含了数据和操作数据的函数。

面向过程的程序设计把计算机程序视为一系列命令的集合，即一组函数的顺序执行。为了简化程序设计，面向过程的程序设计把函数继续切分为子函数，即把大块函数通过切分成小块函数来降低系统的复杂度。

而面向对象的程序设计把计算机程序视为一组对象的集合，每个对象都可以接收其他对象发过来的消息，并处理这些消息，计算机程序的执行过程就是一系列消息在各个对象之间传递的过程。

在 Python 中，所有数据类型都可以视为对象，当然也可以自定义对象。自定义的对象就是面向对象中的类（class）。

我们以一个例子来说明面向过程和面向对象在程序流程上的不同之处。

假设我们要处理学生的成绩表，为了表示一个学生的成绩，面向过程的程序可以用一个字典表示。

```
std1 = { 'name': 'Storm', 'score': 100 }
std2 = { 'name': 'SK', 'score': 81 }
```

而处理学生成绩可以通过函数实现，例如输出学生的成绩。

```
def print_score(std):
    print('{}: {}'.format(std['name'],std['score']))
```

如果采用面向对象的程序设计思想，我们首先应该思考的不是程序的执行流程，而是 Student 这种数据类型应该被视为一个对象，这个对象拥有 name 和 score 这两个属性（property）。如果要输出一个学生的成绩，首先必须创建出这个学生对应的对象，然后给对象发一个 print_score 消息，让对象输出自己的数据（test3_15.py）。

```
class Student(object):
    ''' 定义一个 Student 对象，包含 name 和 score 两个属性 '''
    def __init__(self, name, score):
        self.name = name
        self.score = score

    def print_score(self):
        print('{}: {}' .format(self.name, self.score))
```

给对象发消息实际上就是调用对象对应的关联函数，我们称之为对象的方法（method）。面向对象的程序如下所示。

```
storm = Student('Storm', 59)
sk = Student('SK', 87)
storm.print_score()
sk.print_score()
```

面向对象的设计思想是从自然界中来的，因为在自然界中，类和实例（instance）是很自然的概念。类是一种抽象概念,例如我们定义的 Student 类,是指学生这个概念;而实例则是一个个具体的 Student,如 storm 和 sk 是两个具体的 Student。

所以,面向对象的设计思想是抽象出类,根据类创建实例。

面向对象的抽象程度又比函数要高,因为一个类既包含数据,又包含操作数据的方法。

3.4.1 类和实例

面向对象中最重要的概念就是类和实例,必须牢记类是抽象的模板,例如 Student 类,而实例是根据类创建出来的一个个具体的"对象",每个对象都拥有相同的方法,但各自的数据可能不同。

(1)定义类

仍以 Student 类为例,在 Python 中,定义类是通过 class 关键字实现的。

```
class Student(object):
    pass
```

class 后面紧接着的是类名,即 Student,类名通常是大写开头的单词;紧接着是(object),表示该类是从哪个类继承下来的,继承的概念我们后面再讲。通常,如果没有合适的继承类,就使用 object 类,这是所有类最终都会继承的类。

定义好了 Student 类,就可以根据 Student 类创建出 Student 的实例,创建实例是通过"类名 +()"实现的。

```
>>> storm = Student()
>>> storm
<__main__.Student object at 0x10a67a590>
>>> Student
<class '__main__.Student'>
```

可以看到,变量 storm 指向的就是一个 Student 的实例,后面的 0x10a67a590 是内存地址,每个 object 的地址都不一样,而 Student 本身则是一个类。

可以自由地给一个实例变量绑定属性,例如,给实例 storm 绑定一个 name 属性。

```
>>> storm.name = 'Storm Spirit'
>>> storm.name
'Storm Spirit'
```

由于类可以起到模板的作用,因此可以在创建实例的时候,把一些我们认为必须绑定的属性强制填写进去。通过定义一个特殊的 __init__ 方法,在创建实例的时候,就可以把 name 和 score 等属性绑定上去。

```
class Student(object):

    def __init__(self, name, score):
        self.name = name
        self.score = score
```

需要注意以下几点。

- 特殊方法__init__前后分别有两条下划线。
- __init__方法的第一个参数永远是self，表示创建的实例本身。因此，在__init__方法内部，可以把各种属性绑定到self，因为self指向创建的实例本身。
- 有了__init__方法，在创建实例的时候就不能传入空的参数了，必须传入与__init__方法匹配的参数。但self不需要传入，Python解释器自己会把实例变量传进去。

```
>>> storm = Student('Storm Spirit', 100)
>>> storm.name
'Storm Spirit'
>>> storm.score
100
```

和普通的函数相比，在类中定义的方法只有一点不同，就是第一个参数永远是实例变量self，并且在调用时不用传递该参数。除此之外，类的方法和普通函数没有什么区别，所以仍然可以使用默认参数、可变参数、关键字参数和命名关键字参数。

（2）数据封装

面向对象编程的一个重要特点就是数据封装。在上面的Student类中，每个实例都拥有各自的name和score这些数据。我们可以通过函数来访问这些数据，例如输出一个学生的成绩。

```
>>> def print_score(std):
...     print('%s: %s' % (std.name, std.score))
...
>>> print_score(storm)
Storm Spirit: 100
```

但是，既然Student实例本身就拥有这些数据，那么就没有必要通过外面的函数去访问这些数据，可以直接在Student类的内部定义访问数据的函数，这样就把数据给封装起来了。这些封装数据的函数和Student类本身是关联起来的，我们称之为类的方法。

```
class Student(object):

    def __init__(self, name, score):
        self.name = name
        self.score = score

    def print_score(self):
        print('%s: %s' % (self.name, self.score))
```

要定义一个方法，除了第一个参数是 self 外，其他和普通函数一样。要调用一个方法，只需要在实例变量上直接调用，除了 self 不用传入，其他参数正常传入。

```
>>> storm.print_score()
Storm Spirit: 100
```

这样一来，我们从外部看 Student 类，就只需要知道创建实例需要给出 name 和 score。而和输出相关的操作都是在 Student 类的内部定义的，这些数据和逻辑被封装起来了，调用起来很容易，且不用知道内部实现的细节。

封装的另一个好处是可以给 Student 类增加新的方法，例如 get_grade。

```
class Student(object):
    ...
    def get_grade(self):
        if self.score >= 90:
            return 'A'
        elif self.score >= 60:
            return 'B'
        else:
            return 'C'
```

同样，get_grade 方法可以直接在实例变量上调用，不需要知道内部实现细节。

```
class Student(object):
    def __init__(self, name, score):
        self.name = name
        self.score = score

    def get_grade(self):
        if self.score >= 90:
            return 'A'
        elif self.score >= 60:
            return 'B'
        else:
            return 'C'
```

本节小结如下。

- 类是创建实例的模板，而实例则是一个个具体的对象，各个实例拥有的数据都互相独立，互不影响。
- 方法就是与实例绑定的函数。和普通函数不同，方法可以直接访问实例的数据。
- 通过在实例上调用方法，我们就直接操作了对象内部的数据，但无须知道方法内部的实现细节。
- 和静态语言不同，Python 允许对实例变量绑定任何数据。也就是说，对于两个实例变量，虽然它们都是同一个类的不同实例，但拥有的变量名称可能不同。

3.4.2 继承和多态

在面向对象程序设计中,当我们定义了一个类时,可以从之前的某个类继承。被继承的类称为父类或者基类、超类,新创建的类称为子类。

例如,我们创建了一个名为 Animals 的类,它有一个 run 方法,如下所示。

```
class Animals(object):
    def run(self):
        print('Animals can run')
```

当我们需要编写 Dog 和 Cat 类时,可以从 Animals 类继承(狗和猫正好是动物,也都会跑)。

```
class Animals(object):
    def run(self):
        print('Animals can run')

class Dog(Animals):
    pass

class Cat(Animals):
    pass
```

对于 Dog 和 Cat 来说,Animals 是父类,Dog 和 Cat 此时是子类。继承有什么好处呢?好处就是,Dog 和 Cat 这两个类什么代码都没写(除了 pass)就有了 run 方法(test3_16.py)。

```
class Animals(object):
    def run(self):
        print('Animals can run')

class Dog(Animals):
    pass

class Cat(Animals):
    pass

if __name__ == '__main__':
    Dog().run()
    Cat().run()
```

运行结果如下。

```
C:\Python\Python36\python.exe D:/Love/Chapter_3/test3_16.py
Animals can run
Animals can run

Process finished with exit code 0
```

当然,我们也可以给子类新定义一些方法,例如,我们可以让 Dog "汪汪汪"地叫。

```
class Animals(object):
```

```python
    def run(self):
        print('Animals can run')

class Dog(Animals):
    def say(self):
        print("汪汪汪")

class Cat(Animals):
    pass

if __name__ == '__main__':
    Dog().run()
    Dog().say()
    Cat().run()
```

运行结果如下。

```
Animals can run
汪汪汪
Animals can run
```

如果觉得 Dog 跑的方法和 Cat 跑的方法应该不同,那么我们可以对代码进行改进。

```python
class Animals(object):
    def run(self):
        print('Animals can run')

class Dog(Animals):
    def run(self):
        print('Dog can run')

    def say(self):
        print("汪汪汪")

class Cat(Animals):
    def run(self):
        print('Cat can run')

if __name__ == '__main__':
    Dog().run()
    Dog().say()
    Cat().run()
```

运行结果如下。

```
Dog can run
汪汪汪
Cat can run
```

当子类和父类都存在相同的方法 run 时,子类 run 方法的效果会覆盖父类 run 方法的效果,这就是多态的效果。

数据封装、继承和多态是面向对象的三大特点。继承可以把父类的所有功能都拿来用，这样就不必"重新来过"，子类只需要新增自己特有的方法即可。当然子类也可以把父类的某个方法覆盖掉，让继承呈现多态的效果。

3.5　Python 中的 os 模块

os（operation system，操作系统）是 Python 标准库中的内置模块之一，用于实现访问操作系统等相关功能。在 Web UI 自动化测试过程中，我们会遇到访问某个文件的场景，但是不同操作系统的文件路径分隔符不同，如果想使自己编写的代码更加健壮，就需要使用 os 模块中提供的方法，这样就可以实现跨平台访问。

（1）获取操作系统信息
- os.sep：用来获取系统路径的分隔符。Windows系统路径的分隔符是"\\"，Linux和macOS系统路径的分隔符是"/"。
- os.name：显示使用的工作平台。Windows平台返回"nt"，Linux和macOS返回"posix"。
- os.getcwd：用于获取当前文件的目录。

示例代码：test3_17.py。

```
import os
print(os.sep)                    # 当前系统路径的分隔符
print(os.name)                   # 工作平台
print(os.getcwd())               # 获取当前文件的目录
```

运行结果如图 3-2 所示。

假如我们需要拼接一个文件目录，示例代码：test3_18.py。

```
import os
# 假如想拼接一个当前文件同级目录里面的 aa.py 文件
cur_path = os.getcwd()           # 获取当前目录
print(cur_path)
file = cur_path + os.sep + 'aa.py' # 通过 sep 来获取适合当前操作系统的分隔符
print(file)
```

运行结果如下。

```
D:\Love\Chapter_3
D:\Love\Chapter_3\aa.py
```

图 3-2 获取操作系统信息

（2）目录操作

接下来，我们看一下 Python os 模块提供了哪些用于对文件目录操作的方法（示例代码：test3_19.py）。

os.listdir(目录)：返回指定目录下的所有文件和目录名。

os.mkdir('D:\\abc')：创建一个目录。

os.rmdir('D:\\abc')：删除一个空目录。若目录中有文件，则无法删除。

os.makedirs('D:\\abc\\def\\')：可以创建多层递归目录。如果目录全部存在，则创建目录失败。

os.removedirs('D:\\abc\\def\\')：可以删除多层递归的空目录。若目录中有文件，则无法删除。

os.chdir('D:\\abc\\def\\')：改变当前目录到指定目录中去。

os.rename('D:\\abc\\def', 'D:\\abc\\xyz')：重命名目录或文件。命名后的文件名如果存在，则重命名失败。

os.path.basename('D:\\abc\\def\\a.txt')：返回文件名。

os.path.dirname('D:\\abc\\def\\a.txt')：返回文件目录。

os.path.getsize(name)：获取文件大小。

os.path.abspath(name)：获取绝对路径。

os.path.join(path,name)：连接目录与文件名或连接目录与目录。

（3）判断操作

os.path.exists(path)：判断文件或者目录是否存在；存在则返回 True，否则返回 False。

os.path.isfile(path)：判断是否为文件；是文件则返回 True，否则返回 False。

os.path.isdir(path)：判断是否为目录。

示例代码如下。

```
>>> import os
>>> os.path.exists('d:\\aaa\\')
False
```

3.6 Python 中的 time 模块

time 模块提供了与时间相关的函数。时间间隔是以秒为单位的浮点数。在 Python 中，通常有这几种方式来表示时间：时间戳（timestamp）、结构化时间（struct time）、格式化的时间字符串。

（1）时间戳

我们可以使用"time.time()"来获取时间戳，它表示从 1970 年 1 月 1 日 00:00:00 开始到现在一共经历了多长时间，单位是秒。

示例代码如下。

```
>>> import time
>>> time.time()
1588647868.1104956
```

需要注意以下两点。

- 时间戳适用于做日期运算，但是1970年之前的日期就无法用时间戳表示了。太遥远的未来的日期也不行，UNIX和Windows只支持到2038年。
- 时间戳适合表示唯一值。

（2）结构化时间

很多 Python 函数用元组装起来的 9 组数字处理时间，如表 3-1 所示。

表 3-1 Python 结构化时间

序号	字段	值	属性
0	4 位数的年份	2020	tm_year
1	月	1～12	tm_mon
2	日	1～31	tm_mday
3	小时	0～23	tm_hour
4	分钟	0～59	tm_min

序号	字段	值	属性
5	秒	0～61（60 或 61 是闰秒）	tm_sec
6	一周的第几天	0～6，0 代表周一	tm_wday
7	一年的第几天	1～366	tm_yday
8	夏令时	–1、0、1，其中 –1 是决定是否为夏令时的标志	tm_isdst

示例代码如下。

```
>>> localtime = time.localtime()
```

运行结果如下。

```
time.struct_time(tm_year=2020, tm_mon=5, tm_mday=5, tm_hour=11, tm_min=28, tm_sec=51, tm_wday=1, tm_yday=126, tm_isdst=0)
```

（3）格式化时间

我们可以借助 strftime 将当前时间以特定的格式输出，如下所示（示例代码：test3_20.py）。

```
import time

# 格式化成 2016-03-20 11:45:39 形式
print(time.strftime("%Y-%m-%d %H:%M:%S", time.localtime()))
# 格式化成 Sat Mar 28 22:24:24 2016 形式
print(time.strftime("%a %b %d %H:%M:%S %Y", time.localtime()))
# 将格式字符串转换为时间戳
a = "Tue May 05 06:06:06 2020"
print(time.mktime(time.strptime(a, "%a %b %d %H:%M:%S %Y")))
```

运行结果如下。

```
2020-05-05 11:13:26
Tue May 05 11:13:26 2020
1588629966.0
```

time.strftime 里面有很多参数，我们能够随意地输出自己想要的内容，下面是 time.strftime 的参数介绍。

strftime(format[, tuple]) -> string 用于将指定的 struct_time（默认为当前时间）根据指定的格式化字符串输出，格式化符号与其对应的表示内容如表 3-2 所示。

表 3-2 格式化输出

格式化符号	表示内容
%y	两位数的年份表示（00～99）
%Y	4 位数的年份表示（0000～9999）
%m	月份（01～12）

续表

格式化符号	表示内容
%d	一个月中的一天（00～31）
%H	一个 24 小时制小时数（00～23）
%I	一个 12 小时制小时数（01～12）
%M	分钟数（00～59）
%S	秒（00～59）
%a	本地简化的星期名称
%A	本地完整的星期名称
%b	本地简化的月份名称
%B	本地完整的月份名称
%c	本地相应的日期表示和时间表示
%j	一年中的一天（001～366）
%p	本地 A.M. 或 P.M. 的等价符
%U	一年中的星期数（00～53），星期天为一星期的开始
%w	星期（0～6），星期天为一星期的开始
%W	一年中的星期数（00～53），星期一为一星期的开始
%x	本地相应的日期表示
%X	本地相应的时间表示
%Z	当前时区的名称
%%	% 号本身

格式化时间示例如下（示例代码：test3_21.py）。

```
import time
# 输出年月日，以斜杠分隔，如 2020/05/12
print(time.strftime('%Y/%m/%d',time.localtime(time.time())))

# 显示年月日时分秒，中间无分隔符，常用作保存日志的文件名，如 20200512210350
print(time.strftime('%Y%m%d%H%M%S',time.localtime(time.time())))
```

本节我们学习了 time 模块的常用操作，请大家熟练掌握。

3.7 文件读写

在自动化测试过程中，要实现测试数据、配置等和测试脚本的分离，往往需要 Python 来处理各种类型的数据。因此，我们来学习一下相关的知识。

3.7.1　Python 中的 open 函数

在做自动化测试的过程中，常会将一些系统配置、测试数据等保存到文件中。这时候就需要借助 Python 的 open 函数来操作文件。

我们先来看一个文件操作的简单示例（示例代码：test3_22.py）。

```
# 通过 open 打开文件：第一个参数为文件名；第二个参数为模式；第三个参数为编码方式。
f = open("test3_1.py","r",encoding='utf8')
# 通过 read 读取文件的全部内容
data = f.read()
print(data) # 输出
f.close() # 关闭文件
```

对文件的操作步骤简单总结如下。

- 打开文件，得到文件句柄并赋给变量。
- 借助句柄对文件进行操作。
- 关闭文件。

接下来，我们看一下 open 函数的完整语法格式。

```
open(file, mode='r', buffering=None, encoding=None, errors=None, newline=None, closefd=True)
```

参数说明如下。

- file: 必选，文件路径（相对或者绝对路径）。
- mode: 可选，文件打开模式，默认为"r"。
- buffering: 设置缓冲。
- encoding: 一般使用UTF-8。
- errors: 报错级别。
- newline: 区分换行符。
- closefd: 传入的file参数类型。

mode 的参数有多种取值方式，下面介绍一些常用的参数，如表 3-3 所示。

表 3-3　文件打开模式 mode 的参数

参数	描述
r	以只读模式打开文件。光标会放在文件的开头。这是默认模式
w	打开一个文件只用于写入。如果该文件已存在则打开文件，并从开头开始编辑，即原有内容会被删除。如果该文件不存在，则创建新文件
a	打开一个文件用于追加。如果该文件已存在，光标会放在文件的结尾。也就是说，新的内容将会被写入已有内容之后。如果该文件不存在，则创建新文件进行写入

接下来，我们再来看一下 open 函数创建的对象都可以使用哪些常见的方法，如表 3-4 所示。

表 3-4 文件常见操作方法

方法	描述
file.read([size])	从文件中读取指定的字节数，如果未给定或为负则读取所有
file.readline([size])	读取整行，包括"\n"字符
file.readlines([sizeint])	读取所有行并返回列表，若给定 sizeint>0，则是设置一次读取多少字节，这样可以减轻读取压力
file.write(str)	将字符串写入文件，返回的是写入的字符串的长度
file.writelines(sequence)	向文件写入一个序列字符串列表，如果需要换行则要自己加入每行的换行符
file.close()	关闭文件。关闭后文件不能再进行读写操作

接下来，我们用几个示例脚本来演示表 3-4 所示的方法如何应用。在 Chapter_3 目录下面新建一个"1.txt"文件，内容如下。

```
the first line
the second line
the third line
the forth line
the fifth line
```

示例一：通过 read 读取全部内容（示例代码：test3_23.py）。

```
f = open("1.txt","r",encoding='utf8')
# 通过 read 读取文件全部内容
data1 = f.read()
print("read 对应的结果：{}".format(data1))
f.close()  # 关闭文件
```

示例二：通过 readline 读取某行内容（示例代码：test3_24.py）。

```
f = open("1.txt","r",encoding='utf8')
# 通过 readline 读取一行内容
data2 = f.readline()
print("readline 对应的结果：{}".format(data2))
f.close()  # 关闭文件
```

示例三：通过 readlines 读取全部内容，返回列表（示例代码：test3_25.py）。

```
f = open("1.txt","r",encoding='utf8')
# 通过 readlines 读取全部内容，返回列表
data3 = f.readlines()
print("readlines 对应的结果：{}".format(data3))
f.close()  # 关闭文件
```

运行结果如下。

```
readlines 对应的结果：['the first line\n', 'the second line\n', 'the third line\n', 'the forth line\n', 'the fifth line']
```

示例四：通过 write 写入文字（示例代码：test3_26.py）。

```
f = open("2.txt","w",encoding='utf8')
f.write('像Storm一样飞')
f.close()
```

示例五：通过 writelines 将一个列表写入文件中。需要注意的是，如果不加换行符，则只会生成一行文字（示例代码：test3_27.py）。

```
f = open("3.txt","w",encoding='utf8')
data = ['name\n','age\n','sex']
f.writelines(data)
f.close()
```

> **注意** ▶ 我们读取文件是把内容读取到内存中的，如果不关闭它，就会一直占用系统资源，而且还可能导致其他的安全隐患。因此，这里提醒读者在通过 open 打开文件，操作完数据后，一定要记得使用 close 方法关闭文件。

为了避免忘记手动关闭文件，这里给大家推荐一种打开文件的新写法：with open。使用该方法，可以不用手动关闭文件（示例代码：test3_28.py）。

```
with open("1.txt", "r") as f:
    data = f.read()
    print(data)
```

3.7.2　JSON 文件

在自动化测试过程中，我们会将部分数据保存到 JSON（JavaScript Object Notation，JavaScript 对象表示法）文件中，因此，学习使用 Python 处理 JSON 数据显得非常必要。JSON 是一种常用的数据交换格式。JSON 文件有以下特点。

- JSON 是存储和交换文本信息的语法，类似XML。
- JSON 比 XML 更小、更快、更易解析。
- JSON 是轻量级的文本数据交换格式。
- JSON 独立于语言。JSON 使用 JavaScript语法来描述数据对象，但是 JSON 仍然独立于语言和平台。JSON 解析器和JSON 库支持许多不同的编程语言。目前非常多的动态编程语言（PHP、JSP、.NET等）都支持JSON。
- JSON 具有自我描述性，更易理解。

JSON 的语法规则如下。

- JSON数据用大括号括起来。
- 数据在"名称/值"对中,名称和值用冒号分隔,类似Python中的字典。
- 名称必须用双引号引起来,值是否需要双引号引起来要视值的类型而定。
- 数据由逗号分隔。

下面来看一个 JSON 格式的数据示例。

```
{"name":"storm", "age":30}
```

上面的 JSON 数据共有两个"名称/值"对,从格式上来看,和 Python 中的字典非常类似。实际上,我们在处理 JSON 数据时,很多情况下也确实将其转成字典来处理。不过需要注意的是,JSON 数据必须用双引号引起来,不能使用单引号。

来看一下 JSON 值类型。

- 数字(整数或浮点数),如{ "age":30 }。
- 字符串(在双引号中),如{ "name":"Storm" }。
- 逻辑值(True或False),如{ "flag":True }。
- 数组(在中括号中),如{"sites": ["name","url"]}。
- 对象(在大括号中),如{"student":{"name":"dzl"}}。
- null,如{ "age" :null }。

JSON 文件的扩展名为".json"。在 Chapter_3 中新建一个文件,并命名为"test3_29.json",代码如下。

```
{"name":"storm", "age":30, "sex": "男"}
```

Python 3.x 版本自带 json 模块,不需要自己安装。json 模块用于字符串和 JSON 数据类型间的转换,json 模块提供了 4 个功能:dumps、dump、loads、load。

先来看 dumps,其作用是将字典转换为字符串。

```python
import json

dict1 = {"name":"storm","age": 35}
print(dict1)
print(type(dict1))

# dumps 将字典转换为字符串
j1 = json.dumps(dict1)
print(j1)
print(type(j1))
```

运行结果如下。

```
{'name': 'storm', 'age': 35}
```

```
<class 'dict'>
{"name": "storm", "age": 35}
<class 'str'>
```

再来看 dump，其作用是将字典转换为字符串，并写入 JSON 文件中。

```python
import json

dict1 = {"name":"storm","age": 30}
print(dict1)
print(type(dict1))

# 将字典数据写入 txt 文件
with open("1.txt","w") as f:
    j1 = json.dump(dict1,f)
    print(j1)
    print(type(j1))
```

运行结果如下。

```
{'name': 'storm', 'age': 30}
<class 'dict'>
None
<class 'NoneType'>
```

然后看 loads，其作用是将字符串转换为字典。

```python
import json

# str1 是单引号引起来的字符串
str1 = '{"name":"storm","age": 30}'
print(str1)
print(type(str1))

# loads 将字符串转换成字典
dic = json.loads(str1)
print(dic)
print(type(dic))
```

运行结果如下。

```
{"name":"storm","age": 30}
<class 'str'>
{'name': 'storm', 'age': 30}
<class 'dict'>
```

最后看 load，其作用是把文件打开，并把字符串转换为数据类型。

```python
import json

with open("1.txt",'r') as f:
    print(type(f))
```

```
    dic = json.load(f)
    print(dic)
    print(type(dic))
```

运行结果如下。

```
<class '_io.TextIOWrapper'>
{'name': 'storm', 'age': 30}
<class 'dict'>
```

接下来,我们借助 Python 处理 JSON 文件。

◆ 读取字典类型的数据文件

在 Chapter_3 文件目录下创建一个名为"login_account.json"的文件,用来保存某个系统的登录账号信息,内容如下。

```
{
"user1":{"name":"storm","password":"123456"},
"user2":{"name":"duzl","password":"123123"}
}
```

然后通过脚本读取该文件的内容。

```
import json
file = "login_account.json"

with open(file,'r') as f:
    users = json.load(f)
    print(type(f))
    print(type(users))
    print(users)

for user in users:
    name = users[user]['name']
    password = users[user]['password']
    print(name,password)
```

运行结果如下。

```
<class '_io.TextIOWrapper'>
<class 'dict'>
{'user1': {'name': 'storm', 'password': '123456'}, 'user2': {'name': 'duzl', 'password': '123123'}}
storm 123456
duzl 123123
```

◆ 读取列表类型的数据文件

同样,在 Chapter_3 文件目录下创建一个名为"myarray.json"的文件,内容如下。

```
[
  {
```

```
    "name":"storm",
    "age":30
  },
  {
    "name":"lina",
    "age":22
  }
]
```

然后我们用脚本读取文件中的数据。

```
import json

file = "myarray.json"

with open(file,'r') as f:
    ss = json.load(f)

for s in ss:
    print(s)
    print(s["name"])
    print(s["age"])
```

运行结果如下。

```
{'name': 'storm', 'age': 30}
storm
30
{'name': 'lina', 'age': 22}
lina
22
```

前面我们说了，在自动化测试过程中，我们经常会读取 JSON 文件。为了简化操作，我们可以封装一个读取 JSON 文件的函数，该函数支持解析两层的 JSON 文件。后续我们就可以直接调用该函数来解析 JSON 文件了，代码如下。

```
import json

'''
封装一下解析 JSON 文件的函数，支持两层的 JSON 文件，两个键
'''
def parse_json(file,key1,key2):
    mylist = []
    with open(file,'r',encoding='utf8') as f:
        data = json.load(f)

    for i in data:
        mylist.append((data[i][key1],data[i][key2]))
    return mylist
```

```python
if __name__ == '__main__':
    account_info = parse_json('login_account.json', 'name','password')
    print(account_info)
```

3.7.3 YAML 文件

在 Web UI 自动化测试中，我们可以将用到的配置信息保存在 YAML 格式的文件中。YAML 是 YAML Ain't a Markup Language 的缩写。YAML 的语法和其他高级语言类似，它用空白符号表示缩进，特别适合用来表达配置文件。该类型文件的扩展名为".yml"，如 storm.yml。

YAML 文件的基本语法规则如下。

- 大小写敏感。
- 使用缩进表示层级关系。
- 缩进不允许使用Tab键，只允许使用空格键。
- 缩进的空格数不重要，只要相同层级的元素左对齐即可。
- "#"表示注释。

YAML 文件支持多种数据类型。

- 对象：键-值对的集合，又称为映射（mapping）、哈希（hashes）、字典（dictionary）。
- 数组：一组按次序排列的值，又称为序列（sequence）、列表（list）。

接下来，我们通过代码来演示一下如何使用 Python 处理各种类型的 YAML 文件。PyYaml 是 Python 中一个专门用于对 YAML 文件进行操作的模块。该模块同样可以借助 pip 来安装，安装命令如下。

```
C:\Users\duzil>pip3 install pyyaml
```

（1）YAML 对象

这里，我们先准备一个名为"my_yaml_1.yml"的文件，内容如下。

```
url: "http://localhost:81/redmine/"
ip: "127.0.0.1"
```

这里需要注意，冒号前面没有空格，冒号后面有一个空格。然后编写脚本来读取该文件。

```python
import yaml

with open('my_yaml_1.yml', 'r', encoding='utf8') as f:
    data = yaml.load(f, Loader=yaml.FullLoader)
    print(data)
    print(data['url'])
    print(data['ip'])
```

这里需要注意以下两点。

- 我们通过yaml.load来处理YAML文件的内容。
- 注意要加一个默认参数Loader=yaml.FullLoader。YAML 5.1版本后弃用了yaml.load(file)这个用法，但出于安全考虑需要指定Loader，通过默认加载器（FullLoader）可以禁止执行任意函数，这里了解即可。

运行结果如下。

```
{'url': 'http://localhost:81/redmine/', 'ip': '127.0.0.1'}
http://localhost:81/redmine/
127.0.0.1
```

（2）YAML 数组

同样，我们先准备一个名为"my_yaml_2.yml"的文件，内容如下。

```
- storm
- sk
- shadow
- queen
```

> **注意** ▶ "-"后面有一个空格。

然后通过脚本来处理该 YAML 文件。

```
import yaml

with open('my_yaml_2.yml', 'r', encoding='utf8') as f:
    data = yaml.load(f, Loader=yaml.FullLoader)
    print(data)
```

运行结果如下。

```
['storm', 'sk', 'shadow', 'queen']
```

（3）YAML 复合结构

同样，我们先准备一个名为"my_yaml_3.yml"的文件，内容如下。

```
websites:
  URL: http://localhost/
  IP: 127.0.0.1
  Port: 81
```

然后通过脚本来读取该 YAML 文件。

```
import yaml

with open('my_yaml_3.yml', 'r', encoding='utf8') as f:
    data = yaml.load(f, Loader=yaml.FullLoader)
    print(data)
    print(data['websites']['URL'])
```

```
        print(data['websites']['IP'])
        print(data['websites']['Port'])
```

运行结果如下。

```
{'websites': {'URL': 'http://localhost/', 'IP': '127.0.0.1', 'Port': 81}}
http://localhost/
127.0.0.1
81
```

在 Web UI 自动化测试中，可以将系统用到的配置信息以复合结构保存到一个特定文件中。因此，我们可以封装一个函数来读取 YAML 文件的信息，文件名为 "parse_yml.py"，脚本如下。

```
import yaml

'''
通过传递文件名、section 和 key, 读取 YAML 文件中的内容
'''
def parse_yml(file, section, key):
    with open(file, 'r', encoding='utf8') as f:
        data = yaml.load(f, Loader=yaml.FullLoader)
        return data[section][key]


if __name__ == '__main__':
    value = parse_yml('my_yaml_3.yml', 'websites', 'URL')
    print(value)
```

3.7.4　CSV 文件

在自动化测试过程中，可以将相对复杂的测试数据放置到表格中，如放置到 Excel 或 CSV（Comma-Separated Values，逗号分隔值，有时也称为字符分隔值，因为分隔字符也可以不是逗号）文件中。

Excel 文件大家相对比较熟悉，Python 有丰富的第三方库来处理 Excel 文件，需要注意的是 Excel 文件扩展名分为 ".xls" 和 ".xlsx"，需要不同的库来处理。不过本书不介绍如何使用 Python 处理 Excel 文件，而是介绍一种更简洁、更轻量的文件格式：CSV。该文件以纯文本形式存储表格数据（数字和文本）。

日常工作中，大家经常用 Excel 或 WPS 来打开扩展名为 ".csv" 的文件，实际上完全可以使用写字板来打开它，你会发现它是一种用逗号分隔的数据文件，如图 3-3 所示。

图 3-3　CSV 文件

接下来，我们在 Chapter_3 目录下新建一个 CSV 文件，并命名为 "my_csv_1.csv"，文件内容如下。

```
name,password,status
admin,error,0
admin,rootroot,1
```

借助代码来读取文件,步骤如下。

- 导入csv模块。
- 借助csv.reader来处理数据。

```python
import csv

with open('my_csv_1.csv', 'r', encoding='utf8') as f:
    data = csv.reader(f)
    print(data)
    for i in data:
        print(i)
```

运行结果如下。

```
<_csv.reader object at 0x0077E4B0>
['name', 'password', 'status']
['admin', 'error', '0']
['admin', 'rootroot', '1']
```

在自动化测试中,我们经常需要将 CSV 文件中的数据返回为一个嵌套列表,这样可以将数据作为测试的参数来使用(后面章节将详细介绍)。因此,我们可以封装一个函数来实现该功能。示例代码:parse_csv.py。

```python
import csv

def parse_csv(file):
    mylist = []
    with open(file, 'r', encoding='utf8') as f:
        data = csv.reader(f)
        for i in data:
            mylist.append(i)
        del mylist[0]  # 删除标题行的数据
        return mylist


if __name__ == '__main__':
    data = parse_csv('my_csv_1.csv')
    print(data)
```

本节介绍了如何使用 Python 读取 JSON、YAML、CSV 文件中的内容,后续我们会将这些知识应用到自动化测试框架中,希望大家掌握。

> **注意** ▶ 文件名中别用居中的横杠,虽然不会报错,但是在文件相互调用的时候会出现失败的情况,建议使用下划线来代替居中的横杠。

第 4 章
前端知识储备

因为本书讲解的是 Web UI 自动化测试，测试的对象是 Web 页面及其元素，而 Web 页面正好是通过 HTML、CSS、JavaScript 等实现的，所以本章会介绍一些基础的前端知识，以方便读者对后续知识的学习。如果你已经掌握了前端相关知识，可以跳过本章，进行后续知识的学习。

4.1 HTML 基础知识

超文本标记语言（Hyper Text Markup Language，HTML）是一种用于创建网页的标准标记语言。HTML 运行在浏览器上，通过浏览器来解析。

4.1.1 创建 HTML 文件

我们可以通过 PyCharm 来创建 HTML 文件，步骤如图 4-1 所示。

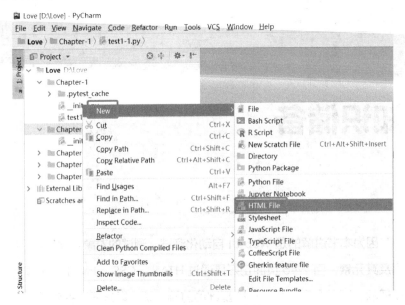

图 4-1 创建 HTML 文件

这里，我们创建了一个名为"html4_1.html"的文件，PyCharm 会自动创建 HTML 的框架内容。

```
    <!DOCTYPE html>
<html lang="en">
<head>
    <meta charset="UTF-8">
    <title>Title</title>
</head>
<body>

</body>
</html>
```

简单分析一下。

- HTML 文件的扩展名是".html"或者".htm"。
- <!DOCTYPE html> 声明该文件为 HTML5 文件。
- <html> 元素是 HTML 页面的根元素。
- <head> 元素包含了文件的元数据（metadata），如 <meta charset="UTF-8"> 定义网页编码格式为 UTF-8。
- <title> 元素描述了文件的标题。
- <body> 元素包含了可见的页面内容。

再来看一下 HTML 的标签概念。

- HTML 标记标签通常被称为 HTML 标签（HTML tag）。
- HTML 标签是由尖括号括起来的关键字，如 <html>。
- HTML 标签通常是成对出现的，如 <b> 和 </b>。
- 标签对中的第一个标签是开始标签，第二个标签是结束标签。
- 开始标签和结束标签也分别被称为开放标签和闭合标签。

< 标签 > 内容 </ 标签 >

4.1.2　HTML 元素

HTML 文件由各种元素构成，接下来，我们认识一些常见元素。

（1）HTML 标题

HTML 标题（heading）是通过 <h1> ～ <h6> 标签来定义的，示例代码如下。

```
<!DOCTYPE html>
<html lang="en">
<head>
    <meta charset="UTF-8">
    <title>Title</title>
</head>
<body>
    <h1>这是一个 h1 标题 </h1>
    <h2>这是一个 h2 标题 </h2>
    <h3>这是一个 h3 标题 </h3>
</body>
</html>
```

当鼠标指针在 PyCharm 中的 HTML 代码输入区移动的时候，该区域右上角会出现浏览器的图标，单击某个浏览器图标即可选择对应的浏览器解析当前的 HTML 文件，这里我们单击 Chrome 浏览器图标，如图 4-2 所示。

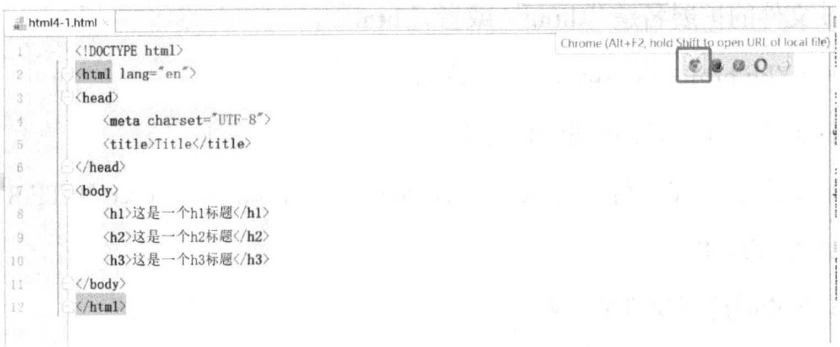

```
<!DOCTYPE html>
<html lang="en">
<head>
    <meta charset="UTF-8">
    <title>Title</title>
</head>
<body>
    <h1>这是一个h1标题</h1>
    <h2>这是一个h2标题</h2>
    <h3>这是一个h3标题</h3>
</body>
</html>
```

图 4-2 选择浏览器

通过 Chrome 浏览器查看该 HTML 文件，效果如图 4-3 所示。

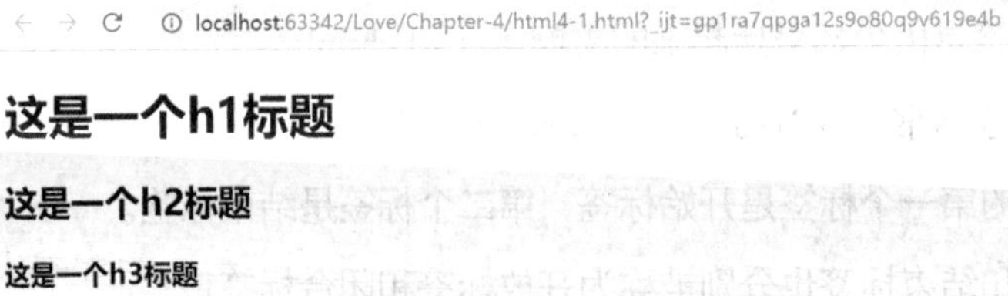

这是一个h1标题

这是一个h2标题

这是一个h3标题

图 4-3 查看 HTML 文件（1）

（2）HTML 段落、链接、图像

- HTML 段落是通过标签 <p> 来定义的。
- HTML 链接是通过标签 <a> 来定义的。
- HTML 图像是通过标签 <img> 来定义的。

创建一个 HTML 文件，包含上述 3 个标签，如下所示。

```
<body>
<p>这是一个段落。</p>
<a href="https://www.ptpress.com.cn/">链接到人民邮电出版社官网</a>
<p>这是另外一个段落。</p>
<img src="https://www.ptpress.com.cn/static/portal/img/logo.png" width="258" height="39" />
</body>
```

通过浏览器查看该 HTML 文件，效果如图 4-4 所示。

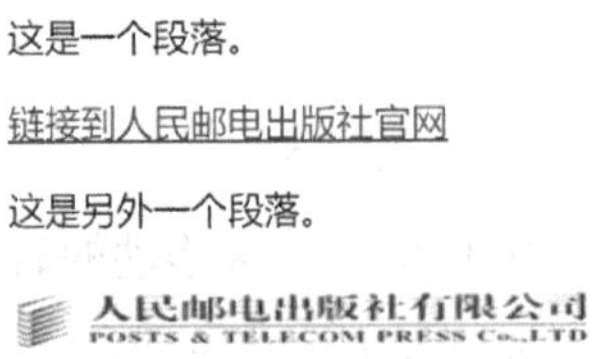

这是一个段落。

链接到人民邮电出版社官网

这是另外一个段落。

人民邮电出版社有限公司
POSTS & TELECOM PRESS Co.,LTD

图 4-4 查看 HTML 文件（2）

4.1.3　HTML 元素属性

上一小节，我们认识了 HTML 文件中的标题、段落、链接、图像共 4 个简单元素，而元素本身还有一些属性，我们来认识一下。

属性是 HTML 元素提供的附加信息，HTML 元素的属性有以下特征。

- HTML 元素可以设置属性。
- 属性可以在元素中添加附加信息。
- 属性一般描述于开始标签。
- 属性总是以"名称/值"对的形式出现，如 name="value"。
- 属性值应该始终在引号内，双引号最常用。

表 4-1 所示为一些较为常用的 HTML 元素的属性。

表 4-1　HTML 元素的属性

属性	描述
id	定义元素的唯一 id
class	为 HTML 的元素定义一个或多个类名（class name）（类名从样式文件引入）
style	规定元素的行内样式（inline style）
title	描述元素的额外信息（作为工具条使用）

4.1.4　复杂元素

本小节我们再来看几个稍微复杂一些的 HTML 元素。

（1）表格

表格由 <table> 标签来定义。每个表格均有若干行（由 <tr> 标签定义），每行被分割为若干单元格（由 <td> 标签定义）。td 指表格数据（table data），即数据单元格的内容。表格的表头由 <th> 标签定义，大多数浏览器会把表头显示为粗体居中的文本。

示例 HTML 文件如下。

```
<body>
<table border="1">
    <tr>
        <th>Header 1</th>
        <th>Header 2</th>
    </tr>
    <tr>
        <td>row 1, cell 1</td>
```

```
            <td>row 1, cell 2</td>
        </tr>
        <tr>
            <td>row 2, cell 1</td>
            <td>row 2, cell 2</td>
        </tr>
</table>
</body>
```

效果如图 4-5 所示。

这是一个带表头的表格。除去表头外，还有两行数据，每行有两个单元格。

（2）列表

HTML 支持有序、无序和自定义列表，我们来分别演示一下。

♦ 有序列表

有序列表是一列项目，列表项目使用数字进行标记。有序列表始于 <ol> 标签，每个列表项目始于 <li> 标签。

```
<body>
<ol>
<li> 风暴之灵 </li>
<li> 大地之灵 </li>
<li> 灰烬之灵 </li>
</ol>
</body>
```

效果如图 4-6 所示。

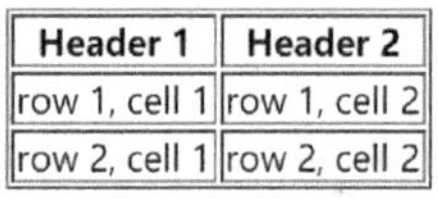

Header 1	Header 2
row 1, cell 1	row 1, cell 2
row 2, cell 1	row 2, cell 2

图 4-5　查看表格显示效果

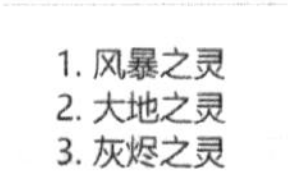

图 4-6　有序列表

♦ 无序列表

再来看一下无序列表，无序列表同样是一个包含项目的列表，此列表项目使用粗体圆点（典型的小黑圆点）进行标记，无序列表始于 <ul> 标签。

```
<body>
<ul>
<li> 风暴之灵 </li>
<li> 大地之灵 </li>
<li> 灰烬之灵 </li>
</ul>
</body>
```

效果如图 4-7 所示。

◆ 自定义列表

最后，来看一下自定义列表。自定义列表不是一列项目，而是项目及其注释的组合。自定义列表以 <dl> 标签开始，每个自定义列表项目以 <dt> 标签开始，每个自定义列表项目的定义以 <dd> 标签开始。

示例 HTML 文件如下。

```
<body>
<dl>
<dt> 风暴之灵 </dt>
<dd>- 蓝色的猫猫 </dd>
<dt> 大地之灵 </dt>
<dd>- 土色的猫猫 </dd>
</dl>
</body>
```

效果如图 4-8 所示。

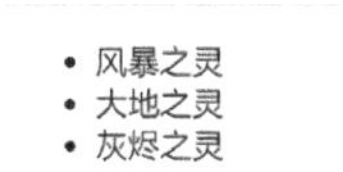

图 4-7　无序列表 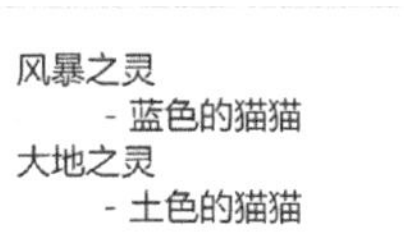　　　　图 4-8　自定义列表

列表标签的简单总结如表 4-2 所示。

表 4-2　列表标签

标签	描述
<ol>	定义有序列表
<ul>	定义无序列表
<li>	定义列表项目
<dl>	定义列表
<dt>	自定义列表项目
<dd>	对自定义列表项目的定义

（3）表单

HTML 表单用于收集不同类型的用户输入，表单是一个包含表单元素的区域。表单元素是允许用户在表单中输入的内容，例如文本域（textarea）、下拉列表、单选按钮（radio-button）、复选框（checkbox）等。表单使用表单标签 <form> 来设置。

多数情况下被用到的表单标签是输入标签（<input>），输入类型是由类型属性（type）定义的，常用的输入类型如下。

- 文本域

文本域通过 <input type="text"> 标签来定义，当用户需要在表单中输入字母、数字等内容时，就会用到文本域。

```
<body>
<form>
姓名：<input type="text" name="firstname"><br>
密码：<input type="text" name="lastname">
</form>
</body>
```

效果如图 4-9 所示。

- 密码字段

密码字段通过标签 <input type="password"> 来定义。

示例 HTML 文件如下。

```
<body>
<form>
用户名：<input type="text" name="pwd">
<br>
密码：<input type="password" name="pwd">
</form>
</body>
```

输入内容后的效果如图 4-10 所示。

图 4-9　文本域 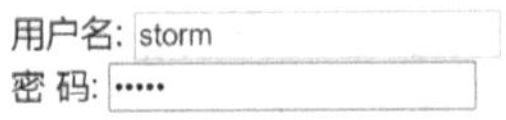　　　　　　　　　图 4-10　密码字段

> **注意** ▶ 大家可以看到，当 type 为 text 时，输入的内容明文显示；当 type 为 password 时，输入的内容密文显示。

- 单选按钮

<input type="radio"> 标签用于定义表单单选按钮。

示例 HTML 文件如下。

```
<body>
<form>
<input type="radio" name="sex" value="male">Male<br>
<input type="radio" name="sex" value="female">Female
</form>
</body>
```

效果如图 4-11 所示。

♦ 复选框

<input type="checkbox"> 用于定义复选框,用户需要从若干给定的选项中选取一个或若干选项。

示例 HTML 文件如下。

```
<body>
<form>
多选题：
<br>
<input type="checkbox" name="hero" value="storm">风暴之灵
<br>
<input type="checkbox" name="hero" value="sk">沙王
</form>
</body>
```

效果如图 4-12 所示。

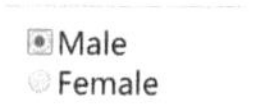

图 4-11　单选按钮 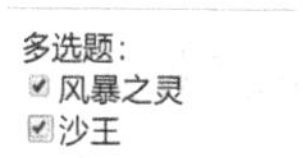　　　　图 4-12　复选框

（4）框架

使用框架（主要是 iframe）可以在同一个浏览器窗口中显示多个页面。

iframe 的语法如下。

```
<iframe src="URL"></iframe>
```

height 和 width 属性用来定义 <iframe> 标签的高度与宽度。属性默认以像素为单位，但是用户可以指定其按比例显示，如 "80%"。

示例 HTML 文件如下。

```
<body>
<iframe src="https://www.ptpress.com.cn/" width="500" height="600"></iframe>
<iframe src="https://www.ptpress.com.cn/" width="500" height="600"></iframe>
</body>
```

效果如图 4-13 所示（一个窗口中嵌套了两个人民邮电出版社的官网页面）。

> **注意** ▶ 框架除了 iframe 以外，还有 frameset 和 frame，但后面两种在 HTML5 中已不再被支持，我们的项目中应用最多的还是 iframe，因此本小节不再赘述。

最后，我们再来总结一下什么是 HTML。

● HTML 是用来描述网页的一种语言。

图 4-13　iframe

- HTML 指的是超文本标记语言，英文全称为 Hyper Text Markup Language。
- HTML 不是一种编程语言，而是一种标记语言。
- 标记语言是一套标记标签（markup tag）。
- HTML 使用标记标签来描述网页。
- HTML 文档包含了 HTML 标签及文本内容。
- HTML 文档也称为 Web 页面。

4.2　CSS 相关知识

通过使用 CSS，前端工程师可以大大提升网页开发的工作效率。本节我们重点了解一下 CSS 的概念，然后学习一下 CSS 选择器的相关知识。

4.2.1　CSS 基础

（1）什么是 CSS
- CSS 是层叠样式表（Cascading Style Sheets）的英文缩写。
- 样式用于定义如何显示 HTML 元素。
- 样式通常存储在样式表中。
- 把样式添加到 HTML 4.0 中是为了解决内容与表分离的问题。
- 外部样式表可以极大地提高工作效率。
- 外部样式表通常存储在 CSS 文件中。

- 多个样式定义可层叠为一个。

（2）CSS 实例

CSS 规则由两个主要的部分构成，分别是选择器和声明（可以有多条），如图 4-14 所示。

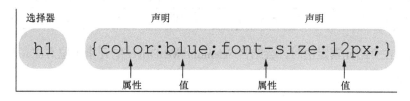

图 4-14　CSS 规则

选择器通常是需要改变样式的 HTML 元素。每条声明由一个属性和一个值组成。属性（property）是希望设置的样式属性（style attribute）。每个属性有一个值。属性和值用冒号分隔。

CSS 声明总是以英文输入状态下的分号（;）结束，并且总是用大括号（{}）括起来。

```
p {color:red;text-align:center;}
```

（3）CSS 注释

注释是用来解释代码的，你可以随意编辑它，浏览器会忽略它，并不执行注释的内容。CSS 注释以"/*"开始，以"*/"结束，实例如下。

```
/* 这是个注释 */
p
{
text-align:center;
/* 这是另一个注释 */
color:black;
font-family:arial;
}
```

4.2.2　CSS 选择器

在 Web UI 自动化测试中，有一种元素定位的方式是使用 CSS 选择器（CSS selector）。借助 CSS 选择器，我们可以实现对 HTML 页面中的元素一对一、一对多或者多对一的控制。CSS 选择器有多种格式，常用的格式如表 4-3 所示。

表 4-3　CSS 选择器格式

格式	示例	示例说明
.class	.intro	选择所有 class="intro" 的元素
#id	#firstname	选择所有 id="firstname" 的元素
*	*	选择所有元素

续表

格式	示例	示例说明
element	p	选择所有 <p> 元素
element>element	div>p	选择所有父级是 <div> 元素的 <p> 元素
[attribute=value]	[target=storm]	选择所有使用 target="storm" 的元素

后续我们在介绍元素定位时，会结合 Selenium WebDriver 的元素定位方法，深入学习、运用 CSS 选择器。

4.3 JavaScript 相关知识

在实施自动化测试过程中的某些场景下，我们需要借助 JavaScript 来操作页面元素。因此，本节我们先来了解一下 JavaScript 的基础概念，然后学习一下 JavaScript HTML DOM 相关的知识。

4.3.1 JavaScript 基础概念

JavaScript 是一种具有函数优先的轻量级、解释型或即时编译型的脚本语言，被广泛用于 Web 应用开发，常用来为网页添加各式各样的动态功能，为用户提供流畅愉悦的浏览体验。通常 JavaScript 脚本是通过嵌入在 HTML 中来实现自身的功能的。

（1）JavaScript 的特点
- 是一种解释性脚本语言（代码不进行预编译）。
- 主要用来向HTML页面添加交互行为。
- 可以直接嵌入HTML页面，但写成单独的JS文件有利于结构和行为的分离。
- 具有跨平台特性，在绝大多数浏览器的支持下可以在多个平台下运行（如Windows、Linux、macOS、Android、iOS等）。
- JavaScript脚本语言同其他语言一样，有它自身的基本数据类型、表达式、算术运算符及程序的基本程序框架。JavaScript提供了4种基本的数据类型和两种特殊的数据类型用来处理数据与文字。变量提供了存放信息的地方，表达式则可以完成较复杂的信息处理。
- 可以实现Web页面的人机交互。

（2）JavaScript 的组成部分
- ECMAScript，描述了该语言的语法和基本对象。

- 文档对象模型（Document Object Model，DOM），描述了处理网页内容的方法和接口。
- 浏览器对象模型（Browser Object Model，BOM），描述了与浏览器进行交互的方法和接口。

4.3.2 JavaScript HTML DOM

通过 JavaScript HTML DOM，用户可以访问 HTML 文档的所有元素，这一特性在某些情况下对 Web UI 自动化测试有很大帮助。

（1）HTML DOM

当页面被加载时，浏览器会创建页面的 DOM。HTML DOM 被构造为对象的树，如图 4-15 所示。

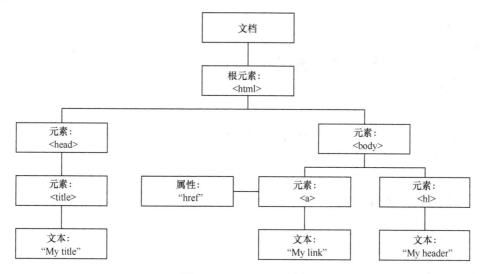

图 4-15　HTML DOM 树

通过可编程的 DOM，JavaScript 获得了足够的能力来创建动态的 HTML。

- JavaScript 能够改变页面中的所有 HTML 元素。
- JavaScript 能够改变页面中的所有 HTML 属性。
- JavaScript 能够改变页面中的所有 CSS 样式。
- JavaScript 能够对页面中的所有事件做出反应。

（2）寻找 HTML 元素

假如我们想通过 JavaScript 来操作 HTML 元素，首先必须找到想要操作的元素，可以使用以下 3 种方法。

- 通过 id 寻找 HTML 元素，例如查找 id="intro" 元素。

```
var x=document.getElementById("intro");
```

- 通过标签名寻找 HTML 元素，例如查找 id="main" 的元素，然后寻找 id="main" 的元素中的所有 p 元素。

```
var x=document.getElementById("main");
var y=x.getElementsByTagName("p");
```

- 通过类名寻找 HTML 元素，例如通过 getElementsByClassName 函数来寻找 class="intro" 的元素。

```
var x=document.getElementsByClassName("intro");
```

（3）改变 HTML 元素的属性

如需改变 HTML 元素的属性，请使用下面的语法。

```
document.getElementById(id).attribute= 新属性值
```

4.4 XML 相关知识

本节我们来了解一下 XML 相关的概念，重点认识一下 XML 的树结构。

4.4.1 XML 简介

我们还是通过几个问题来简单了解一下 XML。

（1）什么是 XML

- XML 是可扩展标记语言（eXtensible Markup Language）的英文缩写。
- XML 是一种标记语言，类似 HTML。
- XML 的设计宗旨是传输数据，而非显示数据。
- XML 标签没有被预定义，需要自行定义。
- XML 被设计为具有自我描述性。
- XML 是 W3C 的推荐标准。

（2）XML 和 HTML 有什么不同

- XML 不能用于替代 HTML。
- XML 和 HTML 的设计目的不同。

- XML 被设计为传输和存储数据，其重点是数据的内容。
- HTML 被设计用来显示数据，其重点是数据的外观。
- HTML 旨在显示信息，而 XML 旨在传输信息。

（3）XML 的用途

- 把数据从 HTML 中分离。
- 简化数据共享。
- 简化数据传输。
- 简化平台的变更。
- 使数据更有用。
- 用于创建新的网络语言。

4.4.2 XML 树结构

下面是一个 XML 文档的示例。

```
<?xml version="1.0" encoding="UTF-8"?>
<note>
<to>SK</to>
<from>Storm</from>
<heading>Reminder</heading>
<body>Don't forget the meeting!</body>
</note>
```

XML 使用的是简单的具有自我描述性的语法：第一行是 XML 声明，它定义了 XML 的版本（1.0）和所使用的编码（UTF-8 字符集）；第二行描述了文档的根元素（像在说："本文档是一个便签。"）。

```
<note>
```

接下来 4 行描述了根元素的 4 个子元素（to、from、heading 以及 body）。

```
<to>SK</to>
<from>Storm</from>
<heading>Reminder</heading>
<body>Don't forget the meeting!</body>
```

最后一行定义了根元素的结尾。

```
</note>
```

XML 文档形成了一种树结构。XML 文档必须包含根元素，该元素是所有其他元素的父元素。XML 文档中的元素形成了一棵文档树，这棵树从根部开始，扩展到树的最底端。此外，所有元素均可拥有子元素。

```
<root>
  <child>
    <subchild>...</subchild>
  </child>
</root>
```

父、子以及同胞等术语用于描述元素之间的关系。父元素拥有子元素，相同层级的子元素为同胞（兄弟或姐妹）。所有元素均可拥有文本内容和属性。

例如下面这个 XML 文档示例。

```
<bookstore>
<book category="COOKING">
  <title lang="en">Everyday Italian</title>
  <author>Giada De Laurentiis</author>
  <year>2005</year>
  <price>30.00</price>
</book>
<book category="CHILDREN">
  <title lang="en">Harry Potter</title>
  <author>J K. Rowling</author>
  <year>2005</year>
  <price>29.99</price>
</book>
<book category="WEB">
  <title lang="en">Learning XML</title>
  <author>Erik T. Ray</author>
  <year>2003</year>
  <price>39.95</price>
</book>
</bookstore>
```

我们可以将其描述为树结构，如图 4-16 所示。

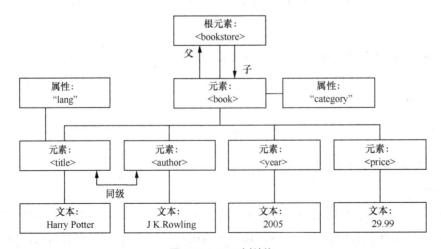

图 4-16　XML 树结构

例子中的根元素是 <bookstore>，文档中的所有 <book> 元素都被包含在 <bookstore> 中。<book> 元素有 4 个子元素：<title>、< author>、<year>、<price>。

4.4.3　XPath

XPath 的全称是 XML Path Language，即 XML 路径语言。它是一门可以在 XML 文档中查找信息的语言。XPath 基于 XML 树结构，提供了在数据结构树中找寻节点（又称结点）的能力。提出 XPath 的初衷是将其作为一个通用的、介于 XPointer 与 XSL 间的语法模型，但是 XPath 很快被开发者用来当作小型查询语言。在做 WebUI 自动化测试的时候，我们可以使用 XPath 来定位元素。

XPath 使用路径表达式在 XML 文档中选取节点，节点是通过沿着路径或者按步来选取的。表 4-4 所示的是常用的路径表达式。

表 4-4　XPath 路径表达式

表达式	描述
nodename	选取此节点的所有子节点
/	从当前节点选取直接子节点
//	从当前节点选取子孙节点
.	选取当前节点
..	选取当前节点的父节点
@	选取属性

表 4-5 所示为一些路径表达式以及表达式的结果。

表 4-5　XPath 示例

路径表达式	结果
bookstore	选取 bookstore 元素的所有子节点
/bookstore	选取根元素 bookstore 注释：假如路径起始于正斜杠（/），则此路径始终代表到某元素的绝对路径
bookstore/book	选取属于 bookstore 的子元素的所有 book 元素
//book	选取所有 book 子元素，不考虑它们在文档中的位置
bookstore//book	选取属于 bookstore 元素的后代的所有 book 元素，不考虑它们位于 bookstore 之下的什么位置
//@lang	选取名为 lang 的所有属性

XPath 相关的知识先简单介绍到这里。如果读者意犹未尽的话，可以移步官网进行学习。

在下一章中，我们会结合元素定位来介绍一些 XPath 的常见用法。

本章讲解了一些前端基本知识，包括 HTML、CSS、JavaScript 和 XML，简单总结如下。

- HTML 用来展示网页的内容。
- CSS 实现了网页的布局。
- JavaScript 实现了网页的动态功能。
- XML 用来存储网页的数据。

第5章
Selenium 基础方法

从本章开始，我们正式进入 Selenium 相关知识的学习。书中所讲解的每个知识点都会配备脚本示例，大家可以参考书中的代码截图，也可以从 QQ 群下载本书配套的源码文件。

在第 5 章、第 6 章中，我们会为大家介绍 Selenium 相关的知识点，部分小节会包括以下几部分内容。

- 目的：简要描述本小节的学习目标。
- 关键字：概括本小节用到的关键字，方便大家记忆和复习。
- 示例代码：用示例代码演示关键字的用法。
- 运行结果：示例代码的运行结果。
- 注意事项：本小节中需要大家注意的知识点。

在正式开始介绍之前,我们先来看一下如何查看 Selenium 本地帮助文档。首先打开一个 DOS 窗口,输入命令"python -m pydoc -p6666",然后按"Enter"键,如图 5-1 所示。

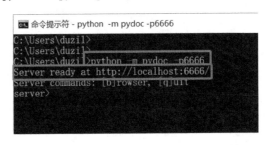

图 5-1 打开 pydoc 文档

当看到"Server ready at http://localhost:6666/"提示信息后,我们就可以通过这个地址来访问 pydoc 文档了,如图 5-2 所示。

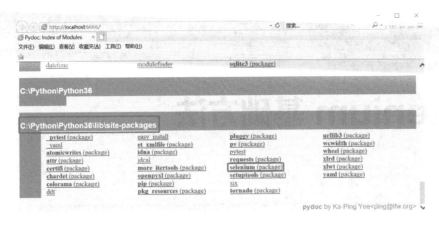

图 5-2 selenium(package)

单击"selenium(package)",进入 Selenium 本地文档,在这里可以查看其提供的接口文档。

> **注意** ▶ 命令"python -m pydoc -p6666"中的"-p"后面的数字是指定服务启动的端口号,你可以换成 PC 端任意未占用的端口。

5.1 Selenium 常用方法

本节我们来看一下 Selenium 操作浏览器的常用方法,例如打开、关闭浏览器,以及获取浏览器的一些属性(如页面标题、页面 URL 等)。

5.1.1 打开、关闭浏览器

◆ 目的

使用 WebDriver 提供的 API 打开、关闭浏览器（Chrome 和 Firefox 浏览器）。

◆ 关键字

- 打开Chrome浏览器：webdriver.Chrome()。
- 打开Firefox浏览器：webdriver.Firefox()。
- 关闭当前浏览器窗口：driver.close()。
- 退出浏览器进程：driver.quit()。
- 示例代码：test5_1.py

```
# 要使用 WebDriver 提供的 API，首先要导入包
from selenium import webdriver
from time import sleep

# 定义一个变量，用来存储实例化后的浏览器，这里打开 Chrome 浏览器
driver1 = webdriver.Chrome()
sleep(2)  # 这里等待 2 秒，看效果
driver1.close()  # 关闭当前浏览器窗口
# 定义一个变量 driver2，用来打开 Firefox 浏览器
driver2 = webdriver.Firefox()
sleep(2)
driver2.quit()  # 退出浏览器进程
```

◆ 运行结果

打开 Chrome 浏览器，等待 2 秒，关闭 Chrome 浏览器窗口；打开 Firefox 浏览器，等待 2 秒，然后退出 Firefox 浏览器进程。

◆ 注意事项

- PyCharm并不会自动在"webdriver.Chrome"后面加括号，需要大家自己补全，否则会报错。
- 关于关闭浏览器窗口（close方法）和退出浏览器进程（quit方法）的区别，将在5.1.11小节讲解。

5.1.2 访问某个网址

◆ 目的

使用 WebDriver 提供的 API 访问指定的网址。

♦ 关键字

get('https://www.ptpress.com.cn/')

♦ 示例代码：test5_2.py

```
from selenium import webdriver
from time import sleep

driver = webdriver.Chrome()
# 通过get方法访问网址，这里访问人民邮电出版社官网
driver.get('https://www.ptpress.com.cn/')
sleep(2)
driver.quit()
```

♦ 运行结果

成功打开人民邮电出版社官网。

♦ 注意事项

get方法后面括号中的网址必须带着访问网址的网络协议，即"https"或"http"。

5.1.3 网页的前进和后退

♦ 目的

借助WebDriver提供的API实现浏览器上的网页前进或后退功能。

♦ 关键字

- 网页后退：back方法。
- 网页前进：forward方法。

♦ 示例代码：test5_3.py

```
from selenium import webdriver
from time import sleep

driver = webdriver.Chrome()
driver.get('https://www.baidu.com/')  # 打开百度首页
sleep(2)
driver.get('https://www.ptpress.com.cn/')  # 打开人民邮电出版社官网首页
sleep(2)
driver.back()  # 通过back方法后退到百度首页
sleep(2)
driver.forward()  # 通过forward方法前进到人民邮电出版社官网首页
sleep(2)
driver.quit()
```

◆ 运行结果

打开百度首页，等待 2 秒；打开人民邮电出版社官网首页，等待 2 秒；返回到百度首页，等待 2 秒；再次前进到人民邮电出版社官网首页，等待 2 秒，退出浏览器。

5.1.4 刷新浏览器页面

◆ 目的

使用 WebDriver 提供的 API 实现页面刷新的功能。

◆ 关键字

刷新页面：refresh 方法。

◆ 示例代码：test5_4.py

```
from selenium import webdriver
from time import sleep

driver = webdriver.Chrome()
driver.get('https://www.ptpress.com.cn/')  # 打开人民邮电出版社官网首页
sleep(2)
driver.refresh()  # 通过 refresh 方法刷新页面
sleep(2)
driver.quit()
```

◆ 运行结果

打开人民邮电出版社官网首页，等待 2 秒，借助 refresh 方法刷新页面（重新加载），再等待 2 秒，退出浏览器。

5.1.5 浏览器窗口最大化、最小化和全屏

◆ 目的

使用 WebDriver 提供的 API 实现浏览器窗口最大化、最小化或全屏。

◆ 关键字

● 浏览器窗口最大化：driver.maximize_window 方法。
● 浏览器窗口最小化：driver.minimize_window 方法。
● 浏览器窗口全屏：driver.fullscreen_window 方法。

◆ 示例代码：test5_5.py

```
from selenium import webdriver
from time import sleep
```

```python
driver = webdriver.Chrome()
driver.get('https://www.baidu.com/')
sleep(2)
driver.maximize_window()   # 最大化
sleep(2)
driver.minimize_window()   # 最小化
sleep(2)
driver.fullscreen_window()
sleep(2)
driver.quit()
```

◆ 运行结果

打开百度首页，当前的窗口非全屏，等待 2 秒后，窗口最大化；然后等待 2 秒后，窗口最小化（可以在任务栏中看到）；再等待 2 秒后，窗口全屏；最后等待 2 秒后，退出浏览器。

5.1.6 获取、设置浏览器窗口的大小

◆ 目的

使用 WebDriver 提供的 API 获取或设置浏览器窗口的大小。

◆ 关键字

- 获取当前浏览器窗口的大小：driver.get_window_size方法。
- 设置浏览器窗口的大小：set_window_size(500,800)。

◆ 示例代码：test5_6.py

```python
from selenium import webdriver
from time import sleep

driver = webdriver.Chrome()
driver.get('https://www.baidu.com/')
winsize = driver.get_window_size() # 获取当前窗口的大小
print(winsize)
print(type(winsize)) # 输出 winsize 变量的类型
sleep(2)
driver.set_window_size(500,800) # 设置窗口的大小
sleep(2)
driver.quit()
```

◆ 运行结果

WebDriver 打开了百度的首页，然后输出了当前窗口的大小，等待 2 秒后，将浏览器窗口的大小设置为宽 1050 像素、高 660 像素，最后退出浏览器。

控制台的输出内容如下。

```
{'width': 1050, 'height': 660}
<class 'dict'>
```

- 注意事项

获取的浏览器窗口大小的结果的类型是字典。

5.1.7 获取、设置浏览器窗口的位置

- 目的

使用 WebDriver 提供的 API 获取或设置浏览器窗口的位置。

- 关键字
- 获取窗口的位置：driver.get_window_position方法。
- 设置窗口的位置：set_window_position(500,300)。
- 示例代码：test5_7.py

```
from selenium import webdriver
from time import sleep

driver = webdriver.Chrome()
driver.get('https://www.baidu.com/')
pos = driver.get_window_position()  # 获取窗口的位置
print(pos)
sleep(2)
driver.set_window_position(500,300) # 设置窗口的位置
sleep(2)
print(driver.get_window_position()) # 再次输出窗口的位置
driver.quit()
```

- 运行结果

```
{'x': 10, 'y': 10}
{'x': 500, 'y': 300}
```

- 注意事项
- 获取窗口位置的结果的类型为字典。
- 设置窗口位置的两个参数，默认第一个参数为宽，第二个参数为高。

5.1.8 获取页面的 title

- 目的

使用 WebDriver 提供的 API 获取页面的 title。

♦ 关键字

获取页面的 title：driver.title。

♦ 示例代码：test5_8.py

```
from selenium import webdriver

driver = webdriver.Chrome()
driver.get('https://www.baidu.com/')
title = driver.title  # 输出当前网页的title，即"百度一下，你就知道"
print(title)
driver.quit()
```

♦ 运行结果

百度一下，你就知道

♦ 注意事项

● title后面并没有括号，因为它是一个属性而不是方法，前者不带括号，后者带括号，如图5-3所示。

图 5-3　属性和方法

● 通过获取页面的title，可以判断是否成功打开了某个网址。

思考：能否通过 title 判断是否登录成功？如果不行，用什么判断比较好？

5.1.9　获取当前页面的 URL 地址

♦ 目的

使用 WebDriver 提供的 API 获取当前页面的 URL 地址。

♦ 关键字

获取当前页面的 URL 地址：driver.current_url。

- ◆ 示例代码：test5_9.py

```
from selenium import webdriver
from time import sleep

driver = webdriver.Chrome()
driver.get('https://www.baidu.com/')
url = driver.current_url  # 获取当前页面的URL地址
print(url)
driver.quit()
```

- ◆ 运行结果

```
https://www.baidu.com/
```

5.1.10 获取页面的源码

- ◆ 目的

使用 WebDriver 提供的 API 获取页面的源码。

- ◆ 关键字

获取页面的源码：driver.page_source。

- ◆ 示例代码：test5_10.py

```
from selenium import webdriver
from time import sleep

driver = webdriver.Chrome()
driver.get('https://www.baidu.com/')
pagesource = driver.page_source  # 获取页面的源码
print(pagesource)
driver.quit()
```

- ◆ 运行结果（部分）

```
<!DOCTYPE html><!--STATUS OK--><html xmlns="http://www.w3.org/1999/xhtml"><head>
<script type="text/javascript" charset="UTF-8" src="https://dss0.bdstatic.com/5aV1bjqh_
Q23odCf/static/superman/js/super_load-2aa20826e0.js"></script><meta http-equiv=
"Content-Type" content="text/html;charset=UTF-8" /><meta http-equiv="X-UA-Compatible"
content="IE=edge,chrome=1" /><meta content="always" name="referrer" /><meta name="theme-
color" content="#2932e1" /><link rel="shortcut icon" href="/favicon.ico" type="image/
x-icon" /><link rel="search" type="application/opensearchdescription+xml" href="/
content-search.xml" title="百度搜索" /><link rel="icon" sizes="any" mask="" href="//
www.baidu.com/img/baidu_85beaf5496f291521eb75ba38eacbd86.svg" /><link rel="dns-
prefetch" href="//dss0.bdstatic.com" /><link rel="dns-prefetch" href="//dss1.
bdstatic.com" /><link rel="dns-prefetch" href="//ss1.bdstatic.com" /><link rel="dns-
prefetch" href="//sp0.baidu.com" /><link rel="dns-prefetch" href="//sp1.baidu.
com" /><link rel="dns-prefetch" href="//sp2.baidu.com" /><title>百度一下，你就知道</
```

```
title><style type="text/css" id="css_index" index="index">body,html{height:100%}
html{overflow-y:auto}body{font:12px}
```

```
</body></html>
```

♦ 注意事项

可以通过判断页面源码中是否包含某个关键字来做断言。

5.1.11 多窗口操作（Selenium 3）

当我们单击 Web 页面上的超链接时，有可能会打开一个新窗口或新标签，并且这个新窗口或标签会处于当前页面（可操作）。不过这对 Selenium WebDriver 来说是个难题，因为它并不知道哪个窗口处于当前状态（active，可操作）。因此，要想在新打开的窗口或标签中进行操作，首先要切换到新窗口或标签。每个窗口都有一个唯一标识，我们称之为"句柄"，该标识在单个会话中保持不变（浏览器不关闭就不会发生改变）。Selenium 允许使用句柄来操作窗口或标签。

♦ 目的

使用 WebDriver 提供的 API 获取浏览器窗口句柄，通过句柄切换当前窗口，从而达到在指定窗口中进行操作的目标。

♦ 关键字

- 获取当前窗口句柄：driver.current_window_handle。
- 获取所有窗口句柄：driver.window_handles。
- 切换当前窗口：driver.switch_to.window(all_handles[1])。

♦ 示例代码：test5_11.py

```
from selenium import webdriver
from time import sleep

driver = webdriver.Chrome()
driver.get('http://sahitest.com/demo/index.htm')
print(driver.current_window_handle)   # 查看当前窗口句柄
driver.find_element_by_link_text('Window Open Test').click()   # 打开新 window1
print(driver.window_handles)   # 查看所有窗口句柄
sleep(2)
driver.close()
print(driver.window_handles)# 查看现在的所有窗口句柄，可以看到第一个窗口关闭，第二个窗口还在
sleep(2)
driver.quit()   # 可以看到所有窗口都被关闭
```

♦ 运行结果

```
CDwindow-28B5543FCF4D2FCE6DAF4549DCE84574
['CDwindow-28B5543FCF4D2FCE6DAF4549DCE84574', 'CDwindow-373B8346ED8BF3F7A11391657017222C']
['CDwindow-373B8346ED8BF3F7A11391657017222C']
```

注：close 只能关闭当前窗口（处于 active 状态的窗口），quit 能够退出整个浏览器进程。

♦ 示例代码：test5_12.py

```
from selenium import webdriver
from time import sleep

driver = webdriver.Chrome()
driver.get('http://sahitest.com/demo/index.htm')
first_handle = driver.current_window_handle  # 将第一个窗口句柄存储到变量 first_handle 中
driver.find_element_by_link_text('Window Open Test').click()   # 打开新 window1
all_handles = driver.window_handles  # 将所有窗口句柄存储起来，是一个列表
# 接下来，我们将当前窗口切换到窗口 2，然后操作窗口 2 中的元素，例如单击链接"Link Test"
sleep(2)
driver.switch_to.window(all_handles[1])   # 切换窗口
driver.switch_to.frame(0)  # 切换到第一个 frame 中
driver.find_element_by_link_text('Link Test').click()
sleep(2)
driver.quit()   # 可以看到所有窗口都被关闭
```

♦ 运行结果

上面的代码实现了单击窗口 2 中的上半部分（iframe）的"Link Test"的效果。

♦ 注意事项

可以将浏览器的句柄理解为每个窗口的唯一标识，要想在某个窗口中进行操作，就需要通过句柄把窗口切换为当前窗口。

另外，也可以尝试如下方式去切换窗口。

```
# 储存原始窗口句柄
original_window = driver.current_window_handle

# 检查当前有没有其他开启的窗口
assert len(driver.window_handles) == 1

# 单击链接，打开新窗口
driver.find_element(By.LINK_TEXT, "new window").click()

# 等待打开两个窗口
wait.until(EC.number_of_windows_to_be(2))

# 通过循环，找到一个新的窗口句柄，并切换为当前窗口
for window_handle in driver.window_handles:
    if window_handle != original_window:
```

```
driver.switch_to.window(window_handle)
break
```

5.1.12　多窗口操作（Selenium 4）

Selenium 4 提供了一个新方法用于在打开一个新窗口或标签时，将其自动切换为当前状态。

◆ 示例代码

```
# 打开一个新标签，并切换到新标签
driver.switch_to.new_window('tab')

# 打开一个新窗口，并切换到新窗口
driver.switch_to.new_window('window')
```

新方法虽然简单，但是如果你已经打开了多个窗口，然后又打开新窗口，此种情况下还是需要使用循环的方式去切换窗口，然后才能进行相应的操作。

5.1.13　浏览器方法和属性总结

前面我们讲解了 WebDriver 提供的操作浏览器的一些方法和属性，本小节做个简单总结。WebDriver 提供的操作浏览器的方法如表 5-1 所示。

表 5-1　操作浏览器的方法

方法	参数	描述	实例
get(url)	url 是目标网页地址	访问目标 URL	driver.get(url)
back()		后退到浏览器历史记录的前一个页面	driver.back()
forward()		前进到浏览器历史记录的后一个页面	driver.forward()
refresh()		刷新当前页面	driver.refresh()
maximize_window()		最大化当前浏览器窗口	driver.maximize_window()
close()		关闭当前浏览器窗口	driver.close()
quit()		退出当前浏览器进程	driver.quit()
switch_to_active_element（注意，这里没括号）		返回当前页面唯一焦点所在的元素	driver.switch_to_active_element
switch_to_alert()		切换到 alert	driver.switch_to_alert()

续表

方法	参数	描述	实例
switch_to_default_content()		切换焦点到主窗口（相对frame/iframe 来说）	driver. switch_to_default_cotent()
switch_to_frame(frame_reference)	参数可以是 frame 的索引、名称或者元素	切换到 frame 或 iframe	driver. switch_to_frame(frame_reference)
switch_to_window(window_name)	参数可以是目标窗口的名称或者句柄	切换到指定窗口	driver. switch_to_window(window_name)
implicity_wait(time_to_wait)	参数是时间，单位是秒	隐性等待	driver. implicity_wait(time_to_wait)
set_page_load_timeout(time_to_wait)	参数是时间，单位是秒	设置一个页面完全加载完成的超时等待时间	driver. set_page_load_timeout(time_to_wait)
set_script_timeout(time_to_wait)	参数是时间，单位是秒	设置脚本执行的超时时间	driver. set_script_timeout(time_to_wait)

WebDriver 提供的操作浏览器的属性如表 5-2 所示。

表 5-2　操作浏览器的属性

属性	描述	实例
current_url	获取当前页面的 URL 地址	driver. current_url
title	获取当前页面的标题	driver. title
name	获取当前实例的浏览器名称	driver. name
page_source	获取当前页面的源码	driver. page_source
current_window_handle	获取当前窗口的句柄	driver. current_window_handle
Window_handles	获取当前会话里所有窗口的句柄	driver. Window_handles

5.2　Selenium 元素定位方法

在上一节中，我们学习了操作浏览器的基本方法和属性，接下来我们学习如何操作页面中的元素，毕竟我们手工测试所操作的对象就是页面中的各个元素。不过在开始学习操作各种页面元素之前，先介绍一下如何通过代码来找到这些页面元素。WebDriver 提供了多种元素定位的方法，接下来一起来了解一下它们吧。

5.2.1 页面元素定位方法概览

我们通过 PyCharm 的自动补全代码功能来看一下 WebDriver 都提供了哪些元素定位方法，如图 5-4 所示。

图 5-4 元素定位方法

我们可以看到，WebDriver 一共提供了 18 种元素定位的方法。仔细观察可以发现，框中方法的 element 是单数形式，而框外则是 elements 复数形式。前者用来定位到单个元素，返回值的类型是 WebElement；后者用来定位一组元素，返回值的类型是列表。我们可以通过下面的代码（test5_13.py）来确认。

```
from selenium import webdriver
from time import sleep

driver = webdriver.Chrome()
driver.get('https://www.baidu.com/')
ele = driver.find_element_by_id('kw')
print(type(ele))
eles = driver.find_elements_by_id('kw')
print(type(eles))
driver.quit()
```

PyCharm 控制台的输出结果如下。

```
<class 'selenium.webdriver.remote.webelement.WebElement'>
<class 'list'>
```

5.2.2 使用 id 定位元素

简述：使用 id 定位百度的搜索框，输入"storm"。

使用开发者工具查看元素 id 属性，如图 5-5 所示。

图 5-5 查看元素 id 属性

◆ 示例代码：test5_14.py

```python
# 导入 WebDriver 包
from selenium import webdriver
from time import sleep

driver = webdriver.Chrome()
driver.get("http://www.baidu.com")
# 定位百度搜索框
myinput = driver.find_element_by_id('kw')
# 对其进行操作，输入 "storm"
myinput.send_keys("storm")
# 等待 2 秒，可以发现搜索框中出现输入内容
sleep(2)
# 退出浏览器进程
driver.quit()
```

◆ 运行结果

成功在百度的搜索框中输入"storm"。

◆ 注意事项

- 请先忽略 send_keys("storm")，后续我们会讲。
- 正常来说，页面元素的 id 属性是唯一的，所以当页面元素存在 id 属性时，推荐大家使用 id 来定位元素。

5.2.3 使用 name 定位元素

简述：使用 name 定位百度搜索框，输入"storm"。

使用开发者工具查看元素 name 属性，如图 5-6 所示。

图 5-6 查看元素 name 属性

♦ 示例代码：test5_15.py

```python
# 导入 WebDriver 包
from selenium import webdriver
from time import sleep

driver = webdriver.Chrome()
driver.get("http://www.baidu.com")
# 定位百度搜索框
myinput = driver.find_element_by_name('wd')
# 对其进行操作，输入 "storm"
myinput.send_keys("storm")
# 等待 2 秒，可以发现搜索框中出现输入内容
sleep(2)
# 退出浏览器进程
driver.quit()
```

♦ 注意事项

- 页面元素的 name 属性可能不是唯一值，在使用之前，需要通过搜索目标元素的 name 值来确定一下。

- 在本小节中，百度搜索框的 name 属性值是"wd"，虽然搜索"wd"会出现多个结果，但是我们通过上下箭头查看，可以发现真正的 name="wd" 的元素只有一个，因此，我们可以使用上述的语句来定位该元素。

5.2.4 使用 class name 定位元素

简述：使用 class name 来定位页面中的元素。

- 示例HTML：myhtml5_1.html

```
<!DOCTYPE html>
<html lang="en">
<head>
    <meta charset="UTF-8">
    <title>使用 class or tag name 定位元素</title>
</head>
Please input your name:
<input class="myclass"></input>
</body>
</html>
```

- 示例代码：test5_16.py

```
from selenium import webdriver
from time import sleep

driver = webdriver.Chrome()
driver.get('d:\\Love\\Chapter-4\\4-2\\test4_2-4.html')  # 绝对路径加 HTML 文件
ele = driver.find_element_by_class_name('myclass')  # 通过 class name 定位元素
ele.send_keys('storm')
sleep(2)
driver.quit()
```

- 注意事项

- 如果要打开本地HTML文件的话，请使用绝对路径。
- Windows下文件目录是反斜线"\"，而我们知道"\"加部分字符是转义的意思，例如"\r"代表回车符。假如你的目录中某个文件夹的名字恰好是rock（以r开头），Selenium在寻找文件的时候就会报错。为了避免这种情况的发生，就需要使用双反斜线来取消转义。
- class name和name属性有些相似，一般来说，它们都不是唯一值，大家在使用该属性的时候需要注意该点。

5.2.5 使用 tag name 定位元素

简述：使用 tag name 来定位页面中的元素。

- 示例HTML：myhtml5_1.html

```html
<!DOCTYPE html>
<html lang="en">
<head>
    <meta charset="UTF-8">
    <title>使用class or tag name 定位元素</title>
</head>
Please input your name:
<input class="myclass" name="myname" id="myid"></input>
</body>
</html>
```

◆ 示例代码：test5_17.py

```python
from selenium import webdriver
from time import sleep

driver = webdriver.Chrome()
driver.get('d:\\Love\\Chapter-5\\test5_1.html')  # 绝对路径加 HTML 文件
ele = driver.find_element_by_tag_name('input')  # 通过 tag name 定位元素
ele.send_keys('storm')
sleep(2)
driver.quit()
```

想成功运行代码，必须要将配套文件放到 Windows 下的 D 盘中。其实要想让代码更健壮，我们可以这样来改动。

```python
from selenium import webdriver
from time import sleep
import os

driver = webdriver.Chrome()
html_file = os.getcwd() + os.sep + 'myhtml5_1.html'
driver.get(html_file)  # 绝对路径加 HTML 文件
# driver.get('d:\\Love\\Chapter-5\\test5_1.html')  # 绝对路径加 HTML 文件
ele = driver.find_element_by_tag_name('input')  # 通过 tag name 定位元素
ele.send_keys('storm')
sleep(2)
driver.quit()
```

◆ 注意事项

- 我们前面学过，tag name 是指元素的标签名，而页面中具有相同 tag name 的元素的概率就非常高了。因此，我们很少通过 tag name 来定位单个元素。
- 本小节中，我们构造的 HTML 文件中只有一个 <input> 标签，因此可以使用 tag name 来定位元素。

5.2.6 使用链接的全部文字定位元素

简述：使用链接的全部文字定位元素。

使用开发者工具查看元素属性，如图 5-7 所示。

图 5-7 查看文本

> **注意** ▶ 虽然在该页面中搜索到两个"新闻"文本，但其中一个并非页面元素，如图 5-8 所示，因此我们可以使用该文字来定位目标元素。

图 5-8 非页面元素文本

◆ 示例代码：test5_18.py

```
from time import sleep

driver = webdriver.Chrome()
driver.get("http://www.baidu.com")
# 单击百度首页右上角的"新闻"链接
ele = driver.find_element_by_link_text("新闻")
```

```
ele.click()  # 单击该链接
sleep(2)
# 退出浏览器进程
driver.quit()
```

◆ 注意事项

最好使用开发者工具来复制 <a> 标签中的文字，不要仅通过浏览器页面上看到的文字去定位元素，因为浏览器会过滤掉一些空格字符。

5.2.7 使用部分链接文字定位元素

简述：使用部分链接文字定位百度首页右上角的"新闻"链接。

使用开发者工具查看元素属性，如图 5-9 所示。

图 5-9 查看链接元素

◆ 示例代码：test5_19.py

```
from selenium import webdriver
from time import sleep

driver = webdriver.Chrome()
driver.get("http://www.baidu.com")
# 单击百度首页右上角的"新闻"链接
ele = driver.find_element_by_partial_link_text("闻")
ele.click()  # 单击该链接
sleep(2)
# 退出浏览器进程
driver.quit()
```

◆ 注意事项

链接的全部文字和部分文字的定位方法是针对"链接类"元素的有效定位方法。

5.2.8 使用 XPath 定位元素

简述：使用 XPath 定位百度首页搜索框元素，输入"storm"。

使用开发者工具查看并复制元素 XPath，如图 5-10 所示，复制的 XPath 为"//*[@id="kw"]"。

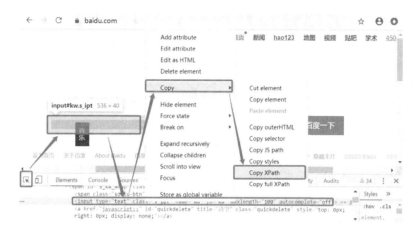

图 5-10 复制元素 XPath

◆ 示例代码：test5_20.py

```
from selenium import webdriver
from time import sleep

driver = webdriver.Chrome()
driver.get("http://www.baidu.com")
ele = driver.find_element_by_xpath('//*[@id="kw"]')  # 使用 XPath 定位搜索框
ele.send_keys('storm')
sleep(2)
# 退出浏览器进程
driver.quit()
```

◆ 注意事项

这里我们只是简单演示了一下如何借助开发者工具来复制 XPath。某些时候，我们需要手动编写更"合理"的 XPath。有关 XPath 的知识，会在 5.2.12 小节进行详细讲解。

5.2.9 使用 CSS 定位元素

简述：使用 CSS 定位百度首页搜索框元素，并输入文字"storm"。

使用开发者工具查看并复制元素的 CSS selector，如图 5-11 所示，复制后的 CSS selector 为 "#kw"。

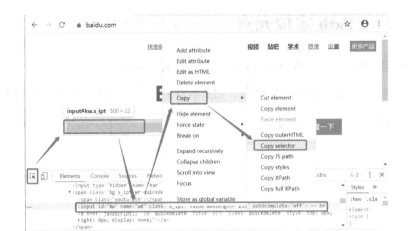

图 5-11 复制 CSS selector

- 示例代码：test5_21.py

```
from selenium import webdriver
from time import sleep

driver = webdriver.Chrome()
driver.get("http://www.baidu.com")
ele = driver.find_element_by_css_selector('#kw')  # 使用 CSS 来定位元素
ele.send_keys('storm')
sleep(2)
driver.quit()
```

- 注意事项

这里简单演示了一下如何使用开发者工具来复制 CSS selector，有关手动编写 CSS selector 的知识，会在 5.2.12 小节进行详细详解。

5.2.10 使用 find_element('locator', 'value') 定位元素

我们可以通过 find_element 关键字来定位元素，把用到的 locator 和 value 以参数的方式传递进去。此方法的好处我们暂时不谈，先来学习一下用法吧。

传递 locator 和 value 的方式有两种：一种是直接传递；另一种是先引入 By 的包，然后借助 By 来传递。我们分别来看一下。

（1）直接传递

简述：使用 find_element('locator','value') 定位元素，locator 和 value 直接传递。

- 示例代码：test5_22.py

```
from selenium import webdriver
from time import sleep
```

```python
driver = webdriver.Chrome()
driver.get('D:\\Love\\Chapter-4\\4-2\\test4_2-4.html')
# 直接传递 locate type 的方式只支持 4 种定位元素的方法，分别是 id、name、XPath、CSS
# driver.find_element('id', 'myid').send_keys('id') # 支持 id
# driver.find_element('name', 'myname').send_keys('name') # 支持 name
# driver.find_element('xpath','//*[@id="myid"]').send_keys('xpath') # 支持 XPath
driver.find_element('css','#myid').send_keys('css') # 支持 CSS
# driver.find_element('tagname', 'input').send_keys('input') # 不支持
sleep(3)
driver.quit()
```

> **注意** ▶ 直接传递 locate type 的方式只支持 4 种定位元素的方法，分别是 id、name、XPath、CSS。

（2）借助 By 来传递

简述：通过引入 common.by 的包，可以完美支持前面讲过的 8 种定位元素的方法。

♦ 示例代码：test5_23.py

```python
from selenium import webdriver
from selenium.webdriver.common.by import By
from time import sleep

driver = webdriver.Chrome()
driver.get('D:\\Love\\Chapter-4\\4-2\\test4_2-4.html')
# 通过引入 common.by 的包，可以完美支持前面讲过的 8 种定位元素的方法
# driver.find_element(By.ID,'myid').send_keys('id') # 支持 id
# driver.find_element(By.NAME, 'myname').send_keys('name') # 支持 name
# driver.find_element(By.XPATH,'//*[@id="myid"]').send_keys('xpath') # 支持 XPath
driver.find_element(By.TAG_NAME,'input').send_keys('tag name') # 支持 tag name
sleep(3)
driver.quit()
```

♦ 注意事项

- 首先需要引入By的包。
- 传递locator的时候需要借助By提供的方法（此时定位器都用大写字母表示，比如"NAME"）。

5.2.11 定位组元素

在 5.2.1 小节中，我们了解到使用 find_elements_xxx 来定位一组元素时，该方法会将所有定位到的元素放到一个列表中，然后我们可以通过列表的下标定位到具体的元素。本小节我们就来看一下，这种方式到底是"画蛇添足"，还是"曲线救国"，又或者是某些特定场景下的"撒手锏"。

示例一：使用 tag name 定位百度搜索框元素，并输入文字。

在 5.2.5 小节中提到过，一个页面中元素的标签名非常容易重复，当时为了演示 tag name 定位元素的方法，我们自建了一个 HTML 文件，这个文件中只有一个元素的标签是 <input>，而现在的任务却是通过 tag name 来定位百度搜索框元素。

来看一下百度首页有多少个 <input> 标签吧，如图 5-12 所示。

图 5-12　百度首页具有的 <input> 标签

我们来数一下，搜索框是第 8 个 <input> 标签，那么我们是否可以用 list[7] 来定位它呢？

♦ 示例代码：test5_24.py

```
from selenium import webdriver
from time import sleep

driver = webdriver.Chrome()
driver.get('https://www.baidu.com/')
eles = driver.find_elements_by_tag_name('input')
print(len(eles))  # 我们输出一下该页面有多少个 <input> 标签
eles[7].send_keys('storm')  # 通过下标从列表中取单个元素进行操作
sleep(2)
driver.quit()
```

♦ 运行结果

共计定位到 16 个 <input> 标签，通过下标 7 取到了第 8 个 <input> 标签，即百度搜索框，然后成功输入了"storm"。

示例二：模糊有时候更美丽。

这里有一个缺陷管理系统，要求验证全选功能是否正常，即单击全选复选框后，判断本页面所有的缺陷是否被选中，如图 5-13 所示。

图 5-13 查看复选框元素

操作思路如下。

- 进入该管理系统页面，定位全选复选框（该元素有id，且唯一），然后单击该复选框。
- 接下来我们要定位每一个复选框，然后分别判断它们是不是处于选中状态。这里有两个问题：一是有多少个复选框不确定，二是依次定位每一个复选框的工作量较大。使用开发者工具查看每个有缺陷的复选框，可以发现它们都有一个name属性，且值都是"ids[]"。那我们是否可以定位组元素，然后再循环操作这个列表中的元素呢？

示例代码［test5_25.py（部分代码，无法运行）］如下。

```
lsts = driver.find_elements_by_name("ids[]")
for lst in lsts:
    if lst.is_selected():  # 假如元素被选中
        print('pass')      # 输出 pass
    else:                  # 否则
        print('fail')      # 输出 fail
```

思考：假如上面的示例中，复选框元素没有 name 属性，我们是否可以通过 tag name 去进行定位呢？

组元素定位的方式暂时讲解到这里，在后续的章节中，我们还会遇到类似的问题，敬请期待。

小结：合理使用"单元素定位"和"组元素定位"的各种方法能帮我们解决掉实际项目中大多数元素定位的问题。

既然元素的 id 是唯一的，为什么还有 find_elements_by_id 这个方法呢？

元素定位方法如表 5-3 所示。

表 5-3 元素定位方法

定位方法	定位单个元素	定位组元素
元素属性：id	driver.find_element_by_id('id 的值')	driver.find_elements_by_id('id 的值') 正常来说，页面元素的 id 是唯一的，因此通过 id 来定位组元素的，返回的是一个包含单元素的列表
元素属性：name	driver.find_element_by_name('name 的值')	driver.find_elements_by_name('name 的值')
元素属性：class name	driver.find_element_by_class_name(' class_name 的值')	driver.find_elements_by_class_name(' class_name 的值')
元素标签名：tag name	driver.find_element_by_tag_name(' tag_name 的值')	driver.find_elements_by_tag_name(' tag_name 的值')
链接元素的全部文字	driver.find_element_by_ link_text (' link_text 的值')	driver.find_elements_by_ link_text (' link_text 的值')
链接元素的部分文字	driver.find_element_by_ partial_link_text (' partial_link_text 的值')	driver.find_elements_by_ partial_link_text (' partial_link_text 的值')
XPath	driver.find_element_by_xpath('xpath 的值')	driver.find_elements_by_xpath('xpath 的值')
CSS	driver.find_element_by_ css_selector (' css_selector 的值')	driver.find_elements_by_ css_selector (' css_selector 的值')
通过 By 来传递定位方法	driver.find_element(By.XXX, "value") 注：XXX 为定位器（locator）	driver.find_elements(By.XXX, "xxx")

5.2.12 XPath 和 CSS selector 精讲

XPath 和 CSS selector 的基本概念在第 4 章中介绍过，这里不再赘述。本小节，我们通过一些实例来看看 XPath 和 CSS selector 在元素定位中的应用。

某些情况下，我们需要手动编写 XPath 或 CSS selector。当一个元素无法直接定位，而是需要通过附近节点的元素来进行相对定位的时候，就需要我们掌握本小节的内容。

表 5-4 所示为 XPath 和 CSS selector 定位元素的方法。

表 5-4 XPath 和 CSS selector 定位元素的方法

描述	XPath	CSS selector
定位子元素	//div/a	div > a
定位子元素或后代元素	//div//a	div a

续表

描述	XPath	CSS selector
父元素	//div/..	无
使用 id 属性定位	//div[@id='id_value']	div#id_value
使用 class 属性定位	//div[@class='class_value']	div.class_value
使用 name 属性定位	//div[@name='name_value']	div[name='name_value']
使用多个属性定位	//div[@name='name_value' and class='class_value']	div[@name='name_value'][class='class_value']
第 n 个子元素，使用 index 定位	//ul[@id='id_val']/li[4]	ul#id_val li:nth-child(4)
最后一个子元素	//ul[@id='id_val']/li[last()]	ul#id_val li:last-child
属性包含某字段	//div[contains(@title,'text')]	div[title*='text']
属性以某字段开头	//div[starts-with(@title,'text')]	div[title^='text']
属性以某字段结尾	//div[ends-with (@title,'text')]	div[title$='text']
text 中包含某字段	//div[contains(text(), 'text')]	无
同级弟弟元素	//div[@id='D']/following-sibling::div[1]	无
同级哥哥元素	//li/preceding-sibling::div[1]	无

接下来我们用几个示例讲解一下定位方法。

（1）串联查找

♦ 目的

先定位一个元素，然后在其基础上定位一个元素。

♦ 示例HTML：myhtml5_2.html

```
<!DOCTYPE html>
<html lang="en">
<head>
    <meta charset="UTF-8">
    <title>Title</title>
</head>
<body>
    <div id="A">
    <div id="B">
        <div>parent to child</div>
    </div>
      </div>
</body>
</html>
```

♦ 示例代码：test5_26.py

```
from selenium import webdriver
```

```
from time import sleep
import os

'''
串联查找
'''
driver = webdriver.Chrome()
html_file = os.getcwd() + os.sep + 'myhtml5_2.html'
driver.get(html_file)
mytext = driver.find_element_by_id('B').find_element_by_tag_name('div').text
print(mytext)
driver.quit()
```

♦ 运行结果

```
parent to child
```

（2）通过父元素定位子元素

♦ 示例HTML：myhtml5_2.html

♦ 示例代码：test5_27.py

```
from selenium import webdriver
import os

'''
通过父元素定位子元素
'''
driver = webdriver.Chrome()
html_file = os.getcwd() + os.sep + 'myhtml5_2.html'
driver.get(html_file)
mytext = driver.find_element_by_xpath("//div[@id='B']/div").text
print(mytext)
driver.quit()
```

♦ 运行结果

```
parent to child
```

（3）借用 xpath 轴，通过父元素定位子元素

♦ 示例HTML：myhtml5_2.html

♦ 示例代码：test5_28.py

```
from selenium import webdriver
import os

'''
借用 xpath 轴，通过父元素定位子元素
'''
```

```python
driver = webdriver.Chrome()
html_file = os.getcwd() + os.sep + 'myhtml5_2.html'
driver.get(html_file)
mytext = driver.find_element_by_xpath("//div[@id='B']/child::div").text
print(mytext)
driver.quit()
```

◆ 运行结果

```
parent to child
```

（4）由子元素定位父元素

◆ 示例HTML：myhtml5_3.html

```
<!DOCTYPE html>
<html lang="en">
<head>
    <meta charset="UTF-8v>
    <title>Title</title>
</head>
<body>
    <div id="A">
    <!-- 子元素定位父元素 -->
    <div>
        <div>child to parent
            <div>
                <div id="C"></div>
            </div>
        </div>
    </div>
</div>
</body>
</html>
```

◆ 示例代码：test5_29.py

```python
from selenium import webdriver
import os

# 由子元素定位父元素
driver = webdriver.Chrome()
html_file = os.getcwd() + os.sep + 'myhtml5_3.html'
driver.get(html_file)

# xpath：'.' 代表当前元素；'..' 代表父元素
mytext = driver.find_element_by_xpath("//div[@id='C']/../..").text
print(mytext)

# xpath 轴 parent
mytext1 = driver.find_element_by_xpath("//div[@id='C']/parent::div/parent::div").text
print(mytext1)
```

```
driver.quit()
```

♦ 运行结果

```
child to parent
child to parent
```

(5) 通过弟弟元素定位哥哥元素

♦ 示例HTML：myhtml5_4.html

```html
<!DOCTYPE html>
<html lang="en">
<head>
    <meta charset="UTF-8">
    <title>Title</title>
</head>
<body>
        <!-- 下面两个元素用于兄弟元素定位 -->
    <div>brother 1</div>
    <div id="D"></div>
     <div>brother 2</div>
</body>
</html>
```

♦ 示例代码：test5_30.py

```python
from selenium import webdriver
import os

"""
通过弟弟元素定位哥哥元素
"""

driver = webdriver.Chrome()
html_file = os.getcwd() + os.sep + 'myhtml5_4.html'
driver.get(html_file)

# xpath 通过父元素获取哥哥元素
mytext = driver.find_element_by_xpath("//div[@id='D']/../div[1]").text
print(mytext)

# xpath 轴 preceding-sibling
mytext1 = driver.find_element_by_xpath("//div[@id='D']/preceding-sibling::div[1]").text
print(mytext1)

driver.quit()
```

♦ 运行结果

```
brother 1
brother 1
```

（6）通过哥哥元素定位弟弟元素

- 示例HTML：myhtml5_4.html
- 示例代码：test5_31.py

```python
from selenium import webdriver
import os

"""
通过哥哥元素定位弟弟元素
"""

driver = webdriver.Chrome()
html_file = os.getcwd() + os.sep + 'myhtml5_4.html'
driver.get(html_file)

# xpath 通过父元素获取弟弟元素
mytext = driver.find_element_by_xpath("//div[@id='D']/../div[3]").text
print(mytext)

# xpath 轴 following-sibling
mytext1 = driver.find_element_by_xpath("//div[@id='D']/following-sibling::div[1]").text
print(mytext1)

driver.quit()
```

- 运行结果

```
brother 2
brother 2
```

（7）通过 CSS selector 来定位页面元素

- 示例HTML：myhtml5_5.html

```html
<!DOCTYPE html>
<html lang="en">
<head>
    <meta charset="UTF-8">
    <title>test</title>
</head>
<body>
    please input your name:<input name="name" class="classname" >
    <br>
    <a href="http://map.baidu.com">I'm Storm</a>
</body>
</html>
```

- 示例代码：test5_32.py

```python
from selenium import webdriver
from time import sleep
```

```python
import os

"""
通过CSS selector定位页面元素
"""

driver = webdriver.Chrome()
html_file = os.getcwd() + os.sep + 'myhtml5_5.html'
driver.get(html_file)

driver.find_element_by_css_selector("body > input").send_keys('css')

sleep(3)
driver.quit()
```

♦ 运行结果

成功定位到搜索框，并且输入"css"。

（8）通过CSS selector定位页面元素

♦ 示例HTML：myhtml5_6.html

```html
<!DOCTYPE html>
<html lang="en">
<head>
    <meta charset="UTF-8">
    <title>Title</title>
</head>
<body>
    <div id="parent">parent
        <div id="brother1">brother 1</div>
        <div id="brother2">brother 2</div>
    </div>
</body>
</html>
```

♦ 示例代码：test5_33.py

```python
from selenium import webdriver
from time import sleep
import os

"""
通过CSS selector定位页面元素
"""

driver = webdriver.Chrome()
html_file = os.getcwd() + os.sep + 'myhtml5_6.html'
driver.get(html_file)

# 通过父元素parent定位子元素brother1:nth-child()
```

```
mytext = driver.find_element_by_css_selector("div#parent div:nth-child(2)").text
print(mytext)
driver.quit()
```

◆ 运行结果

```
brother 2
```

本小节重点给大家演示了串联查找、通过父元素定位子元素、通过子元素定位父元素、通过哥哥元素定位弟弟元素、通过弟弟元素定位哥哥元素的方法，希望大家灵活掌握。

5.2.13 Selenium 4 的相对定位器

Selenium 4 新增了相对定位器，能帮助用户查找元素附近的其他元素。可用的相对定位器有 above、below、toLeftOf、toRightOf、near。在 Selenium 4 中，find_element 方法能够接受一个新方法 withTagName，它将返回一个 RelativeLocator（关联定位器）。

下面来看一下新方法如何使用。

Selenium 4 使用 JavaScript 的 getBoundingClientRect 方法来查找关联元素。这个方法会返回元素的属性，例如 right、left、bottom、top。

来看下面这个示例。假如我们有一个页面，如图 5-14 所示，页面上有 4 个元素。

图 5-14　示例页面

（1）above 方法

该方法用来返回指定元素上方的元素。例如，我们可以先定位到 Password 输入框，然后通过 above 方法返回 Password 元素上方的 tag name="input" 的元素。示例代码如下。

```
#from selenium.webdriver.support.relative_locator import with_tag_name
passwordField = driver.find_element(By.ID, "password")
emailAddressField = driver.find_element(with_tag_name("input").above(passwordField))
```

（2）below 方法

该方法用来返回指定元素下方的元素。例如，我们可以先定位到 Email Address 文本框，然后通过 below 方法返回 Email Address 元素下方的 tag name="input" 的元素。示例代码如下。

```
#from selenium.webdriver.support.relative_locator import with_tag_name
emailAddressField = driver.find_element(By.ID, "email")
passwordField = driver.find_element(with_tag_name("input").below(emailAddressField))
```

（3）toLeftOf 方法

该方法用来返回指定元素左侧的元素。例如，我们可以先定位到 Submit 按钮，然后通过 toLeftOf 方法来返回 Submit 元素左侧的 tag name="button" 的元素。示例代码如下。

```
#from selenium.webdriver.support.relative_locator import with_tag_name
submitButton = driver.find_element(By.ID, "submit")
cancelButton = driver.find_element(with_tag_name("button").toLeftOf(submitButton))
```

（4）toRightOf 方法

该方法用来返回指定元素右侧的元素。例如，我们可以先定位到 Cancel 按钮，然后通过 toRightOf 方法返回 Cancel 元素右侧的 tag name="button" 的元素。示例代码如下。

```
//import static org.openqa.selenium.support.locators.RelativeLocator.withTagName;
WebElement cancelButton= driver.findElement(By.id("cancel"));
WebElement submitButton= driver.findElement(withTagName("button").toRightOf(cancelButton));
```

（5）near 方法

该方法用来返回指定元素附近（最远 50 像素的距离）的元素。例如，我们可以先定位到 Email Address 元素，而该元素与下方文本框的距离小于 50 像素。因此，我们可以使用 near 方法来定位元素。示例代码如下。

```
//import static org.openqa.selenium.support.locators.RelativeLocator.withTagName;
WebElement emailAddressLabel= driver.findElement(By.id("lbl-email"));
WebElement emailAddressField = driver.findElement(withTagName("input").near(emailAddressLabel));
```

5.2.14 元素定位"没有银弹"

有的人说"让开发人员把所有元素都加上 id"；有的人说"建议全部使用 XPath 来定位"；有的人说"建议使用 CSS，CSS 的效率更高"。我却想说，元素定位根本就"没有银弹"。"什么？你花了很大的篇幅来介绍元素定位的方法，现在却要告诉我，无法找到一个完美的、牢不可破的元素定位器？"

说"无法找到一个完美的、牢不可破的元素定位器"，是因为不同的定位器适用于不同的场景，这也是我们用巨大的篇幅来介绍这些方法的原因。

在实际项目中，无论是项目页面的重新设计，还是功能的迭代，都有可能导致之前开发的脚本运行失败，这是我们必然会面临的一个问题。实际上，相当多的项目组在推行自动化测试时失败的一个重要原因就是，脚本的可扩展性太低，同时维护成本太高。但是好的定位方法和坏的定位方法是有迹可循的，这意味着当你熟练掌握了前面所学的内容，再依据本小节的一些"条例"，就可以大概率地设计出一个"完美"的定位器。

（1）id 是首选

id 是最安全的定位选择，应该始终是你的首选。按照万维网联盟（World Wide Web Consortium，W3C）的标准，一个页面中的元素的 id 值是独一无二的，这意味着你永远不会遇到通过 id 匹配到多个元素的问题。另外，id 也是独立于树外的元素定位方法，因此即便开发人员调整了元素的位置或者更改了元素的类型，WebDriver 仍然可以通过 id 找到它。

id 经常用于 Web 页面的 JavaScript 中（事实上，大多数开发人员并不是同情测试人员定位元素困难才给元素加上 id 的，而是他们自己需要用到才加上的），开发人员会避免更改元素的 id，因为他们不想更改自己的 JavaScript 代码。不管怎样，这对测试人员来说太棒了。

所以某些文章的作者告诉你"建议开发人员将所有元素加上 id 的属性""和开发人员约定，所有核心页面元素都添加 id 属性"，这些是不错的想法，但实际上是"异想天开"。在大多数的项目中，你只能变通一下，例如在元素没有 id 的时候，使用 XPath 或 CSS 来定位。

（2）XPath 和 CSS

XPath 和 CSS 定位器在概念上非常相似，所以我们把它们放在一起讨论。这些类型的定位器组合了标签名、后代元素、CSS 的 class name 或元素属性，使用起来非常灵活，但灵活带来的问题就是要么匹配元素过于严格，要么匹配元素过于宽松。"严格"的坏处是小的 HTML 页面的变化都会使其失效，而过于"宽松"又可能会匹配多个 HTML 元素。所以当编写 CSS 或 XPath 定位器时，我们需要在"严格"和"宽松"之间找到平衡点，使其既能够尽可能适应 HTML 的变化，又能在应用程序出现错误时，及时准确地反映出来。

♦ 借助锚点元素定位

当你打算使用 CSS 或 XPath 来定位元素的时候，建议你先找到一个不太可能改变的元素作为锚点，然后再来定位目标元素。这个锚点可能有 id 或者处于稳定的位置（不易改变，例如某个网页的头图，即便没有 id，在大多数情况下，头图的位置也不会改变）。

锚点元素虽然不是目标元素，却是一个非常可靠的"中转站"。锚点元素可以在目标元素的前面，也可以在后面，但是大多数情况下建议选择目标元素上面的元素作为锚点。

示例 HTML：myhtml5_7.html。

```
<!DOCTYPE html>
<html lang="en">
<head>
```

```html
        <meta charset="UTF-8">
        <title>锚点定位</title>
</head>
<body>
<div id="main-section">
        <p>Introduction</p>
        <ul>
          <li> Option 1</li>
        </ul>
</div>
</body>
</html>
```

在本例中，我们想要定位 <li> 元素，它没有 id、class name 等属性，尤其是某些情况下页面中还有多个 <li> 元素，因此很难定位。但我们发现 div 有个 id="main-section"，这时候，我们就可以将其选为寻找 <li> 元素的锚点元素，这样就缩小了定位器正在搜索的 HTML 的范围（从锚点往下找，不用找整个 HTML）。

◆ 合理使用"索引"定位器，如 nth-child()和[x]

nth-child()、first-child、[1] 等，这些索引类型的定位器只能应用于列表对象。当你使用它们时，你首先要确定自己的测试目标，如果你的目标只是验证搜索结果的某个特定位置（例如不管第一个位置是谁，只想要第一个），那么你用索引肯定是没问题的；但如果你的目标是某个特定的元素（例如有 A、B、C 3 个元素，不管它们怎么摆放，我都只想定位 A 元素），为了避免元素的顺序发生改变后你的定位器出现失效的问题，应该尽量避免使用索引来定位。示例 HTML：myhtml5_8.html。

```html
<menu>
   <button>Option 1</button>
   <button>Option 2</button>
   <button>Option 3</button>
</menu>
```

不管列表项目如何排序，如果你只想要与第一个菜单项进行交互，那么 //menu/button[1] 是一个合适的定位器。大多数情况下，我们只是想选择列表中的某一项，如这里的 Option 1。如果 button 的顺序改变成下面这样（myhtml5_9.html），你还通过 "//menu/button[1]" 进行定位，就会定位到 Option 3，导致测试失败。

```html
<menu>
   <button>Option 3</button>
   <button>Option 2</button>
   <button>Option 1</button>
</menu>
```

这种变化你的测试过程能接受吗？还是说你需要重新编写定位器？这种情况下，非索引定位器 //menu/*[text()='Option 1'] 可能更合适。这时候 <menu> 是理想的锚点元素。

- CSS的class name具有一定的意义

前端设计人员经常会给 CSS 的 class name 赋予一定的意义，我们应该充分利用这一点。来看下面的示例 HTML：myhtml5_10.html。

```
<footer class="form-footer buttons">
  <div class="column-1">
      <a class="alt button cancel" href="#">Cancel</a>
  </div>
  <div class="column-2">
      <a class="alt button ok" href="#">Accept</a>
  </div>
</footer>
```

在上面这个示例中，忽略 class="column-1" 和 class="column-2"，这两个 class name 用得比较好，原因如下：div 指的是布局，因此当开发人员决定调整设计（调整布局）的时候，它们可能会受到影响。如果我们能直接对目标按钮（Accept 和 Cancel 按钮）进行操作会更加可靠。虽然"alt button ok"在页面上可能不止一个，看起来像个宽松的定位器，但是你可以将 <footer> 作为锚点元素，在这个例子中，"footer .ok"是一个好的定位器。

- 提前规避易变的事情

细心对比一下下面的 HTML（myhtml5_11.html）和刚才的 HTML（myhtml5_10.html）。

```
<footer class="form-footer buttons">
  <div class="column-1">
      <a class="alt button cancel" href="#">Cancel</a>
  </div>
  <div class="column-ok">
      <button class="alt ok">ok</button>
  </div>
</footer>
```

我们发现 tag name 从 <a> 变成了 <button>，class 的值从""alt button ok""变成了""alt ok""，标签的文本也从"Accept"变成了"ok"。结果导致 class name、text content、tag name 都匹配不到了。

如果我们换成宽松的定位器呢？这样就能容忍 HTML 中的一些变化。接下来让我们在宽松的定位器上犯错。

直接派生类（通过父节点找子节点），示例如下。

```
CSS example: div > div > ul > li > span
Xpath example: //div/div/ul/li/span
```

直接派生类是指 HTML 元素的父子关系。在上述 CSS example 示例中，<li> 是 <url> 的子元素。

回到上面的示例中，使用长链的话可能会帮助你找到一个没有 class name 或者 id 的元素，但从长远来看，它肯定是不可靠的。在没有 id 或 class name 的情况下，大段的内容是经常动态变化的，而且可能经常移动或在 HTML 中变换位置。长链对所有的这些变化都将无能为力，如果你不得不使用直接派生类的定位器，那么尽量尝试在每个定位器中最多使用一个层级。

（3）根据实际目标调整

来看下面这段 HTML 代码（myhtml5_12.html）。

```
<section id="snippet">
    <div>Blurb</div>
</section>
```

建议只使用你需要的定位器，少就是多。如果你只是想捕获 <section> 这个标签的文本（即 Blurb），那么使用"# snippet div"这样的定位器是没有必要的。因为对于 WebDriver 来说，定位器"# snippet"和"#snippet > div"返回的文本内容相同，但是如果 <div> 元素被更改为 < p > 或 < span >，则后者将会失效。

（4）目标元素的属性

使用目标元素的属性来定位和使用 CSS 的 class name 定位非常类似，属性可以是唯一的，但有的时候也会在许多项目中重复使用，必须根据情况来确定到底什么时候用它。

一般来说，最好避免使用属性，只关注 id、tag name 和 CSS 类。但在 HTML 5 中，数据属性是稳定的，因为它们与 Web 应用程序的功能紧密结合在一起。

（5）tag name、link text、name 的定位策略

这些定位策略只是通过属性或文本字符串查找元素的快捷方式［XPath:text()］。大家需要根据实际情况，权衡使用这些定位策略。

综上所述，当你在编写一个定位器时，有如下建议需要考虑。

- 优先使用id定位。
- 使用有id的附近元素作为锚定元素来定位。
- 搞明白定位器的用途——它仅仅是为了导航还是做断言？如果元素移动或测试失败，定位器是否能够处理？定位器的用途将决定你需要在定位器中使用的技术有多"严格"或多"宽松"。

提醒：请务必掌握单个元素和元素组的定位方法；没有万能的定位方法，只有合适的定位方法；XPath 和 CSS 非常重要，可以根据自己的习惯熟练掌握其一。

5.3 获取页面元素的相关信息

获取页面元素的信息主要有两个目的：一是执行完步骤后进行断言；二是获取前一步骤的

响应结果，将其作为后续步骤的输入或判断条件。

本节我们带大家学习一下如何获取元素的相关信息。

5.3.1 获取元素的基本信息

♦ 目的

输出元素的大小、文本、标签名。

♦ 关键字

- .tag_name，输出元素的标签名。
- .size，输出元素的大小。
- .text，输出元素的文本（适用于链接元素）。

♦ 示例代码：test5_34.py

```
from selenium import webdriver
from time import sleep

driver = webdriver.Chrome()
driver.get("https://www.baidu.com/")  # 打开百度首页
ele = driver.find_element_by_link_text('新闻')  # 将新闻这个元素赋给变量ele
print(ele.tag_name)  # 输出标签名
print(ele.text)  # 输出文本
print(ele.size)  # 输出大小
driver.quit()
```

♦ 运行结果

新闻
{'height': 24, 'width': 26}

♦ 注意事项

按钮上的文字是不能通过".text"来输出的。

5.3.2 获取元素的属性信息

♦ 目的

获取元素的属性信息，如 id、name、class name、value 等。

♦ 关键字

get_attribute('id/name/value 等'):获取元素的属性信息。

♦ 示例代码:test5_35.py

```python
from selenium import webdriver
from time import sleep

driver = webdriver.Chrome()
driver.get("https://www.baidu.com/")
ele1 = driver.find_element_by_id('su')  # 通过id定位百度搜索按钮
ele2 = driver.find_element_by_id('kw')  # 通过id定位百度搜索框

print(ele1.get_attribute('id'))     #输出搜索按钮的id属性
print(ele2.get_attribute('name'))   #输出搜索框的name属性
print(ele1.get_attribute('value'))  #输出按钮的文字,也就是value属性
print(type(ele1.get_attribute('name')))
print(ele1.get_attribute('name'))

driver.quit()
```

♦ 运行结果

```
su
wd
百度一下
<class 'str'>
```

♦ 注意事项

当要获取的元素无对应属性时,会返回一个空的字符串。

5.3.3 获取元素的 CSS 属性值

♦ 目的

输出元素的 CSS 属性值,如元素的高、宽、字体等。

♦ 关键字

value_of_css_property('height/width/font-family'):输出元素的 CSS 属性值。

♦ 示例代码:test5_36.py

```python
from selenium import webdriver
from time import sleep

driver = webdriver.Chrome()
driver.get("https://www.baidu.com/")
ele = driver.find_element_by_link_text('新闻')  # 通过link_text定位新闻元素

#height,输出元素的高
print(ele.value_of_css_property('height'))
#width,输出元素的宽
```

```
print(ele.value_of_css_property('width'))
#font-family,输出元素所使用的字体
print(ele.value_of_css_property('font-family'))

driver.quit()
```

♦ 运行结果

```
24px
26px
arial
```

5.3.4 判断页面元素是否可见

♦ 目的

判断页面元素是否可见。

♦ 示例HTML：myhtml5_13.html

```
<!DOCTYPE html>
<html lang="en">
<head>
    <meta charset="UTF-8">
    <title>判断元素是否可见</title>
    <script type="text/javascript">
        function showAndHidden1() {
            var div1 = document.getElementById("div1");
            var div2 = document.getElementById("div2");
            if (div1.style.display == 'block') div1.style.display='none';
            else div1.style.display = 'block';
            if (div2.style.display == 'block') div2.style.display='none';
            else div2.style.display = 'block';
        }
        function showAndHidden2() {
            var div3 = document.getElementById("div3");
            var div4 = document.getElementById("div4");
            if (div3.style.visibility == 'visible') div3.style.visibility='hidden';
            else div3.style.visibility = 'visible';
            if (div4.style.visibility == 'visible') div4.style.visibility='hidden';
            else div4.style.visibility = 'visible';
        }
    </script>
</head>
<body>
    <div>display:元素不占用页面位置</div>
    <div id="div1" style="display:block">DIV 1</div>
    <div id="div2" style="display:none">DIV 2</div>
    <input id="button1" type="button" onclick="showAndHidden1();" value="DIV 切换"/>
    <hr>
```

```html
        <div>display:元素占用页面位置</div>
        <div id="div3" style="visibility: visible;">DIV 3</div>
        <div id="div4" style="visibility: hidden;">DIV 4</div>
        <input id="button2" type="button" onclick="showAndHidden2();" value="DIV 切换 "/>
</body>
</html>
```

♦ **关键字**

is_displayed：判断元素是否可见，如果可见，返回 True；反之，返回 False。

♦ **示例代码**：test5_37.py

```python
from selenium import webdriver
from time import sleep
import os

"""
判断页面元素是否可见
"""
driver = webdriver.Chrome()
html_file = os.getcwd() + os.sep + 'myhtml5_13.html'
driver.get(html_file)
ele1 = driver.find_element_by_id('div1')
ele2 = driver.find_element_by_id('div2')
ele3 = driver.find_element_by_id('div3')
ele4 = driver.find_element_by_id('div4')

# 通过 is_displayed 方法判断页面元素是否可见
# 对于 style="display: none;style="visibility: hidden, 页面不可见
print("ele1 is display: {}".format(ele1.is_displayed()))
print("ele2 is display: {}".format(ele2.is_displayed()))
print("ele3 is display: {}".format(ele3.is_displayed()))
print("ele4 is display: {}".format(ele4.is_displayed()))

driver.find_element_by_id('button1').click()
driver.find_element_by_id('button2').click()
print("———————————————————")

print("ele1 is display: {}".format(ele1.is_displayed()))
print("ele2 is display: {}".format(ele2.is_displayed()))
print("ele3 is display: {}".format(ele3.is_displayed()))
print("ele4 is display: {}".format(ele4.is_displayed()))

driver.quit()
```

♦ **运行结果**

```
ele1 is display: True
ele2 is display: False
ele3 is display: True
```

```
ele4 is display: False
```

```
ele1 is display: False
ele2 is display: True
ele3 is display: False
ele4 is display: True
```

5.3.5　判断页面元素是否可用

♦ 目的

判断页面元素是否可用。

♦ 示例HTML：myhtml5_14.html

```
<!DOCTYPE html>
<html lang="en">
<head>
    <meta charset="UTF-8">
    <title>判断页面元素是否可操作</title>
</head>
<body>
    <input id="input1" type="text" size="40" value="可操作">
    <input id="input2" type="text" size="40" value="不可用" disabled>
    <input id="input3" type="text" size="40" value="只读" readonly>
</body>
</html>
```

♦ 关键字

is_enabled：如果元素可用，返回 True；反之，返回 False。

♦ 示例代码：test5_38.py

```python
from selenium import webdriver
from time import sleep
import os

"""
判断页面元素是否可用
"""
driver = webdriver.Chrome()
html_file = os.getcwd() + os.sep + 'myhtml5_14.html'
driver.get(html_file)
ele1 = driver.find_element_by_id('input1')
ele2 = driver.find_element_by_id('input2')
ele3 = driver.find_element_by_id('input3')

# 可以通过is_enabled方法判断页面元素是否可用
# 如果页面元素有"disabled"属性的话，则页面元素不可用
```

```
print("ele1 is enabled {}".format(ele1.is_enabled()))
print("ele2 is enabled {}".format(ele2.is_enabled()))
print("ele3 is enabled {}".format(ele3.is_enabled()))

driver.quit()
```

◆ 运行结果

```
ele1 is enabled True
ele2 is enabled False
ele3 is enabled True
```

◆ 注意事项

当某个元素被另外一个元素遮挡时,也会出现元素无法操作的情况。

5.3.6 判断元素的选中状态

◆ 目的

判断元素的选中状态。

◆ 关键字

is_selected:判断复选框或单选按钮的选中状态。

◆ 示例代码: test5_39.py

```
from selenium import webdriver
from time import sleep

driver = webdriver.Chrome()
driver.get('http://sahitest.com/demo/clicks.htm')
sleep(3)
ele = driver.find_element_by_xpath('/html/body/ul/li/a/label/input')
print(ele.is_selected())    # 判断复选框是否被选中,否,返回 False
ele.click()                 # 单击,使复选框处于选中状态
print(ele.is_selected())    # 判断复选框是否被选中,是,返回 True
driver.quit()
```

◆ 运行结果

```
False
True
```

◆ 注意事项

如果选中或者取消选中复选框或单选按钮页面有加载时间的话,要合理使用等待,然后再判断选中状态。

5.4 鼠标操作实战

在前面的章节中，我们已经用过了鼠标的单击方法（.click()），但鼠标的操作还有很多种，如双击、右击、鼠标拖动等。为了让读者在项目中无论遇到什么样的鼠标操作都能从容应对，本节我们将通过大量的练习来学习一下各种鼠标操作。

5.4.1 鼠标单击操作

- ◆ 目的

回顾一下鼠标单击的应用。

- ◆ 示例代码：test5_40.py

```python
from selenium import webdriver
from time import sleep

driver = webdriver.Chrome()
driver.get('https://www.baidu.com/')
ele = driver.find_element_by_link_text('新闻')
ele.click()    # 鼠标单击
sleep(2)
driver.quit()
```

> **注意** ▶ 通过 click 方法可以方便地完成鼠标单击的操作。

5.4.2 内置鼠标操作包

WebDriver 封装了一套鼠标操作的包，我们先来看一下鼠标操作的流程。

- 引入包：from selenium.webdriver.common.action_chains import ActionChains。
- 定位元素，存储到某个变量：ele = driver.find_element_by_×××('××')。
- 固定写法：ActionChains(driver).click(ele).perform()，如图5-15所示。

图 5-15　固定写法

借助 ActionChains 包，我们来重写一下 5.4.1 小节中的脚本。

◆ 示例代码：test5_41.py

```python
from selenium import webdriver
from selenium.webdriver.common.action_chains import ActionChains
from time import sleep

driver = webdriver.Chrome()
driver.get('https://www.baidu.com/')
ele = driver.find_element_by_link_text('新闻')
# ele.click()   # 鼠标单击
ActionChains(driver).click(ele).perform()
sleep(2)
driver.quit()
```

◆ 运行结果

和 5.4.1 小节的运行结果一致。

5.4.3 鼠标双击操作

◆ 目的

借助 ActionChains 包模拟鼠标双击的操作。

◆ 示例代码：test5_42.py

```python
from selenium import webdriver
from time import sleep
from selenium.webdriver.common.action_chains import ActionChains

driver = webdriver.Chrome()
driver.get("http://sahitest.com/demo/clicks.htm")
ele = driver.find_element_by_xpath('/html/body/form/input[2]')
sleep(2)
# 通过 double_click 方法来模拟鼠标双击的操作
ActionChains(driver).double_click(ele).perform()
sleep(3)
driver.quit()
```

> **注意** ▶ "http://sahitest.com/demo/" 这个网址简直是练习操作控件的"神器"，笔者整理了各种 Web 控件用于练习定位及操作，后续我们会有大量的测试代码源于该网站。

5.4.4 鼠标右击操作

◆ 目的

借助 ActionChains 包模拟鼠标右击操作。

◆ 示例代码：test5_43.py

```
from selenium import webdriver
from time import sleep
from selenium.webdriver.common.action_chains import ActionChains

driver = webdriver.Chrome()
driver.get("http://sahitest.com/demo/clicks.htm")
ele = driver.find_element_by_xpath('/html/body/form/input[4]')
sleep(2)
# 通过context_click方法模拟鼠标右击的操作
ActionChains(driver).context_click(ele).perform()

sleep(3)
driver.quit()
```

5.4.5 鼠标指针悬浮操作

◆ 目的

借助 ActionChains 包模拟鼠标指针悬浮操作。

◆ 示例代码：test5_44.py

```
from selenium import webdriver
from time import sleep
from selenium.webdriver.common.action_chains import ActionChains

driver = webdriver.Chrome()
driver.get("http://sahitest.com/demo/mouseover.htm")
ele = driver.find_element_by_xpath('/html/body/form/input[1]')
sleep(2)
# 通过move_to_element方法模拟鼠标指针的悬浮操作
ActionChains(driver).move_to_element(ele).perform()

sleep(3)
driver.quit()
```

5.4.6 鼠标拖动操作

◆ 目的

借助 ActionChains 包模拟鼠标拖动操作（本小节演示的是将一个元素拖动到目标元素上）。

◆ 示例代码：test5_45.py

```
from selenium import webdriver
from time import sleep
from selenium.webdriver.common.action_chains import ActionChains
```

```
driver = webdriver.Chrome()
driver.get("http://sahitest.com/demo/dragDropMooTools.htm")
source = driver.find_element_by_xpath('//*[@id="dragger"]')
target = driver.find_element_by_xpath('/html/body/div[5]')

sleep(2)
# 通过 drag_and_drop 方法模拟鼠标拖动操作
ActionChains(driver).drag_and_drop(source, target).perform()

sleep(3)
driver.quit()
```

5.4.7 其他鼠标操作汇总

在 5.4.1～5.4.6 小节中,我们演示了常见的几种鼠标操作的方法,接下来我们对鼠标操作做个汇总,大家根据自己的实际需要选取不同的关键字即可,如表 5-5 所示。

表 5-5 鼠标操作方法

鼠标操作	关键字	解释
单击	Click(element)	对 element 元素进行单击操作
右击	context_click(element)	对 element 元素进行右击操作
双击	double_click(element)	对 element 元素进行双击操作
鼠标指针悬浮到某个元素上	move_to_element(element)	将鼠标指针移动(悬浮)到元素 element 上
将鼠标指针移动到某个坐标上	move_by_offset(xoffset,yoffset)	将鼠标指针移动到某个坐标上
将鼠标指针移动到指定元素的坐标上	move_to_element_with_offset(element, xoffset, yoffset)	将鼠标指针移动到指定元素的坐标上
拖动	drag_and_drop(source,target)	将元素 source 拖动到元素 target 上
根据坐标拖动	drag_and_drop_by_offset(source,xoffset,yoffset)	将元素 source 拖动到指定坐标上,第 2 和第 3 个参数分别代表横坐标和纵坐标
按下鼠标左键且不松开	click_and_hold(element)	在元素 element 上按下鼠标左键且不松开
按下鼠标左键	key_down(value, element)	在元素 element 上按下鼠标左键
松开鼠标左键	key_up(value, element)	在元素 element 上松开鼠标左键
停滞	pause(seconds)	停滞时间(单位:秒)
重置	reset_actions()	重置动作
发送按键内容	send_keys(Keys_to_send)	发送按键内容
发送按键内容到元素上	send_keys_to_element(element, Keys_to_send)	发送按键内容到元素 element 上

我们再来总结一下鼠标操作的流程。

- 引入ActionChains包。
- 定位要操作的元素。
- 固定写法：ActionChains(driver).xxx(pars).perform()。

5.5 键盘操作

键盘最常见的应用场景是输入文字，除此之外，键盘上还有一些功能性按键，如"Enter"键、"Tab"键，当然还有一些组合键，如"Ctrl + A"键代表全选、"Ctrl + C"键代表复制、"Ctrl + V"键代表粘贴（如果是 macOS 系统的计算机的话，则"Ctrl"键用"CMD"键代替）等。本节我们来学习一下 WebDriver 所提供的键盘操作方法。

5.5.1 文字输入

文字输入使用 send_keys 方法，我们在前面的章节中用到过，现在来回顾一下。

示例代码（test5_46.py）如下。

```
from selenium import webdriver
from time import sleep

driver = webdriver.Chrome()
driver.get("http://www.baidu.com/")
driver.find_element_by_id('kw').send_keys('storm') # 输入文字
sleep(3)
driver.quit()
```

使用 send_keys 方法可以向目标元素输入指定的文字。

5.5.2 组合键

模拟组合键的方法相对复杂，但总体来说分为两步。

- 导入Keys包。
- 然后配合send_keys方法实现。

接下来我们通过几个示例来学习 WebDriver 模拟组合键的操作方法。先来看第一个示例：

模拟组合键"Ctrl+A""Ctrl+C""Ctrl+V"分别实现全选、复制、粘贴的效果。

示例代码（test5_47.py）如下。

```python
from selenium import webdriver
from time import sleep
from selenium.webdriver.common.keys import Keys

'''
打开百度首页，在搜索框中输入文字 "storm"
通过组合键 "Ctrl+A" 全选
通过组合键 "Ctrl+C" 复制
通过 clear 方法清除搜索框中的内容
通过组合键 "Ctrl+V" 粘贴刚才复制的内容
'''
driver = webdriver.Chrome()
driver.get("http://www.baidu.com/")
# 通过 send_keys 方法模拟键盘输入文字
driver.find_element_by_id('kw').send_keys('storm')
sleep(3)
# 通过 Keys.××× 模拟功能按键的操作
driver.find_element_by_id('kw').send_keys(Keys.CONTROL, 'a')
driver.find_element_by_id('kw').send_keys(Keys.CONTROL, 'c')
# 通过 clear 方法清除搜索框中的内容
driver.find_element_by_id('kw').clear()
sleep(3)
driver.find_element_by_id('kw').send_keys(Keys.CONTROL, 'v')
sleep(3)
driver.quit()
```

> **注意** ▶ 上面的组合键是指同时按多个按键。WebDriver 提供了很多功能按键，我们可以通过 PyCharm 的补全功能来简单看一下，如图 5-16 所示。

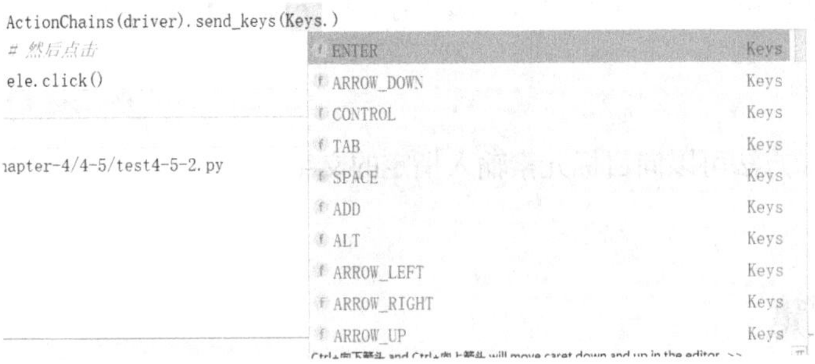

图 5-16　WebDriver 提供的功能按键

再来看下面的示例：test5_48.py。

场景：按住"Ctrl"键不松开，单击某控件。

测试地址：http://sahitest.com/demo/clickCombo.htm。

```
from selenium import webdriver
from time import sleep
from selenium.webdriver.common.action_chains import ActionChains
from selenium.webdriver.common.keys import Keys

driver = webdriver.Chrome()
driver.get("http://sahitest.com/demo/clickCombo.htm")
ele = driver.find_element_by_xpath('/html/body/div/div')
# 按住 "Ctrl" 键
ActionChains(driver).key_down(Keys.CONTROL).perform()
# 单击
ele.click()
sleep(3)
driver.quit()
```

本章我们学习了 Selenium WebDriver 提供的常用方法、元素定位方法，以及如何获取页面元素的相关信息，然后又学习了模拟鼠标操作和键盘操作，这些基础内容是我们学习后续知识的前提条件，请务必掌握。

第6章
常见控件实战

在上一章中,我们学习了浏览器的常见操作、鼠标操作、键盘操作等知识,掌握了这些基础知识,我们就可以开始学习浏览器控件的常见操作方法了。

6.1 搜索框

◆ 目的

学习搜索框的常用操作。

◆ 元素属性

以百度搜索框为例,我们来看一下搜索框的元素属性。标签类型是 <input>,如图 6-1 所示。

图 6-1 查看搜索框的元素属性

◆ 关键字

- 输入文字:ele.send_keys('storm')。
- 清除文字:ele.clear()。
- 获取搜索框中的内容:ele.get_property('value')。
- 获取元素的属性:ele.get_attribute('name')。
- 获取元素的 tag name:ele.tag_name。

◆ 示例代码:test6_1.py

```
from selenium import webdriver
from time import sleep

'''
搜索框常见操作
'''
driver = webdriver.Chrome()
driver.get('https://www.baidu.com/')
# 定位百度搜索框
```

```
ele = driver.find_element_by_id('kw')
ele.send_keys('storm')  # 通过send_keys方法输入内容
sleep(2)
ele.clear()  # 通过clear方法清除搜索框中的内容
sleep(2)
ele.send_keys('storm')  # 通过send_keys方法再次输入内容
print(ele.get_property('value'))  # 获取搜索框中的内容:get_property('value')
print(ele.get_attribute('name'))  # 获取元素的属性:get_attribute()
print(ele.tag_name)  # 获取元素的tag name:tag_name
sleep(3)
driver.quit()
```

◆ 运行结果

PyCharm 控制台的输出结果如下。

```
storm
wd
input
```

◆ 注意事项

- clear方法在处理有提示信息（placeholder这个属性）的搜索框的时候很有用，一般需要先使用clear，再使用send_keys，如图6-2所示。

图 6-2　placeholder 属性

- 获取tag name的时候，"ele.tag_name"这里没有括号。

6.2 按钮

◆ 目的

学习按钮的常用操作。

◆ 元素属性

我们来看一下按钮的元素属性，常见按钮有 3 种类型：button 按钮、submit 按钮、radio 按钮。

- button按钮：button按钮的元素属性如图6-3所示。

图 6-3　button 按钮

- submit按钮：submit按钮的元素属性如图6-4所示。

图 6-4　submit 按钮

- radio按钮：radio按钮的元素属性如图6-5所示。

◆ 关键字

- 单击：click方法。

- 判断是否选中：is_selected方法。

◆ 示例代码

- button按钮单击：test6_2.py。

图 6-5 radio 按钮

```
from time import sleep

driver = webdriver.Chrome()
driver.get("http://sahitest.com/demo/clicks.htm")
driver.find_element_by_xpath("/html/body/form/input[3]").click()
sleep(2)
text = driver.find_element_by_name("t2").get_attribute('value')
if text == '[CLICK]':
    print('pass')
driver.quit()
```

- submit按钮提交：test6_3.py。

```
from time import sleep

driver = webdriver.Chrome()
driver.get('https://www.baidu.com/')
driver.find_element_by_id('kw').send_keys('storm')
driver.find_element_by_id('su').submit()  # 对于submit按钮，可以使用submit方法
sleep(2)
driver.quit()
```

- radio按钮单击：test6_4.py。

```
from selenium import webdriver
from time import sleep

driver = webdriver.Chrome()
driver.get("http://sahitest.com/demo/clicks.htm")

ele = driver.find_element_by_xpath('/html/body/form/input[7]')  # 注意这种xpath写法很不好
ele.click()
sleep(2)
if ele.is_selected():
    print('pass')
```

```
sleep(3)
driver.quit()
```

♦ 注意事项

button 按钮不支持 submit 方法。

6.3 复选框

♦ 目的

学习复选框的常用操作。

♦ 元素属性

<input> 标签，type="checkbox"，如图 6-6 所示。

图 6-6　checkbox

♦ 关键字

● 模拟单击选中复选框：ele.click()。

● 模拟按空格键选中复选框：ele.send_keys(Keys.SPACE)。

♦ 示例代码：test6_5.py

```
from selenium import webdriver
from time import sleep
from selenium.webdriver.common.keys import Keys

driver = webdriver.Chrome()
driver.get("http://sahitest.com/demo/clicks.htm")
ele = driver.find_element_by_xpath('/html/body/ul//input')
ele.click()
sleep(2)
if ele.is_selected():
    print('pass')
sleep(2)
ele.send_keys(Keys.SPACE)   # 自己可以手动实践一下，按空格键可以选中或取消选中复选框
```

```
sleep(2)
driver.quit()
```

♦ 注意事项
- 上面使用了一次发送空格键来取消选中复选框的方法。
- 在实际项目中,当元素被其他控件遮挡时,使用click方法操作元素会报错,而采用发送空格键的方法可以成功操作元素。

新需求:假如我们想将一组复选框全都选中,该如何操作呢?

♦ 示例HTML:myhtml6_1.html

```
<html lang="en">
<head>
    <meta charset="UTF-8">
    <title>CheckBox</title>
</head>
<body>
下面是一组复选框:
    <br>
    <input type="checkbox" name="a">
    <br>
    <input type="checkbox" name="a">
    <br>
    <input type="checkbox" name="a">
</body>
</html>
```

元素属性如图 6-7 所示。

图 6-7 name 值相同

♦ 示例代码：test6_6.py

```
from selenium import webdriver
from time import sleep

driver = webdriver.Chrome()
driver.get('D:\\Love\\Chapter-5\\5-3\\test5_3-2.html')
eles = driver.find_elements_by_name('a')  # 通过 name 定位一组元素
for ele in eles:  # 循环读取每个复选框
    ele.click()   # 单击
    sleep(2)

driver.quit()
```

♦ 注意事项

我们发现这组复选框都有一个相同的 name 属性值，因此，可以通过 name 来定位一组元素，并将其存成一个列表，然后循环读取并操作列表即可。

6.4 链接

♦ 目的

学习链接的常用操作。

♦ 元素属性

链接是一个 <a> 和 </a> 标签对，页面中显示的链接文字，就是 <a> 和 </a> 中间的文字，如图 6-8 所示。

图 6-8　a 标签

♦ 关键字

● 获取链接文字：ele.text。

- 单击链接:ele.click()。
- 示例代码:test6_7.py

```python
from selenium import webdriver
from time import sleep

driver = webdriver.Chrome()
driver.get('https://www.baidu.com/')
ele = driver.find_element_by_link_text('新闻')
print(ele.text)
ele.click()
sleep(2)
driver.quit()
```

- 注意事项
- 链接的两个常用操作是单击和获取链接的文字。
- 获取链接文字的"ele.text"后面没有括号。

6.5 select 下拉列表

- 目的

学习 select 类型的下拉列表的操作方法。

- 元素属性

我们可以看到图 6-9 所示下拉列表的 tag name 是"select",而下拉列表的选项的 tag name 是"option"。

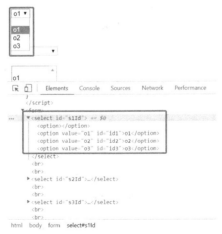

图 6-9 select 下拉列表

◆ 关键字

● 导入Select包有如下两种方式。

```
from selenium.webdriver.support.ui import Select
from selenium.webdriver.support.select import Select
```

> **注意** ▶ 这两种方法没有本质的区别。通过查看 ui 包的源码，你会发现 ui 包就是调用的 Select 包中的 select 方法，如图 6-10 所示。

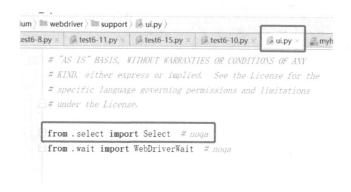

图 6-10　ui.py 文件

● 实例化Select：Select(driver.find_element_by_id('s1Id'))。
● 选择下拉选项：select类提供了3种选择某一选项的方法，分别是通过index选择下拉选项——select_by_index(index)；通过value值选择下拉选项——select_by_value(value)；通过可见text选择下拉选项——select_by_visible_text(text)。
● 取消下拉选项：select类提供了4种方法取消原来的选择，分别是通过index取消下拉选项——deselect_by_index(index)；通过value值取消下拉选项——deselect_by_value(value)；通过可见text取消下拉选项——deselect_by_visible_text(text)；全部取消选择——deselect_all()。
● 返回选项：返回所有选项——options；返回第一个选中项——first_selected_option；返回所有选中项——all_selected_options。
● 判断select选项是否可多选：is_multiple，返回一个布尔值。

（1）学习选择下拉选项

◆ 示例HTML：myhtml6_2.html

```
<!DOCTYPE html>
<html lang="en">
<head>
    <meta charset="UTF-8">
    <title>select下拉列表</title>
```

```html
</head>
<body>
<select id="s1Id">
<option></option>
<option value="o1" id="id1">o1</option>
<option value="o2" id="id2">o2</option>
<option value="o3" id="id3">o3</option>
</select>
</body>
</html>
```

- 选择下拉选项示例代码：test6_8.py

```python
from selenium import webdriver
from selenium.webdriver.support.ui import Select
from time import sleep
import os

driver = webdriver.Chrome()
# driver = webdriver.Firefox()
html_file = 'File:///' + os.getcwd() + os.sep + 'myhtml6_2.html'
driver.get(html_file)
s1 = Select(driver.find_element_by_id('s1Id'))  # 实例化 Select
sleep(2)
s1.select_by_index(1)   # 通过 index 选择第二个选项：o1
sleep(2)
s1.select_by_value("o2")    # 通过 value 值选择 value="o2" 的选项
sleep(2)
s1.select_by_visible_text("o3")    # 通过可见 text 选择 text="o3" 的值，即在打开下拉列表时我们可以看到的文本
sleep(2)
driver.quit()
```

- 注意事项

● index 从 0 开始。

● value 是 <option> 标签的一个属性值，并不是显示在下拉列表中的值，如图 6-11 所示。

● visible_text 是在 <option> 和 </option> 标签对中间的值，是显示在下拉列表中的值，如图 6-12 所示。

（2）学习取消选择（deselect，反选）

- 示例 HTML：myhtml6_3.html

```html
<!DOCTYPE html>
<html lang="en">
<head>
    <meta charset="UTF-8">
    <title>可以多选的 select 下拉列表</title>
</head>
<body>
<select id="s1Id" multiple="multiple">
```

```html
        <option>请选择：</option>
        <option value="o1" id="id1">o1</option>
        <option value="o2" id="id2">o2</option>
        <option value="o3" id="id3">o3</option>
    </select>
</body>
</html>
```

图 6-11　value 属性

图 6-12　<option> 和 </option> 标签对中间的值

> **注意** ▶ 上方的 HTML 文件和 myhtml6_2.html 的区别在于 <select> 标签多了一个 multiple="multiple" 的属性，这意味着该下拉列表的选项可以多选。

◆ 示例代码：test6_9.py

```python
from selenium import webdriver
from selenium.webdriver.support.ui import Select
from time import sleep
import os

driver = webdriver.Chrome()
# driver = webdriver.Firefox()
html_file = 'File:///' + os.getcwd() + os.sep + 'myhtml6_3.html'
driver.get(html_file)
s1 = Select(driver.find_element_by_id('s1Id'))   # 实例化 Select
sleep(2)
s1.select_by_index(1)
sleep(2)
s1.deselect_by_index(1)# 通过 index 取消选择第二个选项：o1
sleep(2)
s1.select_by_value("o2")
sleep(2)
s1.deselect_by_value("o2")  # 通过 value 值取消选择 value="o2" 的选项
```

```
sleep(2)
s1.select_by_visible_text("o3")
sleep(2)
s1.deselect_by_visible_text("o3")  # 通过可见 text 取消选择 text="o3" 的选项
sleep(2)
s1.select_by_index(1)
s1.select_by_index(2)
s1.select_by_index(3)
sleep(2)
s1.deselect_all()  # 取消选择上面选中的 3 个选项
sleep(2)
driver.quit()
```

♦ 注意事项

● Select 包提供了 3 种选择选项的方法和 4 种取消选择选项的方法。

● 只有 <select> 标签包含 multiple 属性才可以多选，假如我们想全选所有选项怎么办？后文将详细解答。

（3）学习获取选项

当我们选择了选项之后，如果想要看看选择的是哪个选项，应该怎么办？别担心，Select 包提供了相应的方法（或者应该说是属性）。

♦ 获取所有选项示例代码：test6_10.py

```
from selenium import webdriver
from selenium.webdriver.support.ui import Select
from time import sleep
import os

driver = webdriver.Chrome()
# driver = webdriver.Firefox()
html_file = 'File:///' + os.getcwd() + os.sep + 'myhtml6_3.html'
driver.get(html_file)
s1 = Select(driver.find_element_by_id('s1Id'))  # 实例化 Select
sleep(2)
all_options = s1.options  # 返回的是一个列表，列表中包括所有选项的元素
print("options 的返回值类型：{}".format(type(all_options)))
mylist = []  # 定义一个空列表
for i in all_options:
    mylist.append(i.text)  # 将选项的文字存储到 mylist 这个列表
print('这个下拉列表的选项包括：{}'.format(mylist))

driver.quit()
```

♦ 运行结果

PyCharm 控制台的输出结果如下。

```
options 的返回值类型：<class 'list'>
这个下拉列表的选项包括：['请选择', 'o1', 'o2', 'o3']
```

> **注意** ▶ options 属性返回的是选项元素，要想获取文字，需要用".text"。

现在回过头去实现全选的效果。既然通过 options 属性可以获取所有选项元素，那么我们也就可以循环选择每一个选项了。请看下面的示例代码：test6_11.py。

```
from selenium import webdriver
from selenium.webdriver.support.ui import Select
from time import sleep
import os

driver = webdriver.Chrome()
# driver = webdriver.Firefox()
html_file = 'File:///' + os.getcwd() + os.sep + 'myhtml6_3.html'
driver.get(html_file)
s1 = Select(driver.find_element_by_id('s1Id'))    # 实例化 Select
sleep(2)
all_options = s1.options
for i in range(0,len(all_options)):  # 通过 len 方法获得选项数量，通过 range 方法将其变为一个整数列表
    s1.select_by_index(i)
sleep(2)
driver.quit()
```

下面来看一下如何获取第一个选中的选项文字。

- ◆ 示例代码：test6_12.py

```
from selenium import webdriver
from selenium.webdriver.support.ui import Select
from time import sleep
import os

driver = webdriver.Chrome()
# driver = webdriver.Firefox()
html_file = 'File:///' + os.getcwd() + os.sep + 'myhtml6_3.html'
driver.get(html_file)
s1 = Select(driver.find_element_by_id('s1Id'))    # 实例化 Select
sleep(2)
s1.select_by_index(1)
s1.select_by_index(2)
s1.select_by_index(3)
first = s1.first_selected_option.text
print('第一个被选中的选项文字是：{}'.format(first))
sleep(2)
driver.quit()
```

- ◆ 运行结果

PyCharm 控制台的输出结果如下。

第一个被选中的选项文字是：o1

再来看一下如何查看所有选中的选项。

◆ 示例代码：test6_13.py

```python
from selenium import webdriver
from selenium.webdriver.support.ui import Select
from time import sleep
import os

driver = webdriver.Chrome()
# driver = webdriver.Firefox()
html_file = 'File:///' + os.getcwd() + os.sep + 'myhtml6_3.html'
driver.get(html_file)
s1 = Select(driver.find_element_by_id('s1Id'))   # 实例化 Select
sleep(2)
s1.select_by_index(1)
s1.select_by_index(2)
mylist = []
all = s1.all_selected_options
for i in all:
    mylist.append(i.text)
print('所有被选中的选项文字是：{}'.format(mylist))
sleep(2)
driver.quit()
```

◆ 运行结果

PyCharm 控制台的输出结果如下。

所有被选中的选项文字是：['o1', 'o2']

（4）学习如何判断 select 下拉列表中的选项是否可多选

接下来，我们再来介绍一个方法，用于判断某个 select 下拉列表中的选项是否可多选。

◆ 示例代码：test6_14.py

```python
from selenium import webdriver
from selenium.webdriver.support.ui import Select
from time import sleep
import os

driver = webdriver.Chrome()
# driver = webdriver.Firefox()
html_file = 'File:///' + os.getcwd() + os.sep + 'myhtml6_3.html'
driver.get(html_file)
s1 = Select(driver.find_element_by_id('s1Id'))   # 实例化 Select
res = s1.is_multiple  # 返回 True 或 False
print("该下拉列表中的选项是否可多选：{}".format(res))
sleep(2)
driver.quit()
```

接下来，我们看个特殊选项。

◆ 示例HTML：myhtml6_4.html

```
<!DOCTYPE html>
```

```html
<html lang="en">
<head>
    <meta charset="UTF-8">
    <title>空格示例</title>
</head>
<body>
<select id="s1Id" multiple="multiple">
<option>请选择</option>
<option value="o1" id="id1">   With spaces </option>
<option value="o2" id="id2">abc   With spaces</option>
<option value="o3" id="id3">abc   With nbsp</option>
</select>
</body>
</html>
```

> **注意** 在上述代码中,第一个 option 的 text 开头有 3 个空格,第二个 option 的 text 中间包含 3 个空格,第三个 option 的 text 包括 3 个 " "。在 HTML 代码中 " "和空格的区别是,在 HTML 代码中每输入一个转义字符 " "就表示一个空格,输入 10 个 " ",页面中就显示 10 个空格位置,而在 HTML 代码中不管输入多少个空格,最终在页面中显示的空格位置只有一个。

下面我们通过代码让大家看看采用 visible_text 来定位的区别。

♦ 示例代码:test6_15.py

```python
from selenium import webdriver
from selenium.webdriver.support.ui import Select
from time import sleep
import os

driver = webdriver.Chrome()
# driver = webdriver.Firefox()
html_file = 'File:///' + os.getcwd() + os.sep + 'myhtml6_4.html'
driver.get(html_file)
s1 = Select(driver.find_element_by_id('s1Id'))  # 实例化 Select
s1.select_by_visible_text('   With spaces') # 当 text 以空格开头时,可以输入多个空格
sleep(2)
s1.deselect_all()
sleep(2)
s1.select_by_visible_text('With spaces')   # 当 text 以空格开头时,可以不加空格
sleep(2)
s1.select_by_visible_text('abc With spaces') # 当空格在中间时,只加一个空格
sleep(2)
s1.select_by_visible_text('abc   With nbsp') # 有几个 nbsp 就加几个空格
sleep(2)
driver.quit()
```

当我们用 visible_text 选择时需要注意以下 3 点。

- 当text以空格开头时,定位的传入值可以输入多个空格,也可以不加空格。
- 当text中间有空格时,只加一个空格。
- 当text中有nbsp时,根据nbsp的数量加空格。

(5)总结

♦ select提供了3种选择方法

select_by_index(index)——根据选项顺序,第一个为0。

select_by_value(value)——根据 value 属性选择。

select_by_visible_text(text)——根据选项可见文本选择。

♦ select提供了4种方法用于取消选择

deselect_by_index(index)——根据选项顺序取消选择。

deselect_by_value(value)——根据 value 属性取消选择。

deselect_by_visible_text(text)——根据选项可见文本取消选择。

deselect_all()——取消选择全部选项。

♦ select提供了3个属性用于获取选项

Options——返回包含所有选项的列表,其中选项是 WebElement 元素。

all_selected_options——返回包含所有被选中的选项的列表。

first_selected_option——提供第一个被选中的选项,也可以用于获取下拉列表的默认值。

♦ Select提供了一个属性,用来判断是否可多选

is_multiple——返回一个布尔值,判断 select 选项是否可多选。

6.6 input 下拉列表

在实际项目中,除了 select 下拉列表外,还有一些 input 构造的下拉列表。虽然从形式上看两者比较相似,但不能使用 WebDriver 提供的 select 操作方法对 input 下拉列表进行操作。本节我们就来学习一下 input 下拉列表的操作。

♦ 目的

学习使用 <input> 标签构造下拉列表的常用操作。

♦ 示例HTML:myhtml6_5.html

```
<!DOCTYPE html>
<html lang="en">
```

```html
<head>
    <meta charset="UTF-8">
    <title>input 下拉列表</title>
</head>
<body>
<div style="position: relative;">
    <input list="storm" id="select">
    <datalist id="storm">
        <option id="option1">apple</option>
        <option id="option2">banana</option>
    </datalist>
</div>
</body>
</html>
```

◆ 元素属性

元素属性如图 6-13 所示。

图 6-13 元素属性

◆ 示例代码：test6_16.py

```python
from selenium import webdriver
from time import sleep
import os
from selenium.webdriver.common.action_chains import ActionChains
from selenium.webdriver.common.keys import Keys

'''
以下代码使用 Firefox 操作成功，使用 Chrome 操作失败；
Firefox 打开本地文件需要加 "File:///"
'''
# driver = webdriver.Chrome()
driver = webdriver.Firefox()
html_file = 'File:///' + os.getcwd() + os.sep + 'myhtml6_5.html'
```

```
driver.get(html_file)
driver.find_element_by_id('select').send_keys('b')
sleep(3)
driver.find_element_by_id('select').send_keys(Keys.ARROW_DOWN)
sleep(3)
driver.find_element_by_id('select').send_keys(Keys.ENTER)

sleep(5)
driver.quit()
```

◆ 小结

● 这里采用的操作是，先输入一个字符，然后打开下拉列表，再按"Enter"键选择选项。

● 这里使用Chrome浏览器操作input下拉列表失败（Chrome测试版本是81.0），但使用Firefox浏览器成功（Firefox测试版本是75.0）。

6.7 表格

◆ 目的

学习表格元素常用操作。

◆ 元素属性

我们在第4章学习过表格元素，一个table标签对应一个表格；"table"里面包含若干"tr"，每个"tr"对应一行；每个"tr"下面包含若干"td"，每个"td"对应一个单元格，如图6-14所示。

图6-14 表格

◆ 示例HTML：myhtml6_6.html

```html
<!DOCTYPE html>
<html lang="en">
<head>
    <meta charset="UTF-8">
    <title>学习操作表格-1</title>
</head>
<body>
<table border="1">
<tr>
<td>0-0</td>
<td>0-1</td>
<td id="CellWithId">Cell with id</td>
<td>0-3</td>
</tr>
<tr>
<td>1-0</td>
<td>1-1</td>
<td>1-2</td>
<td>1-3</td>
</tr>
<tr>
<td>2-0</td>
<td>2-1</td>
<td>2-2</td>
<td>2-3</td>
</tr>
</table>
<br>
</body>
</html>
```

场景一：如果只是想获取某个单元格中的值，那么像定位普通元素一样定位单元格即可。例如，我们想获取上面表格中的第一行第三列的单元格内容，可以编写如下代码（test6_17.py）。

```python
from selenium import webdriver
from time import sleep
import os

driver = webdriver.Chrome()
html_file = 'File:///' + os.getcwd() + os.sep + 'myhtml6_6.html'
driver.get(html_file)
text1 = driver.find_element_by_id('CellWithId').text   # 该单元格有id
print(text1)
driver.quit()
```

上面示例的单元格恰好有id，下面的代码（test6_18.py）演示了一个无id的单元格的定位方式。

```python
from selenium import webdriver
from time import sleep
import os

driver = webdriver.Chrome()
html_file = 'File:///' + os.getcwd() + os.sep + 'myhtml6_6.html'
driver.get(html_file)
# text1 = driver.find_element_by_xpath('/html/body/table/tbody/tr[2]/td[4]').text  # 注意这个 XPath 不合理
text1 = driver.find_element_by_xpath('//table//tr[2]/td[4]').text  # 这个稍好，你还能写出更好的 XPath 吗
print(text1)
driver.quit()
```

场景二：假如想输出表格中所有单元格的值呢？

思路：先定位页面中的表格对象元素；然后在该表格中，通过 tag name = 'tr' 找所有行；最后在每行中，通过 tag name = 'td' 找所有单元格。

现在，你有没有觉得 find_elements_by_tag_name 很有用？

示例代码（test6_19.py）如下。

```python
from selenium import webdriver
from time import sleep
import os

driver = webdriver.Chrome()
html_file = 'File:///' + os.getcwd() + os.sep + 'myhtml6_6.html'
driver.get(html_file)
table = driver.find_element_by_xpath('/html/body/table[1]')
rows = table.find_elements_by_tag_name('tr')
cols = rows[0].find_elements_by_tag_name('td')
for i in range(len(rows)):
    for j in range(len(cols)):
        cell = rows[i].find_elements_by_tag_name('td')[j]
        print(cell.text)

driver.quit()
```

PyCharm 控制台的输出如下。

```
0-0
0-1
Cell with id
0-3
1-0
1-1
1-2
1-3
2-0
```

2-1
2-2
2-3

有的时候，表格中会嵌套一些子元素，我们再来看下面这个例子。

◆ 示例HTML：myhtml6_7.html

```
<!DOCTYPE html>
<html lang="en">
<head>
    <meta charset="UTF-8">
    <title>表格示例-2</title>
</head>
<body>
<table id="t5">
<tbody>
<tr>
<td id="cell1">
<select id="s1">
<option value="0">ram</option>
<option value="1">sah</option>
</select>
</td>
<td id="cell2">ram</td>
</tr>
</tbody>
</table>
</body>
</html>
```

上面的 HTML 中包含一个表格，该表格有一行两列。其中第一个单元格是个 Select，第二个单元格是个字符。下面我们用代码（test6_20.py）演示一下如何操作第一个单元格中的 Select 元素。

```python
from selenium import webdriver
from selenium.webdriver.support.ui import Select
from time import sleep
import os

driver = webdriver.Chrome()
html_file = 'File:///' + os.getcwd() + os.sep + 'myhtml6_7.html'
driver.get(html_file)
s1 = Select(driver.find_element_by_id('s1'))
sleep(2)
s1.select_by_index(1)
sleep(2)
driver.quit()
```

◆ 注意事项

● 定位某个单元格就把它当成普通元素即可，你可以使用id、name、xpath等方式去定位。

- 操作整个表格要结合tag name的规律。

6.8 框架

♦ 目的

掌握框架的概念，学会切换框架的方法。

♦ 概念

说起框架，你可能听说过 3 个概念，分别是框架集（frameset）、框架（frame）、内联框架（iframe），我们简单来介绍一下它们的区别。

- frame是把网页分成包含多个页面的页面。它要有一个框架集页面frameset。
- iframe是一个浮动的框架，就是在页面中再加上一个页面。
- frame用来把页面横着或竖着切开，iframe用来在页面中插入一个矩形的小窗口。
- frame一般用来设置页面布局，将整个页面分成规则的几块，每一块里面包含一个新页面；iframe用来在页面的任何地方插入一个新的页面。
- frame用来控制页面格式，例如在一本电子书中，左边是章节目录，右边是正文，正文很长，看的时候要拖动，但又不想目录也被拖动得看不到了，这时可以将页面用frame分成规则的两页，一左一右。
- iframe则更灵活，不要求将整个页面划分，你可以在页面的任何地方用iframe嵌入新的页面。
- frame用于全页面，iframe只用于局部页面。

最后，我们来对比一下 frame 和 iframe 的差异，如图 6-15 和图 6-16 所示。

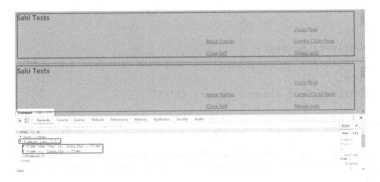

图 6-15　frame

第6章 常见控件实战

图 6-16　iframe

某些时候，我们能清楚地看到元素，但是无法定位，来看下面的示例。

◆ 示例HTML：myhtml6_8.html

```html
<!DOCTYPE html>
<html lang="en">
<head>
    <meta charset="UTF-8">
    <title>操作iframe</title>
</head>
<body>
<h2>IFRAME Tests</h2>
<iframe id="iframe1" name="name1" src="https://www.baidu.com/" height="300px" style="float:left;margin:20px;">
</iframe>
<div id="another" style="float:left;margin:20px;">
</div>

<script>
function writeAnotherIframe(){
      document.getElementById("another").innerHTML = '<iframe src="https://www.baidu.com/" height="300px"></iframe>';
}
window.setTimeout("writeAnotherIframe()", 1000)
</script>
</body>
</html>
```

◆ 元素属性

使用开发者工具打开上述 myhtml6_8.html 页面并查看元素属性，我们查看百度首页左侧中的搜索框，属性 id="kw"，如图 6-17 所示。

我们尝试通过 id 来定位搜索框，输入文字"storm"。

图 6-17 id 属性

♦ **示例代码**：test6_21.py

```
from selenium import webdriver
from time import sleep
import os

driver = webdriver.Chrome()
html_file = 'File:///' + os.getcwd() + os.sep + 'myhtml6_8.html'
driver.get(html_file)
driver.find_element_by_id('kw').send_keys('storm')  # 尝试定位搜索框，输入文字
sleep(2)
driver.quit()
```

♦ **运行结果**

定位搜索框失败，PyCharm 控制台的输出结果和提示信息如下。

```
Traceback (most recent call last):
  File "D:/Love/Chapter-6/test6_23.py", line 9, in <module>
    driver.find_element_by_id('kw').send_keys('storm')  # 尝试定位搜索框，输入文字
  File "C:\Python\Python36\lib\site-packages\selenium\webdriver\remote\webdriver.py", line 360, in find_element_by_id
    return self.find_element(by=By.ID, value=id_)
  File "C:\Python\Python36\lib\site-packages\selenium\webdriver\remote\webdriver.py", line 978, in find_element
    'value': value})['value']
  File "C:\Python\Python36\lib\site-packages\selenium\webdriver\remote\webdriver.py", line 321, in execute
    self.error_handler.check_response(response)
  File "C:\Python\Python36\lib\site-packages\selenium\webdriver\remote\errorhandler.py", line 242, in check_response
    raise exception_class(message, screen, stacktrace)
selenium.common.exceptions.NoSuchElementException: Message: no such element: Unable to locate element: {"method":"css selector","selector":"[id="kw"]"}
  (Session info: chrome=81.0.4044.92)


Process finished with exit code 1
```

Web 页面、iframe 框架、页面元素之间的关系如图 6-18 所示。

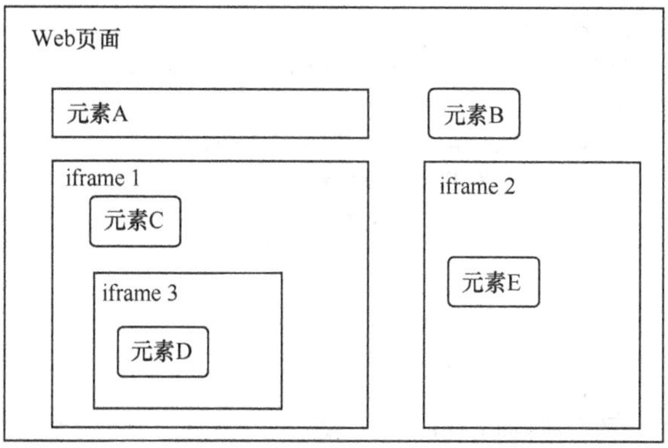

图 6-18　Web 页面、iframe 框架、页面元素之间的关系

最外层框是一个 Web 页面，页面中有 4 个元素，元素 A、元素 B、页面 iframe1、页面 iframe2。从 Web 页面中只能找到这 4 个元素，如果你想找（或操作）元素 C，那么你需要先切换到页面 iframe 1，然后再定位元素 C。如果这时候想操作元素 E，那么你必须先切回 Web 页面，然后切到页面 iframe 2，再操作元素 E。

回到 myhtml6_8.html 的定位元素需求，我们先来看看 WebDriver 提供了哪些从 Web 页面切换到 iframe 的方法。

♦ 示例代码：test6_22.py

```
from selenium import webdriver
from time import sleep
import os

driver = webdriver.Chrome()
html_file = 'File:///' + os.getcwd() + os.sep + 'myhtml6_8.html'
driver.get(html_file)
driver.switch_to.frame('iframe1')   # 通过 id 切换
# driver.switch_to.frame('name1')   # 通过 name 切换
# driver.switch_to.frame(0) # 通过 index 切换
driver.find_element_by_id('kw').send_keys('storm') # 尝试定位搜索框，输入文字
sleep(2)
driver.quit()
```

对于 myhtml6_8.html 文件，我们发现第二个 iframe 并没有 id、name 属性。假如一个页面很大，不好区分它是第几个 iframe（不愿意用 index 来切换），我们也可以通过下面的方式来切换 iframe，即先定位 iframe 这个元素，然后切换到目标元素。

♦ 示例代码：test6_23.py

```
from selenium import webdriver
from time import sleep
```

```python
import os

driver = webdriver.Chrome()
html_file = 'File:///' + os.getcwd() + os.sep + 'myhtml6_8.html'
driver.get(html_file)
ele = driver.find_element_by_xpath('//*[@id="another"]/iframe')  # 定位 iframe 元素
driver.switch_to.frame(ele)  # 直接传递元素
driver.find_element_by_id('kw').send_keys('storm')
sleep(2)
driver.quit()
```

◆ 小结

以下为 4 种从 Web 页面切换到 iframe 的方法。

- 通过id切换（iframe有id属性）：driver.switch_to.frame('iframe1')。
- 通过name切换（iframe有name属性，且唯一）：driver.switch_to.frame('name1')。
- 通过index切换（index从0开始，即0代表页面中第一个iframe）：driver.switch_to.frame(0)。
- 通过定位元素切换：driver.switch_to.frame(iframe_element)。

虽然解决了从 Web 页面切换到 iframe 的需求，但我们如何切回到主页面并操作主页面中的元素呢？或者切换到另一个 iframe 并操作其中的元素呢？

同样，我们还是以 myhtml6_8.html 为例，通过代码完成以下操作：首先切换到第一个 iframe，输入"Storm"；然后切回主界面，再切换到第二个 iframe，输入"Shadow"。

◆ 示例代码：test6_24.py

```python
from selenium import webdriver
from time import sleep
import os

driver = webdriver.Chrome()
html_file = 'File:///' + os.getcwd() + os.sep + 'myhtml6_8.html'
driver.get(html_file)
driver.switch_to.frame(0)  # 切换到第一个 iframe
driver.find_element_by_id('kw').send_keys('Storm')  # 输入 "Storm"
# driver.switch_to.parent_frame()  # 切回上一级页面
driver.switch_to.default_content()  # 直接切回主页面
sleep(2)
driver.switch_to.frame(1)  # 切换到第二个 iframe
driver.find_element_by_id('kw').send_keys('Shadow')  # 输入 "Shadow"

sleep(2)
driver.quit()
```

上面的代码演示了 switch_to.parent_frame 方法和 switch_to.default_content 方法的用法，这两种方法都可以完成需求，但其实两者还是有区别的，如图 6-19 所示。

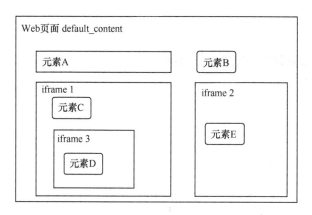

图 6-19　default_content

最原始的 Web 页面是 default_content。对于 iframe1 来说，它的 parent_frame（父框架）就是 Web 页面，所以在 iframe1 中，switch_to.parent_frame 和 switch_to.default_content 这两种方法的作用是相同的。但是，如果你是在 iframe3 中用 switch_to.parent_frame 方法，切换到的将是 iframe1。

◆ 小结
- frame中元素的操作和iframe中元素的操作所用到的方法完全一致，这里不再赘述。
- 总原则：想操作iframe里面的元素，就要先切换到这个iframe上，然后进行操作；想操作iframe外面的元素，就必须跳出这个iframe。对于嵌套的iframe，进去的时候一层层进，出来的时候可以一层层出，也可以直接跳到最外层。
- 切换到iframe可以通过4种方法实现：一是switch_to.frame(id)，二是switch_to.frame(name)，三是switch_to.frame(index)，四是switch_to.frame(ele)。
- 切换到父级iframe的方法：switch_to. parent_frame。
- 切换到主窗口的方法：switch_to.default_content。

◆ 思考

如何确定一个元素在不在 iframe 或 frame 中呢？

- 当你按照正确的方式去定位，调试代码却发现找不到元素时，应该回过头去看看该元素有没有在iframe或frame中。
- 工作时间长了以后，你对页面的展现形式就会有敏锐的嗅觉（从页面上看，如果页面被划分成了几个区域，多半就是使用了iframe或frame），能更轻易地判断出一个元素是不是在iframe或frame中。
- switch_to_frame方法也可以切换frame或iframe，但不建议使用，因为在以后的版本中它可能会被废弃。

6.9 JavaScript 弹窗

♦ 目的

学习操作 JavaScript 弹窗。

♦ 简介

JavaScript 弹窗有 3 种：Alert、Confirm、Prompt。

♦ 示例HTML

● Alert弹窗：下方代码用来准备一个包含Alert弹窗的页面（myhtml6_9.html）。

```html
<!DOCTYPE html>
<html lang="en">
<head>
    <meta charset="UTF-8">
    <title>Alert 学习 </title>
</head>
<body>
<h2>Alert Test</h2>

<script type="text/javascript">
function showAlert(){
    alert(document.f1.t1.value);
}
</script>
<form name="f1">
    <input type="text" name="t1" value="Alert Message"><br><br>
    <input type="button" name="b1" value="Click For Alert" onclick="showAlert()"><br>
</form>
</body>
</html>
```

● Confirm弹窗：下方代码用来准备一个包含Confirm弹窗的页面（myhtml6_10.html）。

```html
<!DOCTYPE html>
<html lang="en">
<head>
    <meta charset="UTF-8">
    <title>Confirm 学习 </title>
</head>
<body>
<h4>Confirm Test</h4>

<script type="text/javascript">
function showConfirm(){
```

```
        var t1 = document.f1.t1;
        if (confirm("Some question?")){
            t1.value = "oked";
        }else{
            t1.value = "canceled";
        }
    }
</script>
<form name="f1">
    <input type="button" name="b1" value="Click For Confirm" onclick="showConfirm()"><br><br>
    <input type="text" name="t1">
</form>
<br>
</body>
</html>
```

- Prompt弹窗：下方代码用来准备一个包含Prompt弹窗的页面（myhtml6_11.html）。

```
<!DOCTYPE html>
<html lang="en">
<head>
    <meta charset="UTF-8">
    <title>Prompt学习</title>
</head>
<body>
<h2>Prompt Test</h2>

<script type="text/javascript">
    function showPrompt(){
        var t1 = document.f1.t1;
        t1.value = prompt("Some prompt?");
    }
</script>
<form name="f1">
    <input type="button" name="b1" value="Click For Prompt" onclick="showPrompt()"><br><br>
    <input type="text" name="t1">
</form>
<br>
<a href="index.htm">Back</a>
</body>
</html>
```

◆ 元素属性

接下来查看弹窗的元素属性并进行对比。

- Alert弹窗：Alert弹窗的元素属性如图6-20所示。
- Confirm弹窗：Confirm弹窗的元素属性如图6-21所示。
- Prompt弹窗：Prompt弹窗的元素属性如图6-22所示。

图 6-20　Alert 弹窗

图 6-21　Confirm 弹窗

图 6-22　Prompt 弹窗

◆ 小结

- 这3种JavaScript弹窗其实都是input标签，type为按钮（button），都调用了onclick事件，只不过该事件实现的功能有简单和复杂之分，因此其操作类似。
- Alert 弹窗：文字信息 + 确定按钮。
- Confirm 弹窗：文字信息 + 确定按钮 + 取消按钮。
- Prompt 弹窗：文字信息 + 文本框 + 确定按钮 + 取消按钮。

◆ 操作Alert弹窗示例代码：test6_25.py

```
from selenium import webdriver
from time import sleep
import os

driver = webdriver.Chrome()
html_file = 'File:///' + os.getcwd() + os.sep + 'myhtml6_9.html'
driver.get(html_file)
driver.find_element_by_name('b1').click()  # 单击按钮打开 Alert 弹窗
sleep(1)
print(driver.switch_to.alert.text)  # 输出 Alert 弹窗文字
driver.switch_to.alert.accept()  # 单击 Alert 弹窗中的 " 确定 " 按钮
sleep(2)
driver.quit()
```

◆ 运行结果

控制台的输出结果如下。

```
Alert Message
```

◆ 操作Confirm弹窗示例代码：test6_26.py

```
from selenium import webdriver
from time import sleep
import os

driver = webdriver.Chrome()
html_file = 'File:///' + os.getcwd() + os.sep + 'myhtml6_10.html'
driver.get(html_file)
driver.find_element_by_name('b1').click()  # 单击按钮打开 Confirm 弹窗
sleep(2)
print(driver.switch_to.alert.text)  # 输出 Confirm 弹窗文字
sleep(2)
driver.switch_to.alert.accept()  # 单击 Confirm 弹窗中的 " 确定 " 按钮
sleep(2)
driver.find_element_by_name('b1').click()  # 单击按钮打开 Confirm 弹窗
sleep(1)
driver.switch_to.alert.dismiss()  # 单击 Confirm 弹窗中的 " 取消 " 按钮
sleep(2)
driver.quit()
```

◆ 运行结果

控制台的输出结果如下。

```
Some question?
```

◆ 操作Prompt弹窗示例代码：test6_27.py

```python
from selenium import webdriver
from time import sleep
import os

driver = webdriver.Chrome()
html_file = 'File:///' + os.getcwd() + os.sep + 'myhtml6_11.html'
driver.get(html_file)
driver.find_element_by_name('b1').click()  # 单击按钮打开 Prompt 弹窗
sleep(1)
print(driver.switch_to.alert.text)  # 输出 Prompt 弹窗文字
driver.switch_to.alert.send_keys('storm')
sleep(3)
driver.switch_to.alert.accept()  # 单击 Prompt 弹窗中的 "确定" 按钮
sleep(2)
driver.find_element_by_name('b1').click()  # 单击按钮打开 Prompt 弹窗
sleep(1)
driver.switch_to.alert.send_keys('shadow')
sleep(1)
driver.switch_to.alert.dismiss()
sleep(2)
driver.quit()
```

◆ 运行结果

控制台的输出结果如下。

```
Some prompt?
```

◆ 注意事项

- 使用开发者工具无法查看到JavaScript弹窗中的元素，也就是说Alert弹窗是不属于网页DOM树的，在弹窗中单击是没有反应的。
- 在使用switch_to.alert.×××之前，首先要确认弹窗确实是JavaScript弹窗。由于Alert 弹窗不美观（样式不好修改），在项目中经常会使用其他类型的弹窗，相关内容我们稍后讲解。

6.10 非 JavaScript 弹窗

JavaScript 弹窗虽然使用起来很方便，但支持的功能过于简单，某些情况下很难满足项目中的需求，因此还可能会使用其他类型的弹窗。

（1）Windows 浏览器弹窗

单击某个链接之后可能会打开一个新的浏览器弹窗，注意该弹窗跟之前的弹窗是平行关系，有自己的地址栏、最大化按钮、最小化按钮等，这个很容易分辨。而 Alert 弹窗更类似父子关系，或者叫从属关系，Alert 必须依托于某一个弹窗。

对于 Windows 浏览器弹窗，我们只需要通过窗口句柄切换到目标窗口，然后操作即可，具体操作可参考 5.1.11 小节。

（2）div 弹窗

div 弹窗是通过网页元素构造成的弹窗。这种弹窗一般比较花哨且内容比较多，可以使用开发者工具查看元素内容，例如登录百度账号的弹窗，如图 6-23 所示。

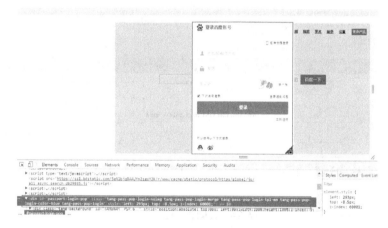

图 6-23 div 弹窗

对于这类弹窗，将其视为普通元素去定位就好了。

♦ 示例代码：test6_28.py

```
from selenium import webdriver
from time import sleep

driver = webdriver.Chrome()
driver.get('http://www.baidu.com/')
driver.implicitly_wait(20)
driver.find_element_by_link_text(' 登录 ').click()
driver.find_element_by_id('TANGRAM__PSP_10__footerULoginBtn').click()
sleep(2)
driver.find_element_by_id('TANGRAM__PSP_10__userName').send_keys('Storm')
sleep(3)
driver.quit()
```

♦ 注意事项

在处理弹窗类元素的时候，需要做好元素是否已经加载的判断，避免由于网络等原因造成弹窗加载慢、元素定位不到等问题。

6.11 日期时间控件

在开始本节内容的学习之前，我想提醒一下大家：在做自动化测试的过程中，你要搞清楚每一步的目的是什么。例如，项目中存在日期时间控件，那么就要明确功能测试要做哪些验证，以及自动化测试要验证哪些。

在实际项目中，我们可能会遇到各式各样、形形色色的日期时间控件，如图 6-24 ～图 6-26 所示。

图 6-24　日期时间控件（1）

图 6-25　日期时间控件（2）　　　　图 6-26　日期时间控件（3）

日期时间控件的外观虽然多种多样，但使用浏览器开发者工具查看，可以发现它就是一个 input 框。对于 input 框，我们是不是可以像普通文本框一样直接输入日期呢？我们来试试。

◆ 示例 HTML：myhtml6_12.html

```
<!DOCTYPE html>
<html lang="en">
<head>
    <meta charset="UTF-8">
```

```
    <title>日期时间控件</title>
</head>
<body>
<input type="date" name="name1" id="id1">
</body>
</html>
```

◆ 示例代码：test6_29.py

```
from selenium import webdriver
from time import sleep
import os

driver = webdriver.Chrome()
html_file = 'File:///' + os.getcwd() + os.sep + 'myhtml6_12.html'
driver.get(html_file)
sleep(2)
driver.find_element_by_tag_name('input').send_keys('002020/06/06')
sleep(5)
driver.quit()
```

◆ 注意事项

- 日期时间控件本身功能是否健全，需要人工去验证，自动化模拟单击实现成本太高（实际上，如果用的是标准化的日期时间控件，已经有大把的团队验证过其功能的健全性了）。
- 自动化一般不验证日期时间控件的功能，只需要模拟输入，然后验证其他功能即可（自动化不是万能的，又或者说"物尽其用"即可）。
- 有些日期时间控件有readonly属性，在使用send_keys方法之前，我们就需要做点"准备工作"了。这部分知识会在7.3节中介绍。

6.12 文件下载

◆ 目的

学习操作文件下载的方法。

◆ 示例HTML：myhtml6_13.html

```
<!DOCTYPE html>
<html lang="en">
<head>
    <meta charset="UTF-8">
```

```
        <title> 文件下载 </title>
</head>
<body>
<a href="storm.rar" download="storm.rar"> 下载 </a>
</body>
</html>
```

> **注意** ▶ <a> 标签中，href 属性等于 "storm.rar"，这是笔者在当前目录中手动创建的一个文件。

♦ 元素属性

href 属性如图 6-27 所示。

图 6-27　href 属性

下载的本质就是一个 <a> 标签，有点类似链接。前面我们学习过单击链接可以跳转到新页面，而下载链接则会在单击后下载文件。

♦ 示例代码：test6_30.py

```python
from selenium import webdriver
from time import sleep
import os

driver = webdriver.Chrome()
html_file = 'File:///' + os.getcwd() + os.sep + 'myhtml6_13.html'
driver.get(html_file)
sleep(2)
driver.find_element_by_tag_name('a').click()
sleep(5)
driver.quit()
```

◆ 运行结果

脚本执行很顺利，文件会自动下载到默认目录。

◆ 注意事项

- 单击下载链接后，在文件下载完之前不要退出浏览器，否则文件是不会保存成功的。上面的脚本加了5秒的等待时间，测试中要下载的文件只有1KB大小。
- Windows 10的默认下载路径是C:\Users\×××\Downloads。当然，操作系统不同，对应的路径也不同。
- 这里要下载的文件是一个扩展名为".rar"的本地文件。如果单击对象是一张本地图片的话，浏览器可能会直接打开，并不会下载（跟浏览器内核有关系，不同浏览器出现的情况不同）。

假如想要下载到指定路径，该怎么做？不同的浏览器实现方法不同，我们分别来看一下Chrome和Firefox浏览器的操作方法。

假如我们想改变浏览器的默认下载地址，该如何做呢？打开"设置"界面，搜索"下载"，我们可以看到"下载内容"，单击"位置"右侧的"更改"按钮，然后选择目标路径即可，如图6-28所示。例如这里，将"位置"修改为"D:\"，再次下载文件的时候，文件就会自动保存到D盘根目录。

图6-28 修改浏览器的默认下载地址

但是，这里需要注意的是，手动修改的浏览器配置对 WebDriver 打开的浏览器并不生效。原因是，WebDriver 会按照指定的参数去初始化浏览器，如果没有指定参数，它就会按照默认的参数启动（默认的下载路径）。那如何指定浏览器的下载路径参数呢？我们通过代码来看一下。

◆ Chrome浏览器示例代码：test6_31.py

```
from selenium import webdriver
from time import sleep
import os

chromeOptions = webdriver.ChromeOptions()  # 定义变量，存储Chrome浏览器的设置项
prefs = {"download.default_directory": "D:\\A\\"}   # 指定默认下载路径
```

```
chromeOptions.add_experimental_option("prefs", prefs)  # 将prefs定义的下载路径应用于
浏览器设置
    driver = webdriver.Chrome(chrome_options=chromeOptions)  # 以自定义的设置项启动浏览器
    html_file = 'File:///' + os.getcwd() + os.sep + 'myhtml6_13.html'
    driver.get(html_file)
    sleep(2)
    driver.find_element_by_tag_name('a').click()
    sleep(5)
    driver.quit()
```

◆ Firefox浏览器示例代码：test6_32.py

说明：Firefox浏览器在打开本地HTML时，单击下载链接总是会有弹窗，需要用户确认。因此这里借用一个在线下载功能演示。

```
from selenium import webdriver
from time import sleep

'''
browser.download.dir：指定下载路径
browser.download.folderList：设置成 2 表示使用自定义下载路径，设置成 0 表示下载到桌面，设置成 1 表示下载到默认路径
browser.download.manager.showWhenStarting：在开始下载时是否显示下载管理器
browser.helperApps.neverAsk.saveToDisk：对所给出的文件类型不再出现弹窗进行询问
'''
profile = webdriver.FirefoxProfile()
profile.set_preference('browser.download.dir', 'd:\\')
profile.set_preference('browser.download.folderList', 2)
profile.set_preference('browser.download.manager.showWhenStarting', False)
profile.set_preference('browser.helperApps.neverAsk.saveToDisk', 'application/zip')
driver = webdriver.Firefox(firefox_profile=profile)
driver.get('http://sahitest.com/demo/saveAs.htm')
driver.find_element_by_xpath('//a[text()="testsaveas.zip"]').click()
sleep(3)
driver.quit()
```

一般来说，很多书或博客写到"Selenium下载文件"这个知识点就结束了。但是如果有这样一个问题：自动化脚本帮你单击，你期待某个文件下载到了本地，你该如何验证这个动作是否正确呢？或者你在测试下载文件的功能时，只是看文件有没有下载成功，还是更关心文件的内容是不是准确？

对于这些问题，我们由易到难地来看一下。

假如项目确实只需要验证文件能下载下来就行，而不管文件的内容是否正确。

这其实不算无理的要求，毕竟该功能可以检查一个问题，就是要下载的文件是否存在。因为在某些时候由于某些原因，开发人员可能误删了模板文件，或者修改了文件名称等。大致的思路是，可以指定一个下载路径，先看看里面有没有要下载的文件，如果有就删掉，然后下载文件，再去路径判断文件是否存在。

♦ 示例代码：test6_33.py

```python
from selenium import webdriver
from time import sleep
import os

if os.path.exists("D:\\A\\storm.rar"):     # 先判断文件是否存在
    os.remove("D:\\A\\storm.rar")          # 如果存在则删除

chromeOptions = webdriver.ChromeOptions() # 定义变量，存储 Chrome 浏览器的设置项
prefs = {"download.default_directory": "D:\\A\\"}  # 指定默认下载路径
chromeOptions.add_experimental_option("prefs", prefs) # 将prefs定义的下载路径应用于浏览器设置
driver = webdriver.Chrome(chrome_options=chromeOptions) # 以自定义的设置项启动浏览器
html_file = 'File:///' + os.getcwd() + os.sep + 'myhtml6_13.html'
driver.get(html_file)
sleep(2)
driver.find_element_by_tag_name('a').click()
sleep(5)   # 等待下载完成，然后再去判断文件是否存在
if os.path.exists("D:\\A\\storm.rar"): # 判断文件是否存在
    print("文件下载成功")
driver.quit()
```

假如项目需要验证文件能下载下来，内容正确且固定。

判断下载文件的内容是否正确是个更合理的要求，问题是怎么对比下载文件的内容是否和目标文件的内容一致呢？md5 值，没错。(可千万别想着打开文件读取内容，然后再对比内容，毕竟下载文件的格式可能多种多样。)

先来使用某在线工具计算一下源文件的 md5 值，如图 6-29 所示。

图 6-29　计算 md5 值

> **注意** ▶ 你可以自行搜索计算文件 md5 值的方法，该内容不是本书覆盖的范围。

接下来，我们再来看一下如何借助 Python 代码获取文件的 md5 值。

- 示例代码：get_file_md5.py（这里我们将该功能封装成了一个函数，方便其他文件调用）

```python
import hashlib


def get_md5(file):
    m = hashlib.md5()
    with open(file, 'rb') as f:
        for line in f:
            m.update(line)
    md5code = m.hexdigest()
    return md5code

if __name__ == '__main__':
    print(get_md5("D:\\A\\storm.rar"))
```

- 运行结果

PyCharm 控制台的输出结果如下，可以看到得到的 md5 值和在线工具计算的值相同。

```
6c17852b255374e8d9dc7c7c6a8c2b0d
```

- 示例代码：test6_34.py

接下来修改代码。

```python
from selenium import webdriver
from time import sleep
import os
from Chapter_6.get_file_md5 import get_md5

if os.path.exists("D:\\A\\storm.rar"):      # 先判断文件是否存在
    os.remove("D:\\A\\storm.rar")           # 如果存在则删除

chromeOptions = webdriver.ChromeOptions()  # 定义变量，存储 Chrome 浏览器的设置项
prefs = {"download.default_directory": "D:\\A\\"}  # 指定默认下载路径
chromeOptions.add_experimental_option("prefs", prefs)  # 将 prefs 定义的下载路径应用于浏览器设置
driver = webdriver.Chrome(chrome_options=chromeOptions)  # 以自定义的设置项启动浏览器
html_file = 'File:///' + os.getcwd() + os.sep + 'myhtml6_13.html'
driver.get(html_file)
sleep(2)
driver.find_element_by_tag_name('a').click()
sleep(5)    # 等待下载完成，然后再去判断文件是否存在
if os.path.exists("D:\\A\\storm.rar"):  # 先判断文件是否存在
    file_md5 = get_md5("D:\\A\\storm.rar")
    if file_md5=="6c17852b255374e8d9dc7c7c6a8c2b0d":
        print('下载文件的 md5 值正确')
driver.quit()
```

- 运行结果

PyCharm 控制台的输出结果如下。

下载文件的 md5 值正确

- 假如要验证经过条件过滤后下载的文件的内容和过滤的条件是否一致。

如果是特定的搜索条件且搜索的结果每次都一样，则可以参考上一个场景的实现思路。如果每次的搜索条件不同，或搜索结果会变化，那么 Selenium 实际上无法处理这种情况。

6.13 文件上传

上一节我们学习了文件下载的操作及不同场景的验证方法。本节我们再来看一下文件上传的操作。

在实际项目中，我们遇到的上传按钮大体上可以分为两种：一种是 input 控件，另外一种是通过 js、flash 等实现的且较复杂的非 input 控件。

（1）`<input>` 标签类型的文件上传按钮的操作

- 示例HTML：myhtml6_14.html

```
<!DOCTYPE html>
<html lang="en">
<head>
    <meta charset="UTF-8">
    <title>文件上传学习</title>
</head>
<body>
<form name="form1" action="fileUpload.php" method="post" enctype="multipart/form-data">
<label for="file">File:</label>
<input type="file" name="file" id="file" />
</form>
</body>
</html>
```

- 元素属性

文件上传控件的元素属性如图 6-30 所示。

对于"input 类型文件上传"功能，我们可以通过"send_keys"+"文件"的方式跳过对文件选择弹窗的操作。要知道这个文件选择弹窗是 Windows 弹窗，而 WebDriver 的操作范围是浏览器，我们是无法让其控制 Windows 弹窗的。

- 示例代码：test6_35.py

```
from selenium import webdriver
from time import sleep
```

```python
import os

driver = webdriver.Chrome()
html_file = 'File:///' + os.getcwd() + os.sep + 'myhtml6_14.html'
driver.get(html_file)
sleep(2)
driver.find_element_by_id('file').send_keys("D:\\A\\storm.rar")    # 直接传递一个文件
sleep(3)
driver.quit()
```

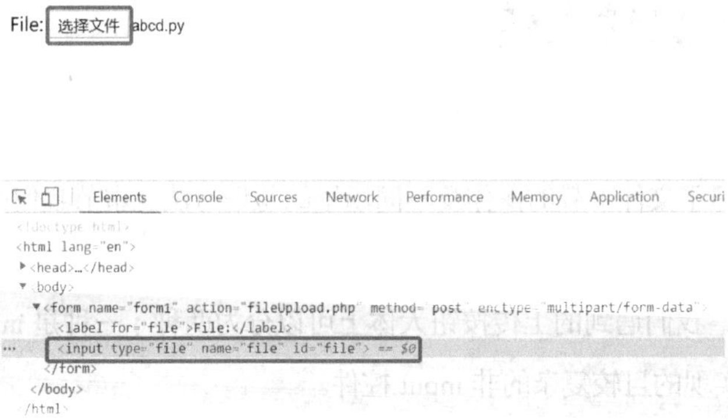

图 6-30 文件上传控件的元素属性

> **注意** ▶ send_keys 上传文件需要使用绝对路径，注意转义。

（2）多文件上传场景

如果在 HTML 页面中，input 上传文件控件有 multiple 属性，则代表一次可以选择多个文件上传。

- 示例HTML：myhtml6_15.html

```html
<!DOCTYPE html>
<html lang="en">
<head>
    <meta charset="UTF-8">
    <title>多文件上传学习</title>
</head>
<body>
<form name="form1" action="fileUpload.php" method="post" enctype="multipart/form-data">
<label for="file">File:</label>
<input type="file" name="file" id="file" multiple/>
</form>
</body>
</html>
```

- 元素属性

multiple 属性如图 6-31 所示。

我们能不能通过 send_keys 传递多个文件并实现上传动作呢？

图 6-31 multiple 属性

尝试一：一个一个上传，失败（想想确实不应该成功，毕竟手动单击的时候，上传的第二个文件会把第一个文件覆盖掉，这个逻辑本身就有问题）。

尝试二：一次上传多个文件，用逗号分隔。

```
driver.find_element_by_name('file').send_keys("e:\python\\test1\day1\\1.txt","e:\python\\test1\day1\\storm.jpg")
```

失败，只会将最后一个文件上传。

尝试三：转换成列表上传多个文件。

```
files = ["e:\python\\test1\day1\\1.txt","e:\python\\test1\day1\\storm.jpg"]
driver.find_element_by_name('file').send_keys(files)
```

失败，只上传了最后一个文件，通过 send_keys 并不能一次上传多个文件。

> **注意** Selenium 本身无法实现该需求，读者如果有兴趣，可以研究一下 Win32 的用法。

（3）非 input 型上传控件

对于非 input 型上传控件，就不能使用 send_keys 取巧了。这类上传控件种类众多，有用 a 标签的、有用 div 的、有用 button 的、有用 object 的，我们没有办法直接在网页上处理这些上传操作。唯一的办法就是打开操作系统弹窗，再想办法去处理弹窗。而对于操作系统的弹窗，其涉及的层面已经不是 Selenium 能解决的了，怎么办？很简单，用操作系统层面的操作去处理，到这里我们基本找到了处理问题的思路。

大致有以下几种方案。

- AutoIt，借助外力，我们去调用其生成的".au3"或".exe"文件（7.5 节讲解）。
- Python pywin32 库，识别弹窗句柄，进而处理弹窗。
- SendKeys 库。

不过这些都不是本节要介绍的内容，暂时略过。

有的读者可能要问了，对于文件上传是否成功，我该如何去判断呢？大家可以结合上一节的内容思考一下。

补充：当我们尝试单击 type=file 的 input 类型的元素时会报错。

◆ 示例代码：test6_36.py

```python
from selenium import webdriver
from time import sleep
import os

driver = webdriver.Firefox()
html_file = 'File:///' + os.getcwd() + os.sep + 'myhtml6_14.html'
driver.get(html_file)
sleep(2)
ele = driver.find_element_by_id('file')
ele.click()
sleep(2)
driver.quit()
```

控制台输出的报错信息如下。

```
Traceback (most recent call last):
  File "D:/Love/Chapter_6/test6_39.py", line 9, in <module>
    ele.click()
  File "C:\Python\Python36\lib\site-packages\selenium\webdriver\remote\webelement.py", line 80, in click
    self._execute(Command.CLICK_ELEMENT)
  File "C:\Python\Python36\lib\site-packages\selenium\webdriver\remote\webelement.py", line 633, in _execute
    return self._parent.execute(command, params)
  File "C:\Python\Python36\lib\site-packages\selenium\webdriver\remote\webdriver.py", line 321, in execute
    self.error_handler.check_response(response)
  File "C:\Python\Python36\lib\site-packages\selenium\webdriver\remote\errorhandler.py", line 242, in check_response
    raise exception_class(message, screen, stacktrace)
selenium.common.exceptions.InvalidArgumentException: Message: Cannot click <input type=file> elements


Process finished with exit code 1
```

> **注意** ▶ 这里使用的是 Firefox 浏览器，Chrome 浏览器的报错信息略有不同。

◆ 小结

遇到上传文件控件时，看看其是否是 input 型。如果是，那么恭喜你，可以用 send_keys 解决。如果碰到了 div 型的控件，用 AutoIt 处理也不难。如果还想验证能否同时上传多个文件，那么只能使用 pywin32 库来处理。

第7章
Selenium高级应用

在第6章中，我们学习了一些 Web 页面元素常见的操作方法，但其只能满足项目自动化测试的一部分需求。本章介绍一些 Selenium 的高级用法。

7.1 复杂控件的操作

本节我们先来看一些稍微复杂一些的控件。

7.1.1 操作 Ajax 选项

Ajax 即 Asynchronous JavaScript and XML（异步 JavaScript 和 XML），是指一种创建交互式、快速动态网页应用的网页开发技术。通过在后台与服务器进行少量数据交换，Ajax 可以使网页实现异步更新。这意味着 Ajax 可以在不重新加载整个网页的情况下，对网页的某部分内容进行更新。

搜狗搜索的搜索框使用了 Ajax。被测地址为 https://www.sogou.com/。单击一下搜狗搜索框，切换到搜索框后，会弹出推荐搜索的热词，这个效果就是 Ajax 效果，如图 7-1 所示。

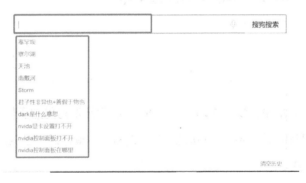

图 7-1　Ajax 效果

- 通过模拟键盘输入下键（↓）进行选项选择（示例代码：test7_1.py）。

```
from selenium import webdriver
from selenium.webdriver.common.keys import Keys
from time import sleep

driver = webdriver.Chrome()
driver.get('https://www.sogou.com/')

ele1 = driver.find_element_by_id('query')
ele1.click()
sleep(1)
ele1.send_keys(Keys.ARROW_DOWN)
```

```
ele1.send_keys(Keys.ARROW_DOWN)
ele1.send_keys(Keys.ARROW_DOWN)
sleep(5)
driver.quit()
```

这里连续按了 3 次下键（↓），因此选中的是第 3 个选项。

- 通过模糊匹配选择选项。

假如我们在搜索框中输入关键字"storm"，然后在匹配的选项中搜索包含"形容词"的选项，该如何做呢（示例代码：test7_2.py）？

```
from selenium import webdriver
from time import sleep

driver = webdriver.Chrome()
driver.get('https://www.sogou.com/')
driver.find_element_by_id('query').send_keys('storm')
sleep(1)
sercont = driver.find_element_by_xpath('//*[@id="vl"]/div[1]/ul/li[contains(.,"形容词")]').click()
sleep(5)
driver.quit()
```

上述代码先在搜索框中输入了"storm"，然后从匹配的选项中选择了带有"形容词"字样的选项，再进行搜索操作（搜索"storm+ 形容词"）。

- 固定选择某一个位置的选项。

Ajax 悬浮框的内容会发生变化（根据一定的推荐算法），而某些时候你可能只是想固定选择悬浮框中的某一个选项，如第二项，这时可以参考下面的代码（test7_3.py）。

```
from selenium import webdriver
from time import sleep

driver = webdriver.Chrome()
driver.get('https://www.sogou.com/')
driver.find_element_by_id('query').send_keys('storm')
sleep(1)
sercont = driver.find_element_by_xpath('//*[@id="vl"]/div[1]/ul/li[2]').click() # li[2] 选择第 2 项
sleep(5)
driver.quit()
```

小结：Ajax 的操作相对比较简单，大家根据实际需要编写相应的代码实现即可。

7.1.2　操作富文本编辑器

富文本编辑器（Rich Text Editor，RTE）是一种可内嵌于浏览器、所见即所得的文本编辑器。

日常生活中，邮件系统是比较常见的文本编辑器。这里我们以电子邮箱为例，演示一下富文本编辑器输入文字的操作。

测试平台：163 邮箱。

元素属性：富文本编辑器的元素属性如图 7-2 所示。

图 7-2　富文本编辑器

> **注意** ▶ 富文本编辑器嵌在一个 iframe 中。

- 直接切换到iframe，然后定位富文本编辑器，再输入文字（示例代码：test7_4.py）。

```
from selenium import webdriver
from time import sleep

driver = webdriver.Chrome()
driver.get('http://mail.163.com/')
driver.maximize_window()
driver.implicitly_wait(20)
driver.find_element_by_id('switchAccountLogin').click()
driver.switch_to.frame(0)     # 切换到iframe
driver.find_element_by_name('email').send_keys('apitest100@163.com')
driver.find_element_by_name('password').send_keys('XXXXX')
driver.find_element_by_id('dologin').click()
sleep(3)
# 单击"写信"按钮
driver.find_elements_by_class_name('oz0')[1].click()
sleep(3)
# 富文本编辑器在iframe中
driver.switch_to.frame(3)
ele = driver.find_element_by_tag_name('body')  # 富文本编辑器就是body
ele.clear()
ele.send_keys('Storm')
```

```
sleep(5)
driver.quit()
```

- 定位到富文本编辑器相邻的元素,然后按"Tab"键,切换到富文本编辑器,再输入文字(示例代码:test7_5.py)。

```
from selenium import webdriver
from time import sleep
from selenium.webdriver.common.keys import Keys
from selenium.webdriver.common.action_chains import ActionChains

'''
切换到 iframe,然后按 "Tab" 键定位到富文本编辑器,输入文字
'''

driver = webdriver.Chrome()
driver.get('http://mail.163.com/')
driver.maximize_window()
driver.implicitly_wait(20)
driver.find_element_by_id('switchAccountLogin').click()
driver.switch_to.frame(0)     # 切换到 iframe
driver.find_element_by_name('email').send_keys('apitest333@163.com')
driver.find_element_by_name('password').send_keys('XXXX')
driver.find_element_by_id('dologin').click()
sleep(13)
# 单击 "写信" 按钮
driver.find_elements_by_class_name('oz0')[1].click()
sleep(3)
# 第一个"坑":定位"收件人"文本框的时候,要定位到 <input> 标签,否则不能使用 send_keys
driver.find_element_by_class_name('nui-editableAddr-ipt').send_keys('apitest666@163.com')
# 第二个"坑":需要组元素定位,通过下标获取具体元素
ele = driver.find_elements_by_class_name('nui-ipt-input')[2]
ele.send_keys('邮件主题-Storm')
ele.send_keys(Keys.CONTROL, 'a')
ele.send_keys(Keys.CONTROL, 'c')
ele.send_keys(Keys.TAB)
sleep(3)
# 第三个"坑":不要使用 ele.send_keys()
ActionChains(driver).send_keys('Hello Storm').perform()
sleep(3)
driver.quit()
```

- 通过JavaScript向富文本编辑器中输入文字(示例代码:test7_6.py)。

```
from selenium import webdriver
from time import sleep


driver = webdriver.Chrome()
driver.get('http://mail.163.com/')
driver.maximize_window()
```

```
driver.implicitly_wait(20)
driver.find_element_by_id('switchAccountLogin').click()
driver.switch_to.frame(0)    # 切换到 iframe
driver.find_element_by_name('email').send_keys('apitest333@163.com')
driver.find_element_by_name('password').send_keys('XXXX')
driver.find_element_by_id('dologin').click()
sleep(13)
# 单击 " 写信 " 按钮
driver.find_elements_by_class_name('oz0')[1].click()
sleep(3)
# 富文本编辑器在 iframe 中
driver.switch_to.frame(3)
# 向编辑器中输入文字 "document.getElementsByTagName('body')[0].innerHTML='<b> 正文 <b>;'"
js = "document.getElementsByTagName('body')[0].innerHTML=' 中国 '"
driver.execute_script(js)
sleep(5)
driver.quit()
```

> **注意** ▶ 关于 Selenium 借助 JavaScript 实现部分功能的知识，我们在 7.3 节还会介绍。

7.1.3 滑动滑块操作

在实际项目中，你可能会遇到以下场景：在某些页面中需要从左到右拖动滑块进行验证，然后才能进行下一步操作。这里我们以携程注册页面的滑块为例，解释一下滑块操作的方法。先来看一下页面效果，如图 7-3 所示。

图 7-3　滑块控件

元素属性：滑块的元素属性如图 7-4 所示。

第7章 Selenium高级应用

图 7-4 滑块的元素属性

可以看出，无论是滑块本身，还是滑块所在的框，都是 div 元素。

◆ 操作思路

● 定位到滑块。

● 计算滑块框的宽度。

● 然后将滑块向右拖动框的宽度的距离。

◆ 示例代码：test7_7.py

```
from selenium import webdriver
from time import sleep
from selenium.webdriver.common.action_chains import ActionChains


driver = webdriver.Chrome()
driver.get('https://passport.ctrip.com/user/reg/home')
driver.find_element_by_xpath('//*[@id="agr_pop"]/div[3]/a[2]').click()
sleep(2)
# 获取滑块
slider = driver.find_element_by_xpath('//*[@id="slideCode"]/div[1]/div[2]')
# 获取整个滑块框
ele = driver.find_element_by_id('slideCode')
# 需要使用到 Actions 的方法来进行拖动
ActionChains(driver).drag_and_drop_by_offset(slider,ele.size['width'], ele.size['height']).perform()
# 这样也行，向右拖动一定的距离，长度是滑块框的宽度
# ActionChains(driver).drag_and_drop_by_offset(slider,ele.size['width'], 0).perform()
sleep(2)
driver.quit()
```

7.2 WebDriver 的特殊操作

本节介绍一些自动化测试过程中遇到的特殊操作。

7.2.1 元素 class 值包含空格

直接来看这个示例 HTML：myhtml7_1.html。

```
<!DOCTYPE html>
<html lang="en">
<head>
    <meta charset="UTF-8">
    <title>元素 class 值带空格</title>
</head>
<body>
Please input your name: <input class="hello storm">
</body>
</html>
```

上面的 HTML 非常简单，只有一个 input 元素，这里我们尝试用 find_element_by_class_name 来定位该元素，并输入关键字"Storm"（示例代码：test7_8.py）。

```
from selenium import webdriver
from time import sleep
import os

driver = webdriver.Chrome()
html_file = 'File:///' + os.getcwd() + os.sep + 'myhtml7_1.html'
driver.get(html_file)
driver.find_element_by_class_name('hello storm').send_keys('Storm')
sleep(2)
driver.quit()
```

控制台的输出结果如下。

```
Traceback (most recent call last):
  File "D:/Love/Chapter_7/test7_8.py", line 8, in <module>
    driver.find_element_by_class_name('hello storm').send_keys('Storm')
  File "C:\Python\Python36\lib\site-packages\selenium\webdriver\remote\webdriver.py", line 564, in find_element_by_class_name
    return self.find_element(by=By.CLASS_NAME, value=name)
  File "C:\Python\Python36\lib\site-packages\selenium\webdriver\remote\webdriver.py", line 978, in find_element
    'value': value})['value']
```

```
    File "C:\Python\Python36\lib\site-packages\selenium\webdriver\remote\webdriver.
py", line 321, in execute
        self.error_handler.check_response(response)
    File "C:\Python\Python36\lib\site-packages\selenium\webdriver\remote\errorhandler.
py", line 242, in check_response
        raise exception_class(message, screen, stacktrace)
selenium.common.exceptions.NoSuchElementException: Message: no such element: Unable
to locate element: {"method":"css selector","selector":".hello storm"}
    (Session info: chrome=81.0.4044.92)


Process finished with exit code 1
```

很不幸，控制台显示 "File"D:/Love/Chapter_7/text 7_8.py",line 8,in<module>"，表示脚本的第 8 行，即通过 class name 定位元素的时候报错了，提示 "no such element"，即元素找不到。

当前，Selenium 不支持这种复合型的 class name，如果你的 class name 包含空格，WebDriver 会认为它是一个 "compound selector"，你可以使用 CSS selector 或者 id 来定位元素。

我们来看一下常见的做法。

- 使用空格前面或后面的部分来定位元素（示例代码：test7_9.py）。

```
rom selenium import webdriver
from time import sleep
import os

driver = webdriver.Chrome()
html_file = 'File:///' + os.getcwd() + os.sep + 'myhtml7_1.html'
driver.get(html_file)
# 使用空格前面或后面的部分来定位元素
driver.find_element_by_class_name('hello').send_keys('Storm')
sleep(2)
driver.quit()
```

- 使用CSS来定位元素，空格用 "." 代替（示例代码：test7_10.py）。

```
from selenium import webdriver
from time import sleep
import os

driver = webdriver.Chrome()
html_file = 'File:///' + os.getcwd() + os.sep + 'myhtml7_1.html'
driver.get(html_file)
# 使用 CSS 来定位元素，空格用 "." 代替
driver.find_element_by_css_selector('.hello.storm').send_keys('Storm')
sleep(2)
driver.quit()
```

> **注意** ▶ 实际项目中若遇到某元素的 class 值包含空格，稍加注意即可。

7.2.2 property、attribute、text 的区别

获取 property、attribute、text 的方法在前面的章节中我们都介绍过，不过 Selenium 提供的这 3 种方法（属性）实在是过于接近，本小节将它们放到一起，再带大家一起复习一下。

"property" 和 "attribute" 这两个单词的中文意思非常相近，前者为"属性"，后者为"特性"。但实际上二者是不同的东西，属于不同的范畴。"property" 是 DOM 中的属性，是 JavaScript 里的对象；"attribute" 是 HTML 标签上的特性，它的值只能是字符串。

我们通过实例来看一下三者有什么区别。

- 获取百度搜索框的某个属性值，如 id、name。

百度搜索框的元素属性值如图 7-5 所示。

图 7-5 获取元素属性值

◆ 示例代码：test7_11.py

```
from selenium import webdriver

driver = webdriver.Chrome()
driver.get('http://www.baidu.com')
ele = driver.find_element_by_id('kw')
print(ele.get_property('id'))   # 获取元素 id 属性值
driver.quit()
```

- 在百度搜索框中输入文字，并获取搜索框中的文字。

百度搜索框中的文字如图 7-6 所示。

◆ 示例代码：test7_12.py

```
from selenium import webdriver

driver = webdriver.Chrome()
driver.get('http://www.baidu.com')
driver.find_element_by_id('kw').send_keys('Storm')
```

```
ele = driver.find_element_by_id('kw')
print(ele.get_attribute('value'))  # 获取搜索框中的值
driver.quit()
```

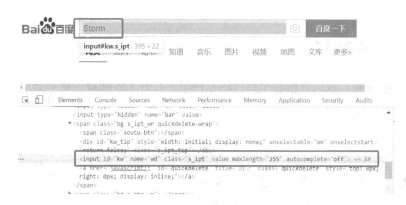

图 7-6　获取搜索框中的文字

- 获取百度首页中链接"地图"的文字。

百度搜索框链接的文字如图 7-7 所示。

图 7-7　获取链接的文字

♦ 示例代码：test7_13.py

```
from selenium import webdriver

driver = webdriver.Chrome()
driver.get('http://www.baidu.com')
ele = driver.find_element_by_link_text("地图")
print(ele.text)  # 获取元素本身的文字，夹在 tag 中间的文字，夹在 <a> 和 </a> 中间的文字
driver.quit()
```

♦ 小结

- 简单地说，get_property 就是用来获取元素属性的，目标元素id和name就可以通过该方法获取；

- get_attribute("value")就是用来获取文本框中输入的内容的；
- text属性就是元素本身的文字显示。

7.2.3 定位动态id

什么是动态 id 呢？我们直接看个具体的示例吧。打开 126 邮箱的账号登录页面，通过开发者工具查看用户名文本框元素的属性，如图 7-8 所示。

图 7-8 动态 id

输入框有 id 属性，id 的值由两大部分构成，前面是"auto-id-"字符，后面是一串数字。当你刷新页面的时候会发现，这串数字会发生变化，这个 id 就是动态 id。

那如何定位动态 id 元素呢？

◆ 使用其他方式定位

如果该元素有其他唯一属性值，如 class name、name 等，我们可以使用这些属性来定位。

◆ 根据相对关系定位

根据父子、兄弟相邻节点定位（在第 5 章中有详细介绍）。

◆ 根据部分元素属性定位

XPath 提供了 3 种非常强大的方法来支持定位部分属性值。contains(a, b)：如果 a 中含有字符串 b，则返回 True，否则返回 False。starts-with(a, b)：如果 a 以字符串 b 开头，则返回 True，否则返回 False。ends-with(a, b)：如果 a 以字符串 b 结尾，返回 True，否则返回 False。本小节我们重点学习该定位方法。

- 使用contains关键字（示例代码：test7_14.py）。

```
from selenium import webdriver
```

```
from time import sleep

driver = webdriver.Chrome()
driver.get('https://www.126.com/')
driver.find_element_by_link_text('密码登录').click()
sleep(2)
driver.switch_to.frame(0)
driver.find_element_by_xpath('//input[contains(@id,"auto-id-")]').send_keys('storm')
sleep(2)
driver.quit()
```

- 使用starts-with关键字（示例代码：test7_15.py）。

```
from selenium import webdriver
from time import sleep

driver = webdriver.Chrome()
driver.get('https://www.126.com/')
driver.find_element_by_link_text('密码登录').click()
sleep(2)
driver.switch_to.frame(0)
driver.find_element_by_xpath('//input[starts-with(@id,"auto-id-")]').send_keys('storm')
sleep(2)
driver.quit()
```

◆ 小结

- 如何确定元素的id属性是否为动态属性呢？一般来说，id中拼接了一串数字的是动态id。刷新一下浏览器再查看目标元素，如果发现属性值中的数字串改变了，则可确认其为动态属性。
- 并非所有浏览器都支持"contains""starts-with""ends-with"3种方法，大家根据实际情况使用。

7.2.4 操作 cookie

本节我们重点学习一下如何操作 cookie。

（1）什么是 cookie

在你职业生涯的某个阶段，可能会接触 cookie、session、token 的概念。不过这些内容不在本书的讨论范围之内。这里简单给大家梳理一下它们的区别。

- cookie存储在浏览器本地客户端，当我们发送的请求携带cookie的时候可以实现登录的操作。
- session存放在服务器。

- token应用于应用程序。

（2）查看浏览器cookie

- 方法一：使用开发者工具查看，如图7-9所示。

图7-9　查看cookie

- 方法二：查看网站信息，如图7-10所示。

图7-10　查看网站信息

（3）操作cookie的方法

♦ 获取全部cookie

关键字：get_cookies，获取当前浏览器地址的所有cookie，返回结果是个列表，列表元素是个字典{key：value}。示例代码：test7_16.py。

```
from selenium import webdriver

url = 'http://www.baidu.com/'
driver = webdriver.Chrome()
driver.implicitly_wait(20)
```

```
driver.get(url)
cur_cookies = driver.get_cookies()
print(type(cur_cookies))  # 输出返回值类型——列表
print(type(cur_cookies[0]))  # 输出单个 cookie 类型——字典
print(len(cur_cookies))   # 输出 cookie 的数量
print(cur_cookies)  # 输出 cookie 值
driver.quit()
```

控制台的输出结果如下。

```
<class 'list'>
<class 'dict'>
6
[{'domain': '.baidu.com', 'httpOnly': False, 'name': 'H_PS_PSSID', 'path': '/', 'secure': False, 'value': '1439_21095_31342_31271_31217_30823_26350_31163_22158'}, {'domain': '.baidu.com', 'expiry': 1618889749.994993, 'httpOnly': False, 'name': 'BAIDUID', 'path': '/', 'secure': False, 'value': '3C8F15A808FC5E575D78884A8F464617:FG=1'}, {'domain': '.baidu.com', 'expiry': 3734837396.994872, 'httpOnly': False, 'name': 'BIDUPSID', 'path': '/', 'secure': False, 'value': '3C8F15A808FC5E57895342804A75761C'}, {'domain': '.baidu.com', 'expiry': 3734837396.994937, 'httpOnly': False, 'name': 'PSTM', 'path': '/', 'secure': False, 'value': '1587353751'}, {'domain': 'www.baidu.com', 'expiry': 1588217750, 'httpOnly': False, 'name': 'BD_UPN', 'path': '/', 'secure': False, 'value': '12314753'}, {'domain': 'www.baidu.com', 'httpOnly': False, 'name': 'BD_HOME', 'path': '/', 'secure': False, 'value': '1'}]
```

◆ 获取单个cookie

关键字：get_cookie，这里我们尝试获取"BAIDUID"的 cookie 值。示例代码：test7_17.py。

```
from selenium import webdriver

url = 'http://www.baidu.com/'
driver = webdriver.Chrome()
driver.implicitly_wait(20)
driver.get(url)
baidu_id_cookie = driver.get_cookie('BAIDUID')  # 获取 "BAIDUID" 的 cookie 值
print(type(baidu_id_cookie))   # 输出类型
print(baidu_id_cookie)  # 输出值
driver.quit()
```

控制台的输出结果如下。

```
<class 'dict'>
{'domain': '.baidu.com', 'expiry': 1618897551.011078, 'httpOnly': False, 'name': 'BAIDUID', 'path': '/', 'secure': False, 'value': '30B4F81839FBF01FF9D9EB2E7C090154:FG=1'}
```

◆ 删除单个cookie

关键字：delete_cookie('name')，删除指定 name 的 cookie。示例代码：test7_18.py。

```
from selenium import webdriver

url = 'http://www.baidu.com/'
```

```
driver = webdriver.Chrome()
driver.implicitly_wait(20)
driver.get(url)
print(len(driver.get_cookies()))    # 删除前的cookie数量
driver.delete_cookie('BAIDUID')
print(len(driver.get_cookies()))    # 删除后的cookie数量
driver.quit()
```

控制台的输出结果如下。

```
6
5
```

◆ 删除全部cookie

关键字：delete_all_cookies，删除全部cookie。示例代码：test7_19.py。

```
from selenium import webdriver

url = 'http://www.baidu.com/'
driver = webdriver.Chrome()
driver.implicitly_wait(20)
driver.get(url)
print(len(driver.get_cookies()))    # 删除前的cookie数量
driver.delete_all_cookies()
print(len(driver.get_cookies()))    # 删除后的cookie数量
driver.quit()
```

控制台的输出结果如下。

```
6
0
```

◆ 添加某个cookie

关键字：add_cookie({"name":"STORM","value":"123456"})。示例代码：test7_20.py。

```
from selenium import webdriver

url = 'http://www.baidu.com/'
driver = webdriver.Chrome()
driver.implicitly_wait(20)
driver.get(url)
print(len(driver.get_cookies()))    # 添加前的cookie数量
driver.add_cookie({"name":"STORM","value":"123456"})
print(len(driver.get_cookies()))    # 添加后的cookie数量
driver.quit()
```

控制台的输出结果如下。

```
6
7
```

（4）实际应用场景

通过添加 cookie，可以实现免登录的效果，分两步进行：首先，我们把登录后的 cookie 保存到一个本地文件中；其次，后续登录的时候，直接读取保存在本地的 cookie 文件，访问目标网址即可实现免登录。这里以登录 163 邮箱为例进行讲解。

登录 163 邮箱，将 cookie 保存到本地文件中（示例代码：test7_21.py）。

```
from selenium import webdriver
from time import sleep
import json

'''
该文件用来保存 cookie
'''
driver = webdriver.Chrome()
driver.get('http://mail.163.com/')
driver.maximize_window()
driver.implicitly_wait(20)
driver.find_element_by_id('switchAccountLogin').click()
driver.switch_to.frame(0)      # 然后切换到 iframe
driver.find_element_by_name('email').send_keys('apitest333@163.com')
driver.find_element_by_name('password').send_keys('xxxx')
driver.find_element_by_id('dologin').click()
sleep(3)
mycookies = driver.get_cookies()        # 获取全部 cookie
jsoncookies = json.dumps(mycookies)     # 转换成 JSON 格式
with open("mycookie.json", 'w') as f:   # 保存到文件中
    f.write(jsoncookies)
driver.quit()
```

运行完成后，脚本所在目录会生成一个名为"mycookie.json"的文件，文件内容如图 7-11 所示。

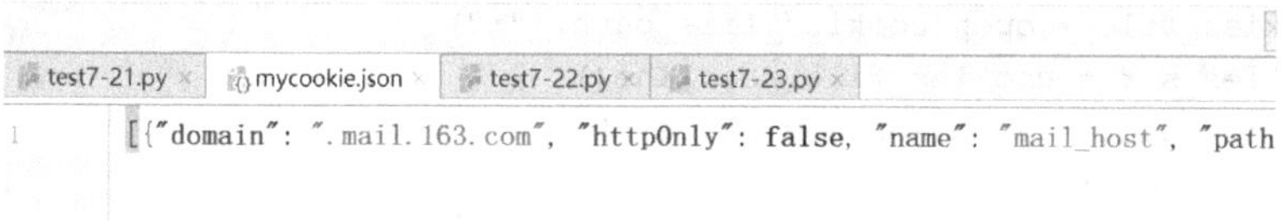

图 7-11 "mycookie.json" 文件

接下来我们通过读取本地 cookie 文件，实现免登录效果（示例代码：test7_22.py）。

```
from selenium import webdriver
import time
import json
from time import sleep

'''
通过导入 cookie 的方式来实现登录，注意刷新页面
```

```python
'''
driver = webdriver.Chrome()
driver.get("http://mail.163.com/")
cookies_file_path = "mycookie.json"
with open(cookies_file_path, "r") as f:          # 读取本地的 cookie 文件
    cookies_str = f.readline()
    cookies_dict = json.loads(cookies_str)

driver.delete_all_cookies()                      # 删除当前网址的所有 cookie
for cookie in cookies_dict:                      # 循环读取 cookie
    for k in cookie.keys():                      # 这里要判断一下
        if k == "expiry":
            cookie[k] = int(cookie[k])           # expiry 参数必须为整型
    driver.add_cookie(cookie)

time.sleep(2)
driver.refresh()
sleep(5)
driver.quit()
```

> **注意** 1. 在添加 cookie 的时候，需要将 expiry 对应的值转换为整型，否则会报如下错误：InvalidArgumentException: Message: invalid argument: invalid 'expiry'。
>
> 2. 添加 cookie 后，需要借助 refresh 关键字刷新页面。
>
> 3. cookies 存在有效期，之前导出的 cookie 有可能会失效，失效则需要重新导出。

（5）封装成函数

为了方便后续调用"通过 cookie 实现免登录"的方法，我们将该代码封装成函数，示例代码：get_url_with_cookies.py。

```python
def get_url_with_cookies(driver, target_url, file):
    cookies_file_path = file
    cookies_file = open(cookies_file_path, "r")
    cookies_str = cookies_file.readline()
    cookies_dict = json.loads(cookies_str)
    time.sleep(2)
    driver.get(target_url)
    driver.delete_all_cookies()
    for cookie in cookies_dict:
        for k in cookie.keys():
            if k == "expiry":
                cookie[k] = int(cookie[k])
        driver.add_cookie(cookie)

    time.sleep(2)
    driver.refresh()

if __name__ == '__main__':
```

```
from selenium import webdriver
import time
import json
from time import sleep

driver = webdriver.Chrome()
get_url_with_cookies(driver, 'http://mail.163.com/', 'mycookie.json')
sleep(5)
driver.quit()
```

注:可以根据项目实际需要,将 cookie 导出功能也封装成函数。

7.2.5 截图功能

在自动化测试过程中,我们经常会用到截图功能。例如在脚本断言失败的时候截图,通过查看图片我们可以直观地定位错误、记录测试步骤。本小节我们就来学习一下 Selenium 提供的用于截图的方法。

(1)页面截图

截取当前页面,保存成 .png 图片(示例代码:test7_23.py)。

```
from selenium import webdriver

driver = webdriver.Chrome()
driver.get('https://www.baidu.com/')
driver.save_screenshot('a.png')  # 截取当前页面,保存到当前目录,保存成 .png 图片
# driver.get_screenshot_as_file('a.png'),和上面功能相同
driver.quit()
```

脚本执行后,程序会在脚本所在目录生成一张名为"a.png"的图片。为了避免图片名重复,我们将图片名修改为"脚本名+时间戳+.png"的格式,改进代码如下(test7_24.py)。

```
from selenium import webdriver
import os
import time

script_name = os.path.basename(__file__).split('.')[0]  # 获取当前脚本的名称,不包含扩展名
file_name = script_name + '_' + str(time.time()) + '.png'   #组合成图片名
# print(file_name)
driver = webdriver.Chrome()
driver.get('https://www.baidu.com/')
driver.save_screenshot(file_name)  # 截取当前页面,保存成 ".png" 图片
driver.quit()
```

(2)页面截图,返回截图的二进制数据(示例代码:test7_25.py)

```
from selenium import webdriver
```

```
driver = webdriver.Chrome()
driver.get('https://www.baidu.com/')
a = driver.get_screenshot_as_png()    # 截图,返回截图的二进制数据
print(type(a))
print(a)
driver.quit()
```

控制台的输出结果如下(部分)。

```
<class 'bytes'>
b'\x89PNG\r\n\x1a\n\x00\x00\x00\rIHDR\x00\x00\x06\x12\x00\x00\x03\x1b\x08\x06\x00\
x00\x00\xa8\x9c\x0fA\x00\x00\x00\x01sRGB\x00\xae\xce\x1c\xe9\x00\x00\x00IDATx\x9c\xec\
\xdd{\x\x93\xf5\xfd\xff\xf1W\x92\xb6\xe9\x89r,\x02\x82\xba\xa5\xc0\xc4\xb9\xd9\x89Z&J\x9
```
此处省略部分内容……

(3)页面截图,返回 base64 的字符串(示例代码:test7_26.py)

```
from selenium import webdriver

driver = webdriver.Chrome()
driver.get('https://www.baidu.com/')
a = driver.get_screenshot_as_base64()   # 当前窗口截图,返回截图对应 base64 的字符串
print(type(a))
print(a)
driver.quit()
```

控制台的输出结果如下(部分)。

```
<class 'str'>
iVBORw0KGgoAAAANSUhEUgAABhIAAAMbCAYAAAConA9BAAAAAXNSR0IArs4c6QAAIABJREFUeJzs3Xt4l
OWd//HPzCSTAxkIJCExkICEBaJiKCwRtkSsQVQdbwa3aS3S7opsBWw5tIBuFBuFAK+iuYqEVaAFYFAH9Ib
hqqDRpgSBIP
```

(4)截图对比

某些情况下,我们需要对某个功能执行两次并分别截图,通过比较截图来验证功能是否没问题。(前提:安装了 Python 的 pillow 包。)示例代码:test7_27.py。

```
selenium import webdriver
import unittest,time
from PIL import Image

'''
某些情况下,我们需要对某个功能执行两次并分别截图,通过比较截图来验证功能是否没问题
首先安装 Python 的 pillow 包,然后 from PIL import Image
'''
class ImageCompare(object):
    '''
    本例实现的功能是对两张图片通过像素对比的算法,获取文件的像素个数大小
    然后通过循环的方式对两张图片的所有项目进行一一对比
    并计算对比结果的相似度的百分比
```

```python
    '''
    def make_regalur_image(self,img,size = (256,256)):
        # 将图片尺寸强制重置为指定的大小，然后再将其转换成 RGB 值
        return img.resize(size).convert('RGB')

    def split_image(self,img,part_size = (64,64)):
        # 将图片按给定大小切分
        w,h = img.size
        pw,ph = part_size
        assert w % pw ==h % ph == 0
        return [img.crop((i,j,i + pw,j + ph)).copy()
                for i in range(0,w,pw) for j in range(0,h,ph)]

    def hist_similar(self,lh,rh):
        # 统计切分后每部分图片的相似度频率曲线
        assert len(lh)  == len(rh)
        return sum(1 - (0 if l == r else float(abs(1 - r)) / max(1,r))
                   for l,r in zip(lh,rh)) / len(lh)

    def calc_similar(self,li,ri):
        # 计算两张图片的相似度
        return sum(self.hist_similar(l.histogram(),r.histogram())
                   for l,r in zip(self.split_image(li),self.split_image(ri)))/16.0

    def calc_similar_by_path(self,lf,rf):
        li,ri = self.make_regalur_image(Image.open(lf)),\
                self.make_regalur_image(Image.open(rf))
        return self.calc_similar(li,ri)

class TestDemo(unittest.TestCase):
    def setUp(self):
        self.IC = ImageCompare()
        self.driver = webdriver.Chrome()

    def test_ImageComparison(self):
        self.driver.get('https://www.baidu.com/')
        self.driver.save_screenshot('d:\\a.png')
        self.driver.get('https://www.baidu.com/')
        self.driver.save_screenshot('d:\\b.png')
        print(self.IC.calc_similar_by_path('d:\\a.png','d:\\b.png'))

    def tearDown(self):
        self.driver.quit()

if __name__ == '__main__':
    unittest.main()
```

（5）截取指定元素。先定位元素，然后截图（示例代码：test7_28.py）

```python
from selenium import webdriver
```

```
driver = webdriver.Chrome()
driver.get('http://www.baidu.com/')
driver.find_element_by_id('su').screenshot('d:\\A\\button.png')  # 定位元素,然后截图
driver.quit()
```

(6)测试断言失败截图

这里我们构造一个断言失败的场景:打开百度首页,在搜索框中输入"Storm",然后断言搜索框中的文字是不是"storm",因大小写不匹配执行截图操作。示例代码:test7_29.py。

```
from selenium import webdriver

driver = webdriver.Chrome()
driver.get('http://www.baidu.com/')
driver.find_element_by_id('kw').send_keys('Storm')
if driver.find_element_by_id('kw').text == "storm":
    pass
else:
    driver.save_screenshot('d:\\A\\a.png')
driver.quit()
```

7.2.6 获取焦点元素

当浏览器访问某个页面时,页面中会有默认的焦点元素。例如,我们访问百度首页时,默认的焦点元素是搜索框,即打开百度首页后,光标自动定位在搜索框。这时候我们可以使用"driver.switch_to.active_element"来获取搜索框元素。示例代码如下。

```
from selenium import webdriver

driver = webdriver.Chrome()
driver.get("https://www.baidu.com")
# 获取当前焦点所在元素的attribute信息
id = driver.switch_to.active_element.get_attribute('id')

print(id)
driver.quit()
```

7.2.7 颜色验证

在测试过程中,偶尔会需要验证某事物的颜色。但问题是网络上对颜色的定义可能采用了不同的方式,如 HEX、RGB、RGBA、HSLA。如何去判断颜色是否符合预期呢?

首先,你需要引入"Color"的包。

```
from selenium.webdriver.support.color import Color
```

接下来，就可以创建颜色对象。

```
HEX_COLOUR = Color.from_string('#2F7ED8')
RGB_COLOUR = Color.from_string('rgb(255, 255, 255)')
RGB_COLOUR = Color.from_string('rgb(40%, 20%, 40%)')
RGBA_COLOUR = Color.from_string('rgba(255, 255, 255, 0.5)')
RGBA_COLOUR = Color.from_string('rgba(40%, 20%, 40%, 0.5)')
HSL_COLOUR = Color.from_string('hsl(100, 0%, 50%)')
HSLA_COLOUR = Color.from_string('hsla(100, 0%, 50%, 0.5)')
```

Color 类中还支持指定的所有基本颜色定义。

```
BLACK = Color.from_string('black')
CHOCOLATE = Color.from_string('chocolate')
HOTPINK = Color.from_string('hotpink')
```

如果元素未设置颜色，则有时浏览器将返回"透明"的颜色值。Color 类也支持以下内容。

```
TRANSPARENT = Color.from_string('transparent')
```

现在可以安全地查询元素以获取其颜色或背景色，直到任何响应都会被正确解析并转换为有效的 Color 对象。

```
login_button_colour = Color.from_string(driver.find_element(By.ID,'login').value_of_css_property('color'))

login_button_background_colour = Color.from_string(driver.find_element(By.ID,'login').value_of_css_property('background-color'))
```

还可以直接比较颜色对象。

```
assert login_button_background_colour == HOTPINK
```

可以将颜色转换为以下格式之一，并执行静态验证。

```
assert login_button_background_colour.hex == '#ff69b4'
assert login_button_background_colour.rgba == 'rgba(255, 105, 180, 1)'
assert login_button_background_colour.rgb == 'rgb(255, 105, 180)'
```

恭喜，颜色验证相关的问题解决了。

7.3 JavaScript 的应用

JavaScript 是 Web 页面的编程语言。Selenium 提供了 execute_script 方法，用来执行 JavaScript，从而完成一些特殊的操作。

7.3.1 操作页面元素

我们可以借助 JavaScript 操作页面元素，如在搜索框中输入文字、单击按钮等。示例代码：test7_30.py。

```
from selenium import webdriver
from time import sleep

driver = webdriver.Chrome()
driver.get('https://www.baidu.com/')
ele1JS = "document.getElementById('kw').value='storm'"
ele2JS = "document.getElementById('su').click()"
driver.execute_script(ele1JS)
sleep(3)
driver.execute_script(ele2JS)
sleep(3)
driver.quit()
```

> **注意** ▶ 一般情况下，我们不会直接使用 JavaScript 来操作元素，这不符合 UI 自动化模拟人工操作的思想。

7.3.2 修改页面元素属性

在 6.11 节中，我们介绍日期时间控件时说过，当遇到某 input 型日期时间控件包含 readonly 属性时，我们是无法通过 send_keys 去选择日期时间的，这时候我们需要借助 JavaScript 来删除掉 readonly 属性，从而达到允许输入的目的。示例 HTML：myhtml7_2.html。

```
<!DOCTYPE html>
<html lang="en">
<head>
    <meta charset="UTF-8">
    <title>日期时间控件</title>
</head>
<body>
<input type="date" name="name1" id="id1" readonly>
</body>
</html>
```

上面的 HTML 和 myhtml6_12.html 相同，只是多了一个 readonly 属性，接下来我们尝试用 Selenium 输入内容。示例代码：test7_31.py。

```
from selenium import webdriver
from time import sleep
import os
```

```
driver = webdriver.Chrome()
html_file = 'File:///' + os.getcwd() + os.sep + 'myhtml7_2.html'
driver.get(html_file)
sleep(2)
driver.find_element_by_tag_name('input').send_keys('002020/06/06')
sleep(5)
driver.quit()
```

执行脚本，虽然没有报错，但是内容并没写入文本框。接下来我们通过 JavaScript 先删除掉 readonly 属性，再来输入内容。示例代码：test7_32.py。

```
from selenium import webdriver
from time import sleep
import os

driver = webdriver.Chrome()
html_file = 'File:///' + os.getcwd() + os.sep + 'myhtml7_2.html'
driver.get(html_file)
sleep(2)
js2 = "document.getElementById('id1').removeAttribute('readonly')"
driver.execute_script(js2)

driver.find_element_by_tag_name('input').send_keys('002020/06/06')
sleep(5)
driver.quit()
```

运行成功，通过 removeAttribute 方法成功删除掉了 readonly 属性并输入了内容。

另外，再提供以下几种删除元素属性的方法，大家根据实际情况选择使用即可。

```
# js = "document.getElementById('c-date1').removeAttribute('readonly')"  # 原生js, 移除属性
# js = "$('input[id=c-date1]').removeAttr('readonly')"    # jQuery, 移除属性
# js = "$('input[id=c-date1]').attr('readonly',False)"    # jQuery, 设置为 False
# js = "$('input[id=c-date1]').attr('readonly','')"       # jQuery, 设置为空
```

特殊情况：某些场景下，元素覆盖等问题会导致 WebDriver 单击无效，这时候可以试试使用 JavaScript 来执行单击操作，代码参考如下。

```
ele = driver.find_element_by_id('reg_butt')
js1 = "arguments[0].click()"
driver.execute_script(js1,ele)
```

7.3.3 操作滚动条

在实际项目中，某些 Web 页面内容过长会出现滚动条。当我们操作当前滚动条页面范围以外的元素时可能会报错，这时候就需要使用 Selenium 操作滚动条到指定位置。

（1）借助 JavaScript 操作纵向滚动条（示例代码：test7_33.py）

```python
from selenium import webdriver
from time import sleep

driver = webdriver.Chrome()
# driver = webdriver.Firefox()
driver.get("http://www.baidu.com")
driver.find_element_by_id('kw').send_keys("storm")
driver.find_element_by_id('su').click()
js1 = "window.scrollTo(0, document.body.scrollHeight)"  # 滑动滚动条到底部
js2 = "window.scrollTo(0,0)"  # 滑动到顶端
js3 = "window.scrollTo(0,200)"  # 向下滑动 200 像素
js4 = "arguments[0].scrollIntoView();"    # 滑动到指定元素
sleep(2)  # 等待页面加载完，注意观察滚动条目前处于最上方
driver.execute_script(js1)  # 执行 js1，将滚动条滑到最下方
sleep(2)  # 加等待时间，看效果
driver.execute_script(js2)  # 执行 js2，将滚动条滑到最上方
sleep(2)  # 加等待时间，看效果
driver.execute_script(js3)  # 执行 js3，将滚动条向下滑动到 200 像素
sleep(2)  # 加等待时间，看效果
driver.execute_script(js2)  # 执行 js2，将滚动条滑到最上方
sleep(2)
ele = driver.find_element_by_id('con-ar')    # 定位一个元素
driver.execute_script(js4,ele)     # 滑动到上面定位的元素的地方
sleep(2)
driver.quit()
```

以上代码在 Chrome 和 Firefox 浏览器中测试都没问题。

（2）借助 JavaScript 操作横向滚动条（示例代码：test7_34.py）

```python
from selenium import webdriver
from time import sleep

driver = webdriver.Chrome()
# driver = webdriver.Firefox()
driver.get("http://www.baidu.com")
driver.find_element_by_id('kw').send_keys("storm")
driver.find_element_by_id('su').click()
driver.set_window_size(500,500)  # 缩小浏览器窗口，使之出现横向滚动条
js5 = "window.scrollTo(document.body.scrollWidth,0)"
js6 = "window.scrollTo(0,0)"
js7 = "window.scrollTo(200,0)"
driver.execute_script(js5)   # 滑动到最右边
sleep(2)
driver.execute_script(js6)   # 滑动到最左边
sleep(2)
driver.execute_script(js7)   # 向右滑动 200 像素
sleep(2)
driver.quit()
```

（3）操作内嵌滚动条

内嵌滚动条一般嵌在一个 iframe 里面，先切换到要操作的滚动条所在的 iframe，然后正常调用 JavaScript 即可。示例代码：test7_35.py。

```
from selenium import webdriver
from time import sleep

driver = webdriver.Chrome()
# driver = webdriver.Firefox()
driver.get("http://sahitest.com/demo/iframesTest.htm")
sleep(2)
driver.switch_to.frame(1)
js5 = "window.scrollTo(0,200)"
driver.execute_script(js5)    # 向下滑动 200 像素
sleep(2)
driver.quit()
```

本节小结如下。

- 使用window.scrollTo(x,y) 这一语句可以实现所有的纵向或横向滑动滚动条。

  其中 x 为横坐标，y 为纵坐标，如想纵向滑动 200 像素，语句就是 window.scrollTo(0,200)。

- 获取当前窗口的宽度和高度分别可以用document.body.scrollWidth和document.body.scrollHeight语句实现。

- 滑动到指定元素位置可以用arguments[0].scrollIntoView()，arguments[0] 是指第一个传参。

7.3.4 高亮显示正在被操作的页面元素

测试过程中，我们可以借助 JavaScript 高亮显示正在被操作的元素。示例代码：high_light_element.py。

```
def highLightElement(driver,element):
    '''
    # 封装高亮显示页面元素的方法：使用 js 代码将页面元素对象的背景颜色设置为绿色，边框设置为红色
    :param driver:
    :param element:
    :return:
    '''
    driver.execute_script("arguments[0].setAttribute('style', arguments[1]);", element,
"background: green; border: 2px solid red;")

if __name__ == '__main__':
    from selenium import webdriver
    from time import sleep
```

```
driver = webdriver.Chrome()
driver.get('https://www.baidu.com/')
ele = driver.find_element_by_id('kw')
highLightElement(driver, ele)
sleep(3)
driver.quit()
```

7.3.5 操作 span 类型元素

实际项目中可能会遇到 span 类型元素，针对此类型元素，有一些特殊的操作，本小节我们一起来看下。

先看下方的示例 HTML：myhtml7_3.html。

```
<!DOCTYPE html>
<html lang="en">
<head>
    <meta charset="UTF-8">
    <title>span 类型元素测试</title>
</head>
<body>
    <span id="span_id">span 的文本</span>
</body>
</html>
```

（1）通过 id 来定位元素，获取 span 的文本（示例代码：test7_36.py）

```
from selenium import webdriver
import os

'''
定位元素，通过 text 取文本
'''
driver = webdriver.Chrome()
html_file = 'File:///' + os.getcwd() + os.sep + 'myhtml7_3.html'
driver.get(html_file)
ele = driver.find_element_by_id('span_id')
print(ele.text)
driver.quit()
```

（2）通过 JavaScript 修改标签的文本（示例代码：test7_37.py）

```
from selenium import webdriver
from time import import sleep
import os

'''
通过 js 的方式修改 span 中间的值
js = 'document.getElementById("span_id").innerText="aaaa"'
```

```
'''
driver = webdriver.Chrome()
html_file = 'File:///' + os.getcwd() + os.sep + 'myhtml7_3.html'
driver.get(html_file)
sleep(2)
js1 = "document.getElementById('span_id').innerText='aaa'"
driver.execute_script(js1)
sleep(2)
driver.quit()
```

7.4 浏览器定制启动参数

在自动化测试过程中,为了达到某种效果,我们需要在初始化浏览器的时候做一些特殊的设置,如"阻止图片加载""阻止 JavaScript 执行"等。这些需要 Selenium 的浏览器 options(如 ChromeOptions、FirefoxOptions)来帮助我们完成。

在 6.12 节中,我们在尝试将文件下载到指定目录方法的时候,就是通过修改浏览器的初始化设置来实现的。本节我们再来看一些 options 的常用属性及方法。

- options.add_argument:添加启动参数。
- options.add_experimental_option:添加实验选项。
- options.page_load_strategy:页面加载策略。

本节我们以 Chrome 浏览器为例,通过代码演示以下内容。

(1)指定浏览器最大化启动(示例代码:test7_38.py)

```
from selenium import webdriver
from time import sleep

options = webdriver.ChromeOptions()
options.add_argument("--start-maximized")   # 最大化参数
driver = webdriver.Chrome(chrome_options=options)
# driver = webdriver.Chrome()
driver.get('https://www.baidu.com/')
sleep(2)
driver.quit()
```

(2)指定编码格式(示例代码:test7_39.py)

```
from selenium import webdriver
from time import sleep

options = webdriver.ChromeOptions()
options.add_argument('lang=zh_CN.UTF-8')
```

```
driver = webdriver.Chrome(chrome_options = options)
driver.get('https://www.baidu.com/')
sleep(2)
driver.quit()
```

(3)指定浏览器 Driver 地址启动(示例代码:test7_40.py)

某些时候,你可能希望将不同浏览器 Driver 放到一个统一的目录进行管理,这个时候就会用到以下设置项。

```
from selenium import webdriver
from time import sleep

driver = webdriver.Chrome(executable_path='C:\\Python\\Python36\\chromedriver.exe')
driver.get('https://www.baidu.com/')
sleep(2)
driver.quit()
```

(4)禁止图片加载(示例代码:test7_41.py)

```
from selenium import webdriver
from time import sleep

options = webdriver.ChromeOptions()
prefs = {
    'profile.default_content_setting_values' : {
        'images' : 2
    }
}
options.add_experimental_option('prefs',prefs)
driver = webdriver.Chrome(chrome_options = options)
driver.get("http://www.baidu.com/")
sleep(2)
driver.quit()
```

(5)无界面模式运行(示例代码:test7_42.py)

无界面模式运行可以提高浏览器运行自动化测试脚本的效率。

```
from selenium import webdriver
from time import sleep

options = webdriver.ChromeOptions()
options.add_argument('headless')
driver = webdriver.Chrome(chrome_options = options)
driver.get('https://www.baidu.com/')
sleep(2)
driver.quit()
```

(6)添加代理服务器

代理服务器用于充当客户端和服务器之间的请求中介。简单来说,流量通过代理服务器流向请求的地址并返回响应。如果网络需要设置代理才能访问被测系统，自动化测试则需要使用 Selenium WebDriver 提供的代理设置方法。示例代码如下。

```python
from selenium import webdriver
PROXY = "proxy_host:proxy:port"
options = webdriver.ChromeOptions()
desired_capabilities = options.to_capabilities()
desired_capabilities['proxy'] = {
    "httpProxy":PROXY,
    "ftpProxy":PROXY,
    "sslProxy":PROXY,
    "noProxy":None,
    "proxyType":"MANUAL",
    "class":"org.openqa.selenium.Proxy",
    "autodetect":False
}
driver = webdriver.Chrome(desired_capabilities = desired_capabilities)
```

（7）页面加载策略

某些情况下，访问的页面可能包含大量的图片、CSS、JavaScript 等内容，要完成全部内容的加载需要花费很长的时间，可以通过 options 设置页面加载策略。

◆ normal

默认情况下，如果未给浏览器 options 提供参数，则采用 normal 模式。该模式下 WebDriver 将一直等待整个页面加载完成（浏览器左上角不再转圈），即完成对 HTML 和子资源的下载与解析，如 JS 文件、图片等（不包括 Ajax），这时才会执行后续的动作。示例代码：test7_43.py。

```python
from selenium import webdriver
from selenium.webdriver.common.desired_capabilities import DesiredCapabilities
from time import sleep

caps = DesiredCapabilities().CHROME
caps["pageLoadStrategy"] = "normal"  #  complete
# caps["pageLoadStrategy"] = "eager"  #  interactive
# caps["pageLoadStrategy"] = "none"
driver = webdriver.Chrome(desired_capabilities=caps)
driver.get('https://www.ptpress.com.cn/')
driver.find_element_by_xpath('//*[@id="header"]/div[1]/div/div[2]/div[2]/input').send_keys('Storm')
sleep(2)
driver.quit()
```

请仔细观察，Selenium 打开 Chrome 浏览器并访问人民邮电出版社。虽然搜索框已经出现，但是由于页面的图片等内容未完全加载（浏览器左上角在转圈），脚本并不会往下执行，而是会一直等到页面加载完成才进行后续的动作，即向搜索框中输入"Storm"。

- eager

当浏览器设置为 eager 模式时，WebDriver 会等到初始的 HTML 文档加载和解析完毕（要等待整个 DOM 树加载完成，即 DOMContentLoaded 这个事件完成），但是会放弃加载样式表、图像和子框架。示例代码：test7_44.py。

```
from selenium import webdriver
from selenium.webdriver.common.desired_capabilities import DesiredCapabilities
from time import sleep

caps = DesiredCapabilities().CHROME
# caps["pageLoadStrategy"] = "normal"   #  complete,等待整个页面加载完成
caps["pageLoadStrategy"] = "eager"  #  interactive,等待 DOM 树加载完成
# caps["pageLoadStrategy"] = "none"
driver = webdriver.Chrome(desired_capabilities=caps)
driver.get('https://www.ptpress.com.cn/')
driver.find_element_by_xpath('//*[@id="header"]/div[1]/div/div[2]/div[2]/input').send_keys('Storm')
sleep(2)
driver.quit()
```

Selenium 打开 Chrome 浏览器并访问人民邮电出版社，虽然页面的图片等内容未完全加载（浏览器左上角在转圈），但是 HTML 文档加载和解析完毕（搜索框出现）后脚本继续执行，即向搜索框中输入 "Storm"。

- none

当浏览器设置为 nome 模式时，WebDriver 会在 HTML 下载完成而解析未完成的情况下执行后续的动作。示例代码：test7_45.py。

```
from selenium import webdriver
from selenium.webdriver.common.desired_capabilities import DesiredCapabilities
from time import sleep

caps = DesiredCapabilities().CHROME
# caps["pageLoadStrategy"] = "normal"
# caps["pageLoadStrategy"] = "eager"
caps["pageLoadStrategy"] = "none"
driver = webdriver.Chrome(desired_capabilities=caps)
driver.get('https://www.ptpress.com.cn/')
driver.find_element_by_xpath('//*[@id="header"]/div[1]/div/div[2]/div[2]/input').send_keys('Storm')
sleep(2)
driver.quit()
```

可以看到，控制台输出错误信息，找不到搜索框元素。

7.5 AutoIt 的应用

在自动化测试过程中，建议通过 Selenium 提供的方法来绕过操作系统级的弹窗，但是少数情况下确实有处理系统级控件的需求。因此为了保证相关内容的完整性，本节我们来学习一下 AutoIt 的相关知识。

AutoIt 目前的最新版本是 v3，这是一个使用类似 BASIC 脚本语言的免费软件，用于 Windows GUI 中进行自动化操作。它利用模拟键盘按键、鼠标移动、窗口和控件的组合来实现自动化任务，而这是其他语言不可能做到或无可靠方法实现的（例如 VBScript 和 SendKeys）。

（1）下载、安装 AutoIt

搜索 AutoIt 官网，进入下载页面并下载安装包，如图 7-12 所示。你也可以从本书 QQ 交流群文件中获取安装包。

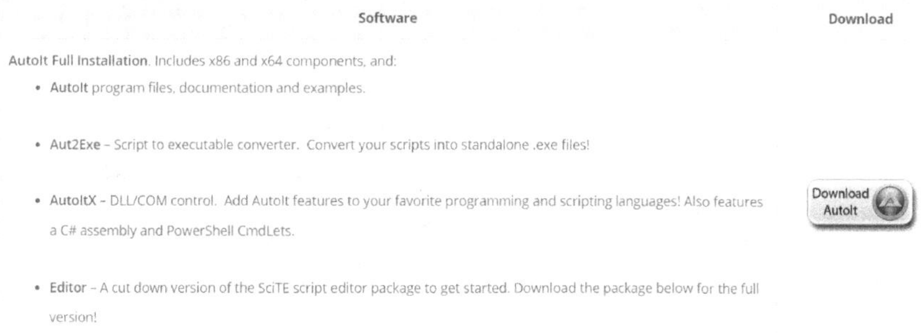

图 7-12　AutoIt 下载页面

安装方法：双击".exe"文件，根据提示单击"下一步"（只支持 Windows 操作系统，不支持 macOS）。

（2）组件介绍

- AutoIt v3 Window Info——获取窗口信息工具

通过 finder tool，可以获取任意对象的信息，比较重要的信息有 title、visible text。另外，在 mouse 标签下面还可以看到 position 信息、坐标，在 summary 标签下面可以看到 classnameNN 信息。

- SciTE Script Editor——脚本编辑器

脚本编辑器通过坐标操作，如 MouseClick("left","1009","509",1)，第一个参数 left 代表左键，

right 代表右键；第二个参数代表左边距；第三个参数代表右边距；第四个参数代表单击几次，默认为 1。

另外，还可以通过标题或文本定位对象，然后操作。例如 WinWaitActive(" 标题 "," 文本 ")，第一个参数是对象的标题；第二个参数是对象的文本，可以省略。

◆ Compile Script to .exe——将脚本转换成 ".exe" 文件

借助 Compile Script to .exe 组件将脚本转换成 ".exe" 文件，然后借助 Python 的 os 模块执行 ".exe" 文件。脚本可以参考 os.system("a.exe")。

（3）示例

接下来，我们以"文件上传"这个场景为例演示一下操作过程。

第一步：打开文件上传窗口，然后打开 AutoIt v3 Window info，如图 7-13 所示。

第二步：单击"Finder Tool"按钮，将其拖到"文件名"文本框，这时候 AutoIt v3 Window info 显示获取到的信息，如图 7-14 所示。

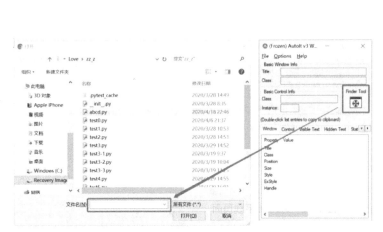

图 7-13　打开 AutoIt v3 Window info

图 7-14　显示按钮信息

◆ 方法介绍

● 等待窗口就绪：WinWaitActive（"title"[,"text"[,timeout]]），如表 7-1 所示。

表 7-1　WinWaitActive 参数

参数	解释
title	与元素识别器的 title 对应
text	该窗体下的文本，一般设置为 "" 即可
timeout	超时时间，类似 Selenium 中的 timeout

- 返回窗体的位置信息：WinGetPos("title"[,"text"])，如表7-2所示。

表 7-2　WinGetPos 参数

参数	解释
$aArray[0]	X 位置
$aArray[1]	Y 位置
$aArray[2]	宽度
$aArray[3]	高度

- 模拟鼠标单击：MouseClick ("button" [, x, y [, clicks = 1 [, speed = 10]]])，如表7-3所示。

表 7-3　MouseClick 参数

参数	解释
button	left 为鼠标左键，right 为鼠标右键
x,y	要在指定的坐标位置上进行单击
clicks	单击次数

- 睡眠，单位毫秒，5000代表5秒：Sleep (milliseconds)。
- 将输入焦点设置为窗口中的指定控件：ControlFocus ("title", "text", controlID)，如表7-4所示。

表 7-4　ControlFocus 参数

参数	解释
title	与元素识别器的 title 对应
text	该窗体下的文本，一般设置为 " " 即可
controlID	{Class} + {Instance}

- 发送鼠标单击命令到给定控件：ControlClick("title","text",controlID)，参数同ControlFocus。
- 设置控件的文本：ControlSetText("title","text ",controlID ,"new text")，如表7-5所示。

表 7-5　ControlSetText 参数

参数	解释
title	与元素识别器的 title 对应
text	该窗体下的文本，一般设置为 " " 即可
controlID	{Class} + {Instance}
new text	要设置到控件中的新文本

第三步：打开 SciTE Script Editor，然后编辑内容，保存为"upload.au3"文件。

```
# 等待 Class 为 #32770 的窗体
WinWaitActive("[CLASS:#32770]","",10)
```

```
# 把焦点设置在 controlID 为 Edit1 的控件中
ControlFocus("打开","","Edit1")
# 设置该控件的文本为 C:\Users\qvzn0\Pictures\test.jpeg
ControlSetText("打开","","Edit1","C:\Users\qvzn0\Pictures\test.jpeg")
# 单击 controlID 为 Button1 的控件
ControlClick("打开","","Button1")
```

第四步:打开"Compile Script to .exe",将"upload.au3"文件转换成"upload.exe"文件,如图 7-15 所示。

图 7-15 转换为"upload.exe"文件

第五步:Selenium 通过 Python 的 os 模块执行该".exe"文件,示例代码:test7_46.py。

```
from selenium import webdriver
from time import sleep
from selenium.webdriver.common.action_chains import ActionChains
import os

driver = webdriver.Chrome()
driver.get("http://sahitest.com/demo/php/fileUpload.htm")
sleep(2)
ele = driver.find_element_by_id('file')
ActionChains(driver).click(ele).perform()
sleep(2)
os.system('D:\\A\\upload.exe')
sleep(3)
driver.quit()
```

> **注意** ▶ 1. 借助 AutoIt 可以完成操作系统级的弹窗。
> 2. AutoIt 只有 Windows 版本,没有 macOS 版本。如果想保持脚本的操作系统兼容性,就不能使用 AutoIt。

3. 想要修改 AutoIt 封装的".exe"文件的内容（如想上传其他路径的文件），则需要重新修改脚本文件，重新转换成".exe"文件，非常烦琐。

4. 总之，尽量避免在 UI 自动化测试过程中使用 AutoIt 的功能，因为通常可以找到更合适的解决方案。

7.6 重要的异常

在脚本编写、执行的过程中，你是否遇到了各种各样的异常？它可能并非总是易于理解，但是它永远都在传递真相。为了让你在编写代码和进行自动化测试过程中，遇到异常后不再"手足无措"，本节介绍一些常见的报错信息。

（1）NoSuchElementException 异常

这可能是你最常遇到的一个异常提示信息：要查找的元素不存在。引发这种异常的情况通常有 3 种。

◆ 定位器编写错误

当遇到该异常提示信息时，你首先应该做的是确定错误行代码所编写的元素定位器是否编写正确；如果定位器没有问题，你可能需要观察一下该元素是否在某个 frame 中。

◆ 页面或元素加载延迟

单个脚本在回放的时候，有时候成功，有时候报错。如果遇到这种情况，就需要确认一下自己的系统和脚本了。现在很多网站或系统使用的是 jQuery、AngularJS 等技术，这些技术使用 JavaScript 来操作 DOM，在时间上有延迟性。网络带宽不稳定、访问页面数据量大等情况也可能会导致页面加载缓慢。而 Selenium 运行速度很快，会出现页面元素找不到的情况。这时候你需要在脚本中合理地使用等待（下节详细介绍）来确保元素被正确地找到。

◆ 组合脚本回放报错

单个脚本执行成功，但在组合回放的时候，偶尔会出现无法找到元素的异常情况。遇到这种情况，需要查阅代码来分析报错的原因。是因为上游代码有 bug，还是因为之前的某个步骤失败了（例如登录失败后，某元素找不到）？针对这种情况，我们需要一边执行脚本，一边观察界面的跳转，通常可以找到原因。

（2）NoSuchFrameException 异常

无论是 frame 还是 iframe 切换错误，都会抛出 NoSuchFrameException 异常。frame 在现代 Web 应用程序中并不多见，但 iframe 正变得随处可见。抛出 NoSuchFrameException 异常的最可能原因有两种。

- 定位器错误

当出现该类错误的时候，首先应该确定 frame 的定位器是否正确。如果使用的是 index，请确认是否越界。

- 层级错误

第二种原因是层级错误。假如某个页面有 iframe A 和 iframe B，当你切换到了 iframe A 后，如果没有切换回主页面，而直接切换到 iframe B 的时候就会报错。

（3）NoSuchWindowException 异常

出现 NoSuchWindowException 异常的原因大多是要操作的浏览器窗口不是当前窗口。遇到该类问题，我们应该重新梳理一下代码的业务逻辑，确定代码的执行过程中是否打开或关闭了窗口，如果有这种情况，就要注意使用 switch_to.window 切换窗口。

（4）ElementNotVisibleException 异常

ElementNotVisibleException 异常非常有用，它提醒你正在和不可见的网页元素进行交互。你可以这样想，当一个元素本身对用户不可见的时候，对它的操作就无从谈起。某些时候我们会用一些"投机取巧"的方式解决该类问题，例如借助一些 JavaScript 代码来执行所需的操作。这就好像开发人员无意间犯了错误，而你却对错误视而不见，并且还想着用别的方法绕过这个错误。

你要知道，Selenium 开发人员花了很多的精力来分辨某些内容是否对用户可见，这使得 Selenium 可以判断网页元素是否真的显示在屏幕上（没有被其他元素覆盖）。如果你遇到此类异常，说明代码可能存在一个需要修复的问题。因此，如果遇到该异常，应尝试和开发人员沟通，让其人工审核自己的代码。

而 ElementNotSelectableException 的意思是你在尝试选择一个不能被选中的元素。

（5）StaleElementReferenceException 异常

StaleElementReferenceException 异常常见于大量使用 Ajax 或 JavaScript 的网站页面。由于 Ajax 和 JavaScript 可能会持续不断地操作 DOM，因此某些情况下会销毁要操作的元素。当脚本尝试找出已销毁的元素时，就会报该类错误。如果操作某元素时抛出该异常，那么你可以尝试在操作该元素之前重新定位元素。

（6）InvalidElementStateException 异常

InvalidElementStateException 比较好理解，意思是脚本要操作的元素当前处于禁止操作的状态。例如地区选择功能，需要先选择所属城市，然后才能选择所属地区，而当你未完成前一个动作，就尝试执行后一个动作时，就会抛出该类异常。若遇到此类问题，那就手动去验证一遍操作流程吧。

（7）UnsupportedCommandException 异常

这种类型的异常通常跟用的 WebDriver 有关系，可以尝试换不同的浏览器去操作，如 Chrome 或 Firefox；或者更新浏览器版本后，同步更新 WebDriver。

（8）NoAlertPresentException 异常

NoAlertPresentException 异常非常直观，就是因为你在使用类似 switch_to.alert.accept 的操作时，当时的页面并没有 Alert 弹窗（可能是一个 div 弹窗）。所以请再次确定弹窗类型，或者加个弹窗的等待时间。

（9）TimeoutException 异常

当脚本中的某个命令没有在设置的时间内完成时，抛出该异常。例如在显性等待中，如果预期条件无法在设置的时间内实现，则抛出该异常。

小结：本节讲述了 Web UI 自动化测试过程中可能遇到的一些异常。希望在阅读完本节后，读者能够明白不同异常所表达的信息，这样就可以快速定位问题并修复缺陷。

第 8 章
Selenium 等待机制

构建健壮、可靠的测试脚本，是 Web UI 自动化测试成功的关键因素之一。你可能经常遇到类似的问题：单个脚本调试没有问题，但是当多个脚本组合执行时，往往会发生一些意想不到和难以理解的错误。经过调试、定位后，通常得出的结论是，这是一个由等待引发的问题。

大量使用 JavaScript 或 Ajax 的网站非常容易出现由等待引发的问题，我们假设这样一个场景：我们打开了某个页面，该页面会向服务器发出 Ajax 请求，在 Ajax 请求完成之前（要操作的元素正常显示之前），Selenium 会以为初始页面加载完成就可以操作了，此时就会出现元素找不到的情形。如何避免此类问题的频繁发生呢？这就要求测试人员在编写脚本时，思考是否有外部可变因素的影响。

事实上，由等待引起的找不到元素或操作超时是 Selenium 自动化测试中常见的错误。

8.1 影响元素加载的外部因素

我们先来分析一下都有哪些外部因素会影响元素的加载。

（1）计算机的性能

不同的计算机配置不同，这是我们经常忽略的一个问题。如果你在一台高配置的计算机上编写调试脚本，却将脚本发送到一台低配置的计算机去执行，此时计算机可能会花很长的时间来渲染被测页面。这就会发生一种奇怪的现象：本地调试都正常，但分布式执行整个测试集合的时候，总有那么几条用例会大概率报错。

（2）服务器的性能

首先解释一下，这里的服务器是指运行被测操作系统的应用服务器或数据库服务器。一般来说，服务器的性能不会太差，但是如果该测试服务器并非 Web UI 自动化测试的专属测试环境，例如这套测试环境上同时部署了缺陷管理工具、代码管理工具、接口管理系统、局域网邮件系统等，并且某个时刻存在大量并发用户请求，服务器就可能在处理 Web UI 自动化测试发起的请求时花费更多的时间，错误由此产生。总之，你需要注意该问题。

（3）浏览器的性能

如果被测操作系统中大量使用了 JavaScript，那么不同的浏览器执行脚本所需要的渲染时间可能差异很大。在学习过程中，你可以分别尝试在 Chrome、Firefox、IE 等不同的浏览器上执行同样的脚本，其执行效率可能差异很大。所以并不建议使用 Selenium 做浏览器的兼容性测试，这一点将在第 15 章中讲解。

（4）网络因素

如果被测操作系统中大量使用了 Ajax，那么网络是否稳定将非常重要。因为解析 Ajax 请求需要过多的时间的话，那么测试时浏览器将花更长的时间来重新渲染前端。在实际项目中，如果你在测试环境中编写的脚本执行良好，但是换到准生产或者生产环境执行却时常出现元素定位失败的情况，这时候你可能需要考虑一下网络的问题了。

总之，在 UI 自动化测试过程中，导致元素加载失败或加载过缓的原因有多种。如果不能正确处理这些问题，测试脚本的稳定性将大打折扣。

8.2 Selenium 强制等待

我们想要操作元素或控件时，元素或控件未出现，或者页面加载需要一定的时间，遇到这样的问题该如何处理呢？想想我们在做手动测试的时候是如何做的？是在做某个动作之前，先等待它准备好。什么是"准备好"？一般来说，"准备好"就是指页面加载完成。当然也有特殊情况，如某页面资源是分块加载的，当我们要单击或操作的元素加载完成后，就可以操作了（这时候并没有等待整个页面资源加载完成）。那么解决问题的大致思路我们就捋清了，就是在尝试操作自动化测试脚本以前，应该去判断一下页面或者目标元素是否"准备好"了。

（1）强制等待

强制等待就是不管怎样都要等待固定的时间。很多文章或图书喜欢将 Python 的 time 模块提供的 sleep 方法称为"强制等待"，但我首先要说明的是，sleep 是 Python 提供的功能，并非 Selenium WebDriver 提供的方法。"这很重要吗？作者前面的脚本中一直在使用 sleep 啊。"确实是这样的，这个问题很重要，我必须解释一下。前面的脚本中用了很多 sleep，咱们再来回顾一下当时的场景：我通过 index 的方法勾选了第一个复选框，然后使用 sleep(2) 语句，让程序等待 2 秒，只是为了让你看清楚页面上所发生的一切；然后通过 value 的方法勾选第二个复选框，再使用 sleep(2) 的方法等待 2 秒……没错，这里使用了 sleep 方法让脚本暂停执行，目的是调试脚本并让你看清页面上的变化，但这里并没有使用 sleep 方法来等待某个元素加载完成。

为什么不能使用 sleep 来等待元素加载完成呢？在 8.1 节中，我们讲述了很多因素，这些因素可能会导致需要等待的时间不一样。例如某个页面元素，一般情况下你只需要等待 3 秒（sleep(3)），被操作的元素就可以出现，可一旦出现意外，当前页面元素在 3 秒内没有加载出来，脚本就会发生错误。部分测试人员在面对这种问题时，第一反应是延长等待时间，可是到底要等待多少秒呢？在单条执行测试用例的时候多等待 5 秒、10 秒甚至 20 秒可能无所谓，可是随着测试脚本的持续集成，用例数量越来越多，执行一轮自动化测试脚本的时间可能会多到项目组不堪重负。"这脚本执行的速度还不如人工来得快！费大力气开发测试脚本的意义是什么？我觉得自动化测试的意义不大了。"当出现这种声音的时候，自动化测试人员总是尴尬的。说这么多的目的是让你记住，sleep 方法可以帮我们调试代码和观察脚本执行情况。除此之外，应该尽量少用或不用它。

（2）页面加载超时机制

另外，还需要思考一个问题：如果页面发生了错误，我们不能一直等待下去吧，是不是需要给页面设置一个最多等待多少秒的限制?

Selenium 提供了 set_page_load_timeout 方法,用于设置等待页面加载的时间,如果超时页面未加载完毕则报错。示例代码:test8_1.py。

```
from selenium import webdriver

driver = webdriver.Chrome()
driver.set_page_load_timeout(2)
driver.get('https://www.ptpress.com.cn/')
driver.quit()
```

我们将页面加载时间设置为 2 秒,但在访问人民邮电出版社官网首页的时候,整个页面加载的时间超过了 2 秒,因此报如下的错误。

```
Traceback (most recent call last):
  File "D:/Love/Chapter_8/test8_1.py", line 5, in <module>
    driver.get('https://www.ptpress.com.cn/')
  File "C:\Python\Python36\lib\site-packages\selenium\webdriver\remote\webdriver.py", line 333, in get
    self.execute(Command.GET, {'url': url})
  File "C:\Python\Python36\lib\site-packages\selenium\webdriver\remote\webdriver.py", line 321, in execute
    self.error_handler.check_response(response)
  File "C:\Python\Python36\lib\site-packages\selenium\webdriver\remote\errorhandler.py", line 242, in check_response
    raise exception_class(message, screen, stacktrace)
selenium.common.exceptions.TimeoutException: Message: timeout: Timed out receiving message from renderer: 1.751
  (Session info: chrome=81.0.4044.92)


Process finished with exit code 1
```

该方法看似比较"鸡肋",但你可以尝试让它帮你验证每个页面的加载时间是否超时。

8.3 Selenium 隐性等待

隐性等待就是 WebDriver 会在约定好的时间内持续地检测元素是否找到,一旦找到目标元素就执行后续的动作,如果超过了约定时间还未找到元素则报错。

Selenium 提供了 implicitly_wait 方法用来设置隐性等待。在讲解其用法之前,我们先来讲段历史。隐性等待最初并不包含在 WebDriver API 中,它其实是旧版 Selenium 1 API 中遗留下来的。后来隐性等待被放到了 WebDriver API 中,原因是来自社区的强烈抗议(社区成员习惯了该 API)。

这并非 WebDriver 开发者的本意。不管如何，让我们先来看看隐性等待的用法吧。

示例代码：test8_2.py。

```
from selenium import webdriver

driver = webdriver.Chrome()
driver.get('https://www.baidu.com/')
driver.find_element_by_id('kw1').send_keys('Storm')
driver.quit()
```

当百度首页被打开后，就立即报错了，原因是 id='kw1' 的元素没有找到（故意写错，模拟元素找不到的效果）。

再来看下面的代码：test8_3.py。

```
from selenium import webdriver

driver = webdriver.Chrome()
driver.implicitly_wait(10)
driver.get('https://www.baidu.com/')
driver.find_element_by_id('kw1').send_keys('Storm')
driver.quit()
```

执行代码，当打开百度首页后，因为找不到 id='kw1' 的元素，等待 10 秒后才会报错。但是在第 5 秒或第 7 秒的时候能找到元素的话，它就会继续执行。这个功能太好用了，你只需要在浏览器初始化的时候加上这么一句短短的代码 "driver.implicitly_wait(10)"，WebDriver 就会在指定的时间内持续检测和搜寻 DOM，以便查找那些不是立即加载成功的元素。这对解决由于网络延迟或利用 Ajax 动态加载元素所导致的元素偶尔找不到的问题非常有效。注意，它和 sleep 是有本质区别的，sleep 是固定等待多长时间，不管元素有没有提前找到，都必须等待时间消耗完才会执行下面的动作；而 "driver.implicitly_wait(10)" 要智能得多，它会持续地检测元素是否找到，一旦找到了就执行后续的动作，节省了很多时间。

> **注意** ▶ "driver.implicitly_wait(10)" 和 "sleep(10)" 还有个不同点，前者一旦设置了隐性等待，它就会作用于实例化 WebDriver 的整个生命周期，而 "sleep(10)" 只会对当前行有效。

目前来看，隐性等待似乎"百利而无一害"，那为何 WebDriver 的开发者如此不情愿地引入该方法呢？来看这样一些情况。

（1）隐性等待会减缓测试速度

假如有这样一个场景，我们需要测试删除功能，操作步骤如下。

- 进入列表页面。

- 勾选某选项。
- 单击"删除"按钮。
- 然后检查之前选中的内容是否被成功删除，且页面上不再显示。

假如我们设置了隐性等待，时间是 10 秒，这个时候 Selenium 反而因为要确定元素是不是真的不存在而等待 10 秒，然后才通报无法找到该元素。因此，检查某些内容不存在的次数越多，测试速度就越缓慢，可能不知不觉中就会产生一个执行时间超长的测试过程，直到手动检查都比它快。如果对各个需要检查元素不存在的测试用例不使用隐性等待的方法呢？不幸的是，总会有人忘记这件事，当你无法忍受缓慢的代码执行速度时，再想解决问题就只能通读代码来寻找错误了；如果将检查"不存在"，换成检查"存在"，如删除某内容后，我们检查是否出现了"×××删除成功"的字样，这可能放过一种错误，就是提示删除成功，但是数据仍然存在。

（2）隐性等待需要等待整个页面加载完成

再来看这样一个场景：被测操作系统中的某个页面是分块加载的，要操作的控件加载比较快，但是整个页面包含了很多 JavaScript 和图片，整个页面加载就会比较慢；如果你使用了隐性等待，那么程序就会一直等待整个页面加载完成（浏览器窗口标签转动的圆圈停止转动后），才会继续执行下一步，这无形中也增加了测试执行的时长。

（3）隐性等待会干扰显性等待

我们说过隐性等待是作用于整个实例化 WebDriver 的生命周期的，这意味着即便后续你创建了显性等待，可能也达不到预期的效果。来看这样一个情形。

由于某些原因，最近一段时间公司线上的项目时常会登录失败。为了降低投诉率并提升项目组应对生产问题的响应速度，你接到了这样一个需求：编写自动化测试脚本，每隔 1 分钟去尝试登录系统，如果登录失败或者超过 10 秒还未进入系统首页，就发出告警。大致的思路应该是这样的：首先写个 while True，用来循环执行后续逻辑；然后访问系统，执行登录动作；再使用"显性等待"在 10 秒内去检查首页的某个元素是否出现；最后如果登录成功，等待 1 分钟后重试，如果登录失败则发出告警，然后等待 1 分钟后重试。

可是在写好脚本并部署好监控后，系统登录超过 10 秒却没有收到预期的告警。经调查发现 10 秒未找到元素的时候并不会发出告警，似乎显性等待并未起作用，后来发现是"driver.implicitly_wait(30)"导致的。

虽然网络上有关于显性等待和隐性等待混用的场景及其作用域的介绍，但实际上 Selenium 官方文档明确说明：混合使用显性等待和隐性等待会导致意想不到的后果，有可能会出现即使元素可用或条件为 True，也要等待很长时间的情况。

简单总结一下，隐性等待"简洁、高效"，但偶尔会让你"措手不及"，因此并不建议使用，尤其是不要和显性等待混用。

8.4 Selenium 显性等待

对于由等待引发的问题，我们推荐的解决方案是使用显性等待。显性等待比隐性等待具备更好的操控性。与隐性等待不同，我们可以为脚本设置一些定制化的条件，等待条件满足之后再进行下一步的操作。

WebDriver 提供了 WebDriverWait 类和 expected_conditions 类来实现显性等待。WebDriverWait 类用来定义超时时间、轮询频率等；expected_conditions 类提供了一些预制条件，作为测试脚本进行后续操作的判断依据。

（1）WebDriverWait 类

先来通过 PyCharm 看一下 WebDriverWait 类，如图 8-1 所示。

```
class WebDriverWait(object):
    def __init__(self, driver, timeout, poll_frequency=POLL_FREQUENCY, ignored_exceptions=None):
        """Constructor, takes a WebDriver instance and timeout in seconds.

        :Args:
         - driver - Instance of WebDriver (Ie, Firefox, Chrome or Remote)
         - timeout - Number of seconds before timing out
         - poll_frequency - sleep interval between calls
           By default, it is 0.5 second.
         - ignored_exceptions - iterable structure of exception classes ignored during calls.
           By default, it contains NoSuchElementException only.

        Example:
         from selenium.webdriver.support.ui import WebDriverWait \n
         element = WebDriverWait(driver, 10).until(lambda x: x.find_element_by_id("someId")) \n
         is_disappeared = WebDriverWait(driver, 30, 1, (ElementNotVisibleException)).\ \n
                     until_not(lambda x: x.find_element_by_id("someId").is_displayed())
        """
```

图 8-1　WebDriverWait 类

- driver，必选参数，WebDriverWait中必须传入一个driver。
- timeout，必选参数，WebDriverWait中必须传入一个timeout，决定最多轮询多少秒。
- poll_frequency，可选参数，轮询频率，即每隔多长时间去查一下后续的条件是否满足，默认间隔为0.5秒。
- ignored_exceptions，可选参数，决定忽略的异常。如果在调用until或until_not的过程中抛出这个元组中的异常，则不中断代码，而是继续等待；如果抛出的是这个元组外的异常，则中断代码并抛出异常。默认只有NoSuchElementException异常。

（2）WebDriverWait 类提供的方法

下面通过 PyCharm 自动提示功能，来看看 WebDriverWait 类提供了哪些方法，如图 8-2 所示。

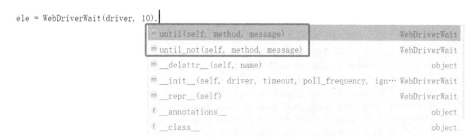

图 8-2 until 和 until_not

WebDriveWait 提供了一种 until 方法和一种 until_not 方法，两种方法的源码如图 8-3 和图 8-4 所示。

```python
def until(self, method, message=''):
    """Calls the method provided with the driver as an argument until the \
    return value is not False."""
    screen = None
    stacktrace = None

    end_time = time.time() + self._timeout
    while True:
        try:
            value = method(self._driver)
            if value:
                return value
        except self._ignored_exceptions as exc:
            screen = getattr(exc, 'screen', None)
            stacktrace = getattr(exc, 'stacktrace', None)
        time.sleep(self._poll)
        if time.time() > end_time:
            break
    raise TimeoutException(message, screen, stacktrace)
```

图 8-3 until 方法源码

until 方法，和字面意思一样，在 WebDriverWait 类规定的时间（第二个参数）内，每隔一定的时间（第三个参数）调用一下 method 方法，直到其返回值不为 False。如果超时就抛出 TimeoutException 的异常，异常信息为 message。

until_not 方法，表示在规定的时间内，每隔一段时间调用一下 method 方法，直到其返回 False。如果超时则抛出 TimeoutException 的异常，异常信息为 message。

我们再来整体看一下显性等待的语法格式。

WebDriverWait(driver，超时时长，调用频率，忽略异常).until(可执行方法，超时后返回的信息)

```python
def until_not(self, method, message=''):
    """Calls the method provided with the driver as an argument until the \
    return value is False."""
    end_time = time.time() + self._timeout
    while True:
        try:
            value = method(self._driver)
            if not value:
                return value
        except self._ignored_exceptions:
            return True
        time.sleep(self._poll)
        if time.time() > end_time:
            break
    raise TimeoutException(message)
```

图 8-4　until_not 方法源码

这里需要特别注意的是 until 或 until_not 中的可执行方法 method 参数，很多人传入了 WebElement 对象，错误示范如下。

```
WebDriverWait(driver, 10).until(driver.find_element_by_id('kw'), message)  # 错误
```

这是错误的用法，这里的参数一定要是可以调用的，即这个对象一定有 __call__ 方法，否则会抛出异常。

```
TypeError: '×××' object is not callable
```

（3）expected_conditions 模块方法

在这里，你可以用 Selenium 提供的 expected_conditions 模块中的各种条件，也可以用 WebElement 的 is_displayed、is_enabled、is_selected 方法，或者也可以用自己封装的方法。接下来我们看一下 Selenium 提供的预期条件有哪些。

expected_conditions 是 Selenium 的一个模块，你可以使用下面的语句导入该模块（as EC 的意思是为该模块取个别名，方便后续引用）。

```
from selenium.webdriver.support import expected_conditions as EC
```

该模块包含一系列可用于判断的条件，预置的判断条件如表 8-1 所示。

表 8-1　expected_conditions 预置的判断条件

判断条件	描述
title_is(title)	判断页面的 title 和预期的 title 是否完全一致，完全匹配返回 True，否则返回 False
title_contains(title)	和上面类似，包含预期的 title，注意大小写敏感
presence_of_element_located(locator)	用于检查某个元素是否存在于页面 DOM 中，注意元素并不一定可见。locator 用来查找元素，找到后返回该元素，返回对象是 WebElement

续表

判断条件	描述
presence_of_all_elements_located(locator1, locator2)	用于检查所有元素是否存在，如果存在，返回所有匹配的元素，返回结果是一个列表；否则报错
url_contains(url)	检查当前 driver 的 url 是否包含字符串，包含的话返回 True，否则返回 False
url_matches(url)	检查当前 driver 的 url 是否包含字符串，包含的话返回 True，否则返回 False
url_to_be(url)	检查当前 driver 的 url 与预期是否匹配，完全匹配的话返回 True，否则返回 False
url_changes(url)	检查当前 driver 的 url 和预期是否匹配，有一点不一样的话返回 True，否则返回 False
visibility_of_element_located(locator)	参数是 locator，判断元素是否在页面 DOM 中，如果在并且可见返回 True，否则返回 False
visibility_of(WebElement)	参数是元素，判断元素是否在页面 DOM 中，如果在并且可见返回 True，否则返回 False
visibility_of_any_elements_located(locator)	参数是 locator，根据定位器至少应该能定位到一个可见元素，返回值是列表，如果定位不到则报错
visibility_of_all_elements_located(locator)	参数是 locator，判断根据定位器找到的所有符合条件的元素是否都是可见元素，如果都是的话返回值是列表，定位不到或者不全是的话则报错
invisibility_of_element_located(locator)	判断这个 locator 的元素是否不存在或者不可见，满足条件返回 True，否则返回 False
invisibility_of_element(locator or element)	判断这个 locator 或者 element 是否不存在或者不可见，满足条件返回 True，否则返回 False
frame_to_be_available_and_switch_to_it(frame_locator)	判断 frame_locator 是否存在，存在的话切换到这个 frame 中，成功返回 True。不存在的话返回 False
text_to_be_present_in_element(locator, text)	判断 text 是否出现在元素中，两个参数，返回一个布尔值
text_to_be_present_in_element_value(locator, text)	判断 text 是否出现在元素的属性 value 中，两个参数，返回一个布尔值
element_to_be_clickable(locator)	判断这个元素是否可见并且可单击，满足条件返回 True，否则返回 False
staleness_of(element)	判断这个 element 是否仍然在 DOM 中，如果在返回 False，否则返回 True。也就是说页面刷新后元素不存在了，就返回 True
element_to_be_selected(element)	判断元素是否被选中，传入的参数是 element，如果被选中，那么返回值是这个元素
element_located_to_be_selected(locator)	判断元素是否被选中，传入的参数是 locator，如果被选中，那么返回值是这个元素
element_selection_state_to_be(element, is_selected)	传入两个参数，第一个是元素，第二个是状态

续表

判断条件	描述
element_located_selection_state_to_be(locator, is_selected)	传入两个参数，第一个是定位器，第二个是状态
number_of_windows_to_be(num_windows)	判断窗口的数量是否是预期的值，返回值是布尔值
new_window_is_opened(current_handles)	传入当前窗口的句柄，判断是否有新窗口打开，返回布尔值
alert_is_present(driver)	判断是否有 alert，如果有则切换到该 alert，否则返回 False

接下来我们通过具体的示例来演示这些方法的用法。

示例一：判断页面 title（示例代码：test8_4.py）。

```
from selenium import webdriver
from selenium.webdriver.support.ui import WebDriverWait
from selenium.webdriver.support import expected_conditions as EC

driver = webdriver.Chrome()
driver.get("https://www.baidu.com/")
try:
    ele = WebDriverWait(driver, 10).until(EC.title_is("百度一下，你就知道"))  # 判断title
    print(type(ele))  # 输出返回值类型
    print(ele)  # 输出返回值
    driver.find_element_by_link_text('地图').click()  # 如果匹配，就执行该语句
except Exception as e:
    raise e  # 有异常抛出
finally:
    driver.quit()  # 最后退出driver
```

控制台的输出结果如下。

```
C:\Python\Python36\python.exe D:/Love/Chapter_8/test8_4.py
<class 'bool'>
True

Process finished with exit code 0
```

示例二：判断页面元素能否定位 presence_of_all_elements_located(locator)（示例代码：test8_5.py）。

```
from selenium import webdriver
from selenium.webdriver.support.ui import WebDriverWait
from selenium.webdriver.support import expected_conditions as EC
from selenium.webdriver.common.by import By

driver = webdriver.Chrome()
driver.get("https://www.baidu.com/")
try:
    eles = WebDriverWait(driver, 10).until(EC.presence_of_all_elements_located ((By.TAG_NAME, 'input')))  # 检查元素是否找到
    print(len(eles))  # 返回列表中包含的元素数量
    print(type(eles))  # 返回值类型
```

```
        print(eles)  # 返回值
except Exception as e:
    raise e
finally:
    driver.quit()
```

控制台的输出结果如下。

```
C:\Python\Python36\python.exe D:/Love/Chapter_8/test8_5.py
17
<class 'list'>
[<selenium.webdriver.remote.webelement.WebElement (session="c257b4e9a235b840c320b
7bc5e5d5632", element="ddebc32b-6dff-411c-a29b-7cbdaec540e7")>, <selenium.webdriver.
remote.webelement.WebElement (session="c257b4e9a235b840c320b7bc5e5d5632", element=
"35c38bcf-2414-471a-9d42-0bec721f810b")>, <selenium.webdriver.remote.webelement.
WebElement (session="c257b4e9a235b840c320b7bc5e5d5632", element="9cd1b7f1-4584-4b1e-
b120-96b7e46449ab")>, <selenium.webdriver.remote.webelement.WebElement (session=
"c257b4e9a235b840c320b7bc5e5d5632", element="6e8b02d6-c5fa-4e2c-afd8-0894ad9a73f2")>,
<selenium.webdriver.remote.webelement.WebElement (session="c257b4e9a235b840c320b7bc5e
5d5632", element="55b1b6e1-ddfa-4e6b-8463-ac3487e27b52")>, <selenium.webdriver.
remote.webelement.WebElement (session="c257b4e9a235b840c320b7bc5e5d5632", element=
"b3ddf89d-0a11-4efe-9e2c-1b7858413a51")>, <selenium.webdriver.remote.webelement.
WebElement (session="c257b4e9a235b840c320b7bc5e5d5632", element="29a14539-84ba-47d7-
9f10-ed2cb981edbf")>, <selenium.webdriver.remote.webelement.WebElement (session=
"c257b4e9a235b840c320b7bc5e5d5632", element="1ca5b556-f098-4995-b146-725b822930fc")>,
<selenium.webdriver.remote.webelement.WebElement (session="c257b4e9a235b840c320b7bc5e
5d5632", element="f0c7f88f-1988-413d-ac74-40f83c59b357")>, <selenium.webdriver.remote.
webelement.WebElement (session="c257b4e9a235b840c320b7bc5e5d5632", element="77ee0995-
3e26-4e7a-bc9d-c9a1a63ef5f3")>, <selenium.webdriver.remote.webelement.WebElement (ses
sion="c257b4e9a235b840c320b7bc5e5d5632", element="49dee031-743c-4bd3-a03e-
1104d406021a")>, <selenium.webdriver.remote.webelement.WebElement (session="c257b4e9a
235b840c320b7bc5e5d5632", element="3072845e-d076-40ae-a7fe-bb79c8f8a83d")>, <selenium.
webdriver.remote.webelement.WebElement (session="c257b4e9a235b840c320b7bc5e5d5632",
element="50e5a2c6-1961-42e5-b0be-bd3cd54c039a")>, <selenium.webdriver.remote.
webelement.WebElement (session="c257b4e9a235b840c320b7bc5e5d5632", element="f92dbdc6-
90d7-4b28-873e-dd5efb161783")>, <selenium.webdriver.remote.webelement.WebElement (session=
"c257b4e9a235b840c320b7bc5e5d5632", element="2b23e80c-46eb-42b5-87f6-86602f98e764")>,
<selenium.webdriver.remote.webelement.WebElement (session="c257b4e9a235b840c320b7bc5e
5d5632", element="5fd38939-da22-41d8-b138-52782f65c1ed")>, <selenium.webdriver.remote.
webelement.WebElement (session="c257b4e9a235b840c320b7bc5e5d5632", element="4b0d2de9-8514-
4893-8c8b-7fcc1960bf1d")>]

Process finished with exit code 0
```

示例三：判断 url（示例代码：test8_6.py）。

```
from selenium import webdriver
from selenium.webdriver.support.ui import WebDriverWait
from selenium.webdriver.support import expected_conditions as EC

driver = webdriver.Chrome()
```

```
        driver.get("https://www.baidu.com/")
        try:
            ele = WebDriverWait(driver, 10).until(EC.url_contains('www.baidu.com/'))  # 检查url是否包含
            # ele = WebDriverWait(driver,10).until((EC.url_matches('www.baidu.com/')))  # 检查包含
            # ele = WebDriverWait(driver, 5).until(EC.url_to_be("https://www.baidu.com/"))  # 检查完全匹配
            # ele = WebDriverWait(driver, 5).until(EC.url_changes("https://www.baidu.com/a"))  # 检查不完全匹配
            print(ele)
            print(type(ele))
        except Exception as e:
            raise e
        finally:
            driver.quit()
```

控制台的输出结果如下。

```
C:\Python\Python36\python.exe D:/Love/Chapter_8/test8_6.py
True
<class 'bool'>

Process finished with exit code 0
```

示例四：判断元素是否可见（示例代码：test8_7.py）。

```
from selenium import webdriver
from selenium.webdriver.support.ui import WebDriverWait
from selenium.webdriver.support import expected_conditions as EC
from selenium.webdriver.common.by import By

driver = webdriver.Chrome()
driver.get("https://www.baidu.com/")

try:
    ele = WebDriverWait(driver, 5).until(EC.visibility_of_all_elements_located((By.ID, 'kw')))
    # ele = WebDriverWait(driver, 5).until(EC.visibility_of_any_elements_located((By.TAG_NAME, 'input')))
    print(ele)
    print(len(ele))
    print(type(ele))
except Exception as e:
    raise e
finally:
    driver.quit()
```

控制台的输出结果如下。

```
C:\Python\Python36\python.exe D:/Love/Chapter_8/test8_7.py
[<selenium.webdriver.remote.webelement.WebElement (session="35ba8e157d1528c07c33e
bcdfb040304", element="1e0b41a5-64df-4856-9195-526cb4fca012")>]
```

```
1
<class 'list'>

Process finished with exit code 0
```

示例五：判断并切换 iframe（被测 HTML：myhtml8_1.html）。

```html
<!DOCTYPE html>
<html lang="en">
<head>
    <meta charset="UTF-8">
    <title>本地 iframe</title>
</head>
<body>
<iframe id="iframe1" src="https://www.baidu.com/">
</iframe>
</body>
</html>
```

示例代码：test8_8.py。

```python
from selenium import webdriver
from selenium.webdriver.support.ui import WebDriverWait
from selenium.webdriver.support import expected_conditions as EC
from selenium.webdriver.common.by import By
from time import sleep
import os

driver = webdriver.Chrome()
html_file = 'File:///' + os.getcwd() + os.sep + 'myhtml8_1.html'
driver.get(html_file)
try:
    ele = WebDriverWait(driver, 10).until(EC.frame_to_be_available_and_switch_to_it((By.ID, "iframe1")))
    # ele = WebDriverWait(driver, 5).until(EC.visibility_of_any_elements_located((By.TAG_NAME, 'input')))
    driver.find_element_by_id('kw').send_keys('Storm')
    sleep(2)
    print(ele)
    print(type(ele))
except Exception as e:
    raise e
finally:
    driver.quit()
```

控制台的输出结果如下。

```
C:\Python\Python36\python.exe D:/Love/Chapter_8/test8_8.py
True
<class 'bool'>
```

Process finished with exit code 0

示例六：判断元素是否包含 text 文本（示例代码：test8_9.py）。

```python
from selenium import webdriver
from selenium.webdriver.support.ui import WebDriverWait
from selenium.webdriver.support import expected_conditions as EC
from selenium.webdriver.common.by import By
from time import sleep
import os

driver = webdriver.Chrome()
driver.get('https://www.baidu.com/')
try:
    ele = WebDriverWait(driver, 10).until(EC.text_to_be_present_in_element((By.LINK_TEXT, '地图'), '图'))
    sleep(2)
    print(ele)
    print(type(ele))
except Exception as e:
    raise e
finally:
    driver.quit()
```

控制台的输出结果如下。

```
C:\Python\Python36\python.exe D:/Love/Chapter_8/test8_9.py
True
<class 'bool'>

Process finished with exit code 0
```

示例七：判断元素属性 value 是否包含 text（示例代码：test8_10.py）。

```python
from selenium import webdriver
from selenium.webdriver.support.ui import WebDriverWait
from selenium.webdriver.support import expected_conditions as EC
from selenium.webdriver.common.by import By
from time import sleep
import os

driver = webdriver.Chrome()
driver.get('https://www.baidu.com/')
driver.find_element_by_id('kw').send_keys('Storm')
try:
    ele = WebDriverWait(driver, 10).until(EC.text_to_be_present_in_element_value((By.ID, 'kw'), 'Storm'))
    sleep(2)
    print(ele)
    print(type(ele))
except Exception as e:
```

```
        raise e
finally:
    driver.quit()
```

控制台的输出结果如下。

```
C:\Python\Python36\python.exe D:/Love/Chapter_8/test8_10.py
True
<class 'bool'>

Process finished with exit code 0
```

示例八：判断页面元素是否可被单击（示例代码：test8_11.py）。

```
from selenium import webdriver
from selenium.webdriver.support.ui import WebDriverWait
from selenium.webdriver.support import expected_conditions as EC
from selenium.webdriver.common.by import By
from time import sleep
import os

driver = webdriver.Chrome()
driver.get('https://www.baidu.com/')
try:
    ele = WebDriverWait(driver, 10).until(EC.element_to_be_clickable((By.LINK_TEXT, '地图')))
    sleep(2)
    print(ele)
    print(type(ele))
except Exception as e:
    raise e
finally:
    driver.quit()
```

控制台的输出结果如下。

```
C:\Python\Python36\python.exe D:/Love/Chapter_8/test8_11.py
<selenium.webdriver.remote.webelement.WebElement (session="b62022d5fe2d3c68012146
138e175bd6", element="1db3733c-575b-40b0-8d69-447c873a5758")>
<class 'selenium.webdriver.remote.webelement.WebElement'>

Process finished with exit code 0
```

示例九：判断页面是否刷新（示例代码：test8_12.py）。

```
from selenium import webdriver
from selenium.webdriver.support.ui import WebDriverWait
from selenium.webdriver.support import expected_conditions as EC
from selenium.webdriver.common.by import By
from time import sleep
import os

driver = webdriver.Chrome()
```

```python
driver.get('https://www.baidu.com/')
ele1 = driver.find_element_by_id('kw')
driver.refresh()  # 这里刷新页面
try:
    ele = WebDriverWait(driver, 10).until(EC.staleness_of(ele1))
    sleep(2)
    print(ele)
    print(type(ele))
except Exception as e:
    raise e
finally:
    driver.quit()
```

控制台的输出结果如下。

```
C:\Python\Python36\python.exe D:/Love/Chapter_8/test8_12.py
True
<class 'bool'>

Process finished with exit code 0
```

示例十：判断页面元素是否被选中（这里以复选框为例，示例 HTML：myhtml8_2.html）。

```html
<!DOCTYPE html>
<html lang="en">
<head>
    <meta charset="UTF-8">
    <title>本地复选框</title>
</head>
<body>
    复选框：<input type="checkbox" id="id1">
</body>
</html>
```

示例代码：test8_13.py。

```python
from selenium import webdriver
from selenium.webdriver.support.ui import WebDriverWait
from selenium.webdriver.support import expected_conditions as EC
from selenium.webdriver.common.by import By
from time import sleep
from selenium.webdriver.support.select import Select
import os

driver = webdriver.Chrome()
html_file = 'File:///' + os.getcwd() + os.sep + 'myhtml8_2.html'
driver.get(html_file)
ele = driver.find_element_by_id('id1')
ele.click()

try:
```

```
        ele1 = WebDriverWait(driver, 10).until(EC.element_to_be_selected(ele))
        sleep(2)
        print(ele1)
        print(type(ele1))
except Exception as e:
    raise e
finally:
    driver.quit()
```

控制台的输出结果如下。

```
C:\Python\Python36\python.exe D:/Love/Chapter_8/test8_13.py
True
<class 'bool'>

Process finished with exit code 0
```

示例十一：类似示例十，通过定位器判断元素是否被选中（示例代码：test8_14.py）。

```
from selenium import webdriver
from selenium.webdriver.support.ui import WebDriverWait
from selenium.webdriver.support import expected_conditions as EC
from selenium.webdriver.common.by import By
from time import sleep
from selenium.webdriver.support.select import Select
import os

driver = webdriver.Chrome()
html_file = 'File:///' + os.getcwd() + os.sep + 'myhtml8_2.html'
driver.get(html_file)
ele = driver.find_element_by_id('id1')
ele.click()

try:
    ele1 = WebDriverWait(driver, 10).until(EC.element_located_to_be_selected((By.ID, 'id1')))
    sleep(2)
    print(ele1)
    print(type(ele1))
except Exception as e:
    raise e
finally:
    driver.quit()
```

示例十二：同样是判断元素是否被选中，传递两个参数（示例代码：test8_15.py）。

```
from selenium import webdriver
from selenium.webdriver.support.ui import WebDriverWait
from selenium.webdriver.support import expected_conditions as EC
from selenium.webdriver.common.by import By
from time import sleep
```

```
import os

driver = webdriver.Chrome()
html_file = 'File:///' + os.getcwd() + os.sep + 'myhtml8_2.html'
driver.get(html_file)
ele = driver.find_element_by_id('id1')
ele.click()

try:
    # ele1 = WebDriverWait(driver, 10).until(EC.element_located_selection_state_to_be((By.ID, 'id1'), is_selected=True))
    ele1 = WebDriverWait(driver, 10).until(EC.element_selection_state_to_be(ele, is_selected=True))
    sleep(2)
    print(ele1)
    print(type(ele1))
except Exception as e:
    raise e
finally:
    driver.quit()
```

示例十三：判断当前窗口的数量（示例代码：test8_16.py）。

```
from selenium import webdriver
from selenium.webdriver.support.ui import WebDriverWait
from selenium.webdriver.support import expected_conditions as EC
from selenium.webdriver.common.by import By
from time import sleep
import os

driver = webdriver.Chrome()
driver.get('https://www.baidu.com/')

try:
    ele1 = WebDriverWait(driver, 10).until(EC.number_of_windows_to_be(1))
    sleep(2)
    print(ele1)
    print(type(ele1))
except Exception as e:
    raise e
finally:
    driver.quit()
```

控制台的输出结果如下。

```
C:\Python\Python36\python.exe D:/Love/Chapter_8/test8_16.py
True
<class 'bool'>

Process finished with exit code 0
```

示例十四：通过判断窗口句柄的数量，判断是否有新窗口打开（示例代码：test8_17.py）。

```python
from selenium import webdriver
from selenium.webdriver.support.ui import WebDriverWait
from selenium.webdriver.support import expected_conditions as EC
from selenium.webdriver.common.by import By
from time import sleep
import os

driver = webdriver.Chrome()
driver.get('http://sahitest.com/demo/')
cur_window_handles = driver.window_handles    # 获取当前窗口句柄
print("当前窗口句柄：{}".format(cur_window_handles))
driver.find_element_by_link_text('Window Open Test').click()

try:
    ele1 = WebDriverWait(driver, 10).until(EC.new_window_is_opened(cur_window_handles))
    sleep(2)
    print(ele1)
    print(type(ele1))
except Exception as e:
    raise e
finally:
    driver.quit()
```

控制台的输出结果如下。

```
C:\Python\Python36\python.exe D:/Love/Chapter_8/test8_17.py
当前窗口句柄：['CDwindow-90096B77706D395524AB9AECCEC3368E']
True
<class 'bool'>

Process finished with exit code 0
```

示例十五：判断是否有 Alert 窗口（示例 HTML：myhtml8_3.html）。

```html
<!DOCTYPE html>
<html lang="en">
<head>
    <meta charset="UTF-8">
    <title>Alert 学习</title>
</head>
<body>
<h2>Alert Test</h2>

<script type="text/javascript">
function showAlert(){
    alert(document.f1.t1.value);
}
</script>
<form name="f1">
```

```html
            <input type="text" name="t1" value="Alert Message"><br><br>
            <input type="button" name="b1" value="Click For Alert" onclick="showAlert()"><br>
</form>
</body>
</html>
```

示例代码：test8_18.py。

```python
from selenium import webdriver
from selenium.webdriver.support.ui import WebDriverWait
from selenium.webdriver.support import expected_conditions as EC
from selenium.webdriver.common.by import By
from time import sleep
import os

driver = webdriver.Chrome()
html_file = 'File:///' + os.getcwd() + os.sep + 'myhtml8_3.html'
driver.get(html_file)
driver.find_element_by_name('b1').click()

try:
    ele1 = WebDriverWait(driver, 10).until(EC.alert_is_present())
    sleep(2)
    print(ele1)
    print(type(ele1))
    driver.switch_to.alert.accept()
    sleep(2)
except Exception as e:
    raise e
finally:
    driver.quit()
```

控制台的输出结果如下。

```
C:\Python\Python36\python.exe D:/Love/Chapter_8/test8_18.py
<selenium.webdriver.common.alert.Alert object at 0x03B399B0>
<class 'selenium.webdriver.common.alert.Alert'>

Process finished with exit code 0
```

（4）自定义等待条件

虽然 expected_conditions 模块提供了丰富的预定义的等待条件，但如果还是不能满足需求的话，你还可以借助 lambda 表达式来自定义预期等待条件。

来看这样一个示例。

```python
from selenium import webdriver
from selenium.webdriver.support.ui import WebDriverWait

driver = webdriver.Chrome()
driver.get('https://www.baidu.com/')
```

```
try:
    ele1 = WebDriverWait(driver, 10).until(lambda x:x.find_element_by_id('kw'))
    ele1.send_keys('Storm')
except Exception as e:
    raise e
finally:
    driver.quit()
```

上述示例借助 lambda 表达式自定义的预期等待条件为，通过 id 去查找值为 kw 的元素，如果能找到则返回元素对象。

本章小结：本章介绍了 Selenium 提供的不同种类的等待及超时设置。本章首先分析了静态等待在使用上的一些缺陷，如 sleep 和隐式等待；然后对显式等待进行了深入探讨，讲述其如何工作，并探讨我们如何创建自己的等待。

第9章
线性测试脚本

学完前面的课程后,我们就能够编写基础的线性自动化测试脚本了,让我们来尝试一下吧。

我们先要准备一个目标系统,该系统需要符合以下条件。

- 一个 Web 系统,有登录功能,但又不能有验证码(验证码的话题我们后面再说)。
- 系统逻辑简单,最好大家都熟悉(不用学业务,直接测试)。
- 有各种控件,能帮大家练手(方便练习 Selenium API)。
- 成熟的系统,不会出现各种 bug(一旦脚本执行失败,直接调试脚本,不用猜测是否是系统缺陷)。

9.1 Redmine 系统

Redmine 是一个项目管理和缺陷跟踪系统,其功能和我们常见的项目管理和缺陷跟踪系统类似,如禅道、Bugzilla、Jira 等。这里推荐大家使用 Bitnami Redmine 安装包进行安装。

9.1.1 下载和安装

大家跟我一起来安装、部署一下目标系统吧。操作非常重要,后续内容都将借助该系统来讲解。

(1)下载安装包

在浏览器中搜索关键字"Bitnami",打开 Bitnami 官网,单击进入 Redmine 详情页,然后单击"Win/Mac/Linux",如图 9-1 所示。

图 9-1　Redmine 详情页

单击对应的操作系统,如图 9-2 所示,将安装包下载到本地。

图 9-2　下载链接

(2)安装 Redmine(以 Windows 10 为例)

双击"bitnami-redmine-4.1.1-1-windows-x64-installer.exe"文件,弹出系统语言选择窗口,如图 9-3 所示。

这里我们从下拉列表中选择"简体中文",单击"OK"按钮进入下一步,如图 9-4 所示。

图 9-3　选择语言　　　　　　　　　图 9-4　安装向导

单击"前进"按钮，进入"选择组件"界面，如图 9-5 所示。

单击"前进"按钮，进入"安装文件夹"（即安装目录）界面，如图 9-6 所示。

图 9-5　"选择组件"界面　　　　　　图 9-6　选择安装目录

可以使用默认安装目录或者自定义安装目录，单击"前进"按钮，进入"创建管理员账户"界面，如图 9-7 所示。

输入"您的真实姓名""Email 地址""登录"（账号名）"密码""请确认密码"，注意密码最少 8 位。单击"前进"按钮，进入"Web 服务器端口"界面（1），如图 9-8 所示。

保持默认的"81"端口，单击"前进"按钮，进入"Web 服务器端口"界面（2），如图 9-9 所示。

保持默认 SSL 端口"444"，单击"前进"按钮，进入"MySQL 信息"界面，如图 9-10 所示。

保持默认 MySQL 服务端口"3307"，单击"前进"按钮，进入"缺省（即默认）数据配置语言"界面，如图 9-11 所示。

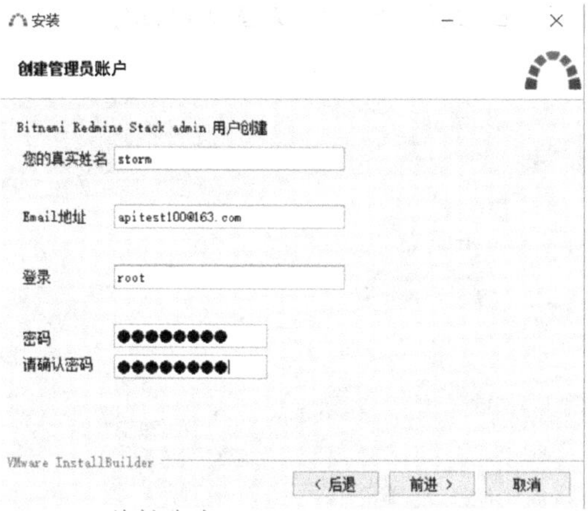

图 9-7 "创建管理员账户"界面

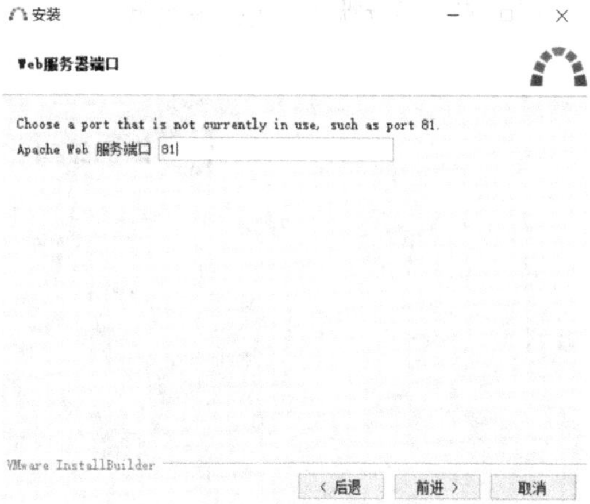

图 9-8 "Web 服务器端口"界面（1）

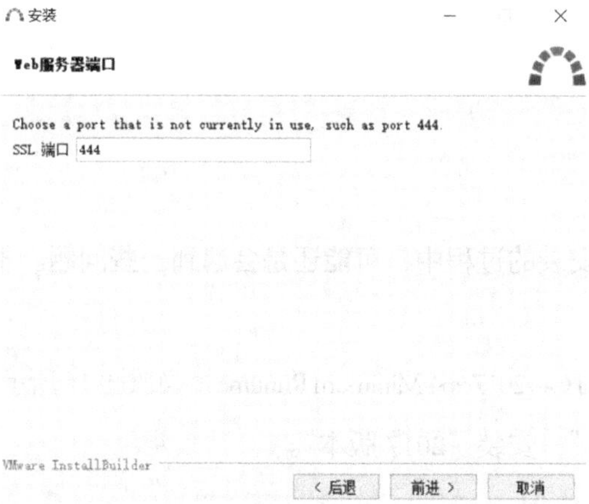

图 9-9 "Web 服务器端口"界面（2）

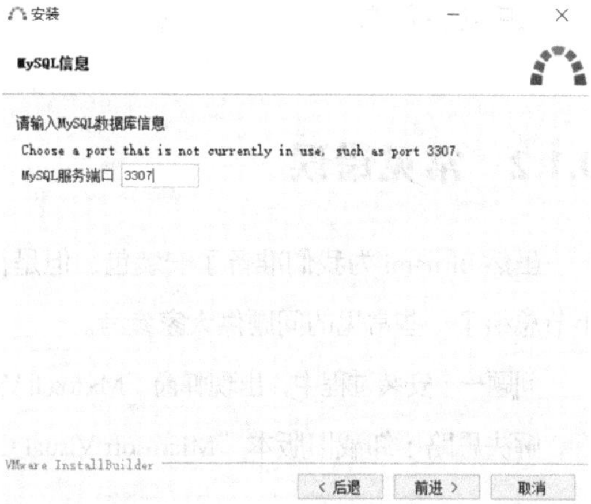

图 9-10 "MySQL 信息"界面

选择"中文"，单击"前进"按钮，进入"配置 SMTP 设置"界面，如图 9-12 所示。

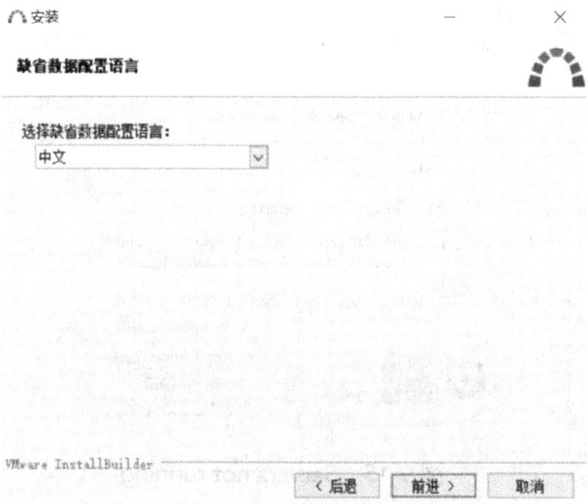

图 9-11 "缺省数据配置语言"界面

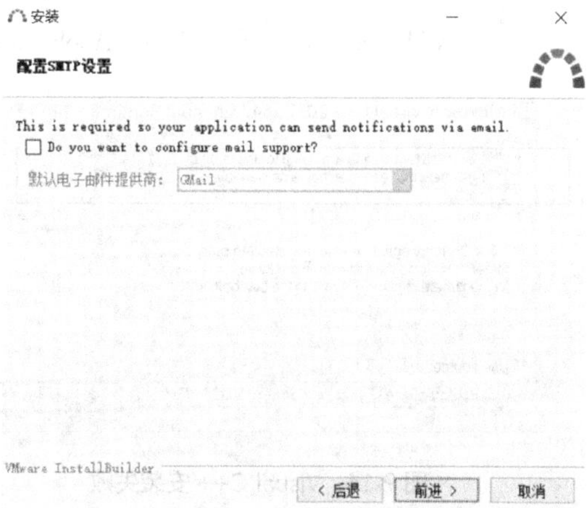

图 9-12 "配置 SMTP 设置"界面

接下来，保持默认设置并多次单击"前进"按钮，直到开始安装，如图 9-13 所示。

图 9-13　正在安装

最后安装完成。

9.1.2　常见错误

虽然 Bitnami 为我们准备了安装包，但是在安装的过程中，可能还是会遇到一些问题。本小节总结了一些常见的问题供大家参考。

问题一：安装过程中，出现弹窗"Microsoft Visual C++2017 x64 Minimum Runtime"，如图 9-14 所示。

解决思路：卸载旧版本"Microsoft Visual C++"，安装"2017 版本"。

> **注意** ▶ 大家可以通过控制面板搜索、卸载对应的软件，这里不再赘述。

问题二：Apache Web Server 未启动（Apache Web Server not running）。

单击"Welcome"标签下的"Go to Application"按钮，提示"Servers not running"，如图 9-15 所示。

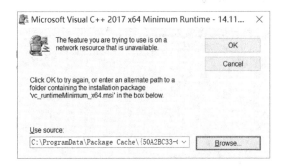

图 9-14　Visual C++ 安装失败

图 9-15　Servers not running

单击"Manage Servers"标签，查看各组件运行情况，显示"Apache Web Server Stopped"，

如图 9-16 所示。

解决思路一：确定服务端口无冲突。

- 打开DOS窗口，使用命令"netstat -aon|findstr "81""确认81端口是否被其他应用程序占用（因为安装过程中我们使用的Web服务器端口是"81"）。
- 然后使用如下命令结束占用端口的应用：taskkill /pid 2152。
- 还可以更改Redmine使用的端口（详情见9.1.3小节）。

解决思路二：修改 httpd.conf。

进入 Redmine 的安装根目录，依次进入"apache2"→"conf"文件夹，找到"httpd.conf"文件，如图 9-17 所示。

图 9-16　Apache Web Server Stopped

图 9-17　进入"conf"文件夹

用写字板打开该文件，如图 9-18 所示。

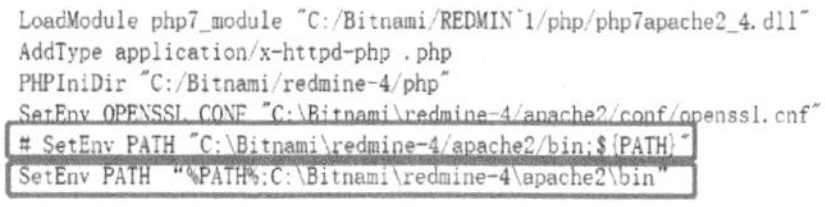

图 9-18　编辑"httpd.conf"文件

在最后一行前加"#"将其注释掉，然后在下方增加一行：SetEnv PATH "%PATH%;C:\Bitnami\redmine-4\apache2\bin"。

> **注意** ▶ 将上面语句中的 Redmine 安装目录替换为你自己的安装目录。

原因分析：这是因为"${PATH}"是 Linux 操作系统中的用法，在 Windows 操作系统中，应该使用"%PATH%"。

9.1.3　Redmine 系统的启动和关闭

接下来，我们简单看一下如何启动、关闭、重启 Redmine 系统，以及如何修改各服务器端口。

（1）访问系统

在 Windows 开始菜单中找到安装程序"Bitnami Redmine Stack Manager"，如图 9-19 所示。

单击"Bitnami Redmine Stack Manager"按钮，打开 Redmine 系统控制台，如图 9-20 所示。

图 9-19　Windows 开始菜单　　　　　图 9-20　Redmine 系统控制台

单击"Welcome"标签中的"Go to Application"，即可打开图 9-21 所示的界面。

图 9-21　bitnami 界面

单击"Access Redmine"，进入 Redmine 系统首页，如图 9-22 所示。

图 9-22　Redmine 系统首页

单击右上角"登录"按钮，输入用户名、密码。首次登录后，需要修改密码，如图 9-23 所示。

后续访问的话，我们可以直接在浏览器地址栏输入"localhost+ 端口 +/redmine/"，例如 http://localhost:81/redmine/，又或者可以将"localhost"替换为本机的 IP 地址。

第9章　线性测试脚本　　249

图 9-23　修改密码

（2）修改服务器端口

打开"Bitnami Redmine Stack"控制窗口，单击"Manage Servers"标签，选择要修改的服务器端口，单击"Configure"按钮，在弹出的窗口中修改端口为目标端口，单击"OK"按钮保存，如图 9-24 所示。

（3）启动、关闭服务

打开"Bitnami Redmine Stack"控制窗口，单击"Manage Servers"标签，单击右侧的"Start""Stop""Restart"按钮可以启动、关闭、重启单个选中的服务，单击下方的"Start All""Stop All""Restart All"按钮来启动、关闭、重启所有服务，如图 9-25 所示。

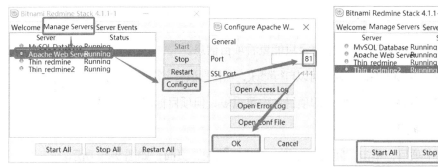 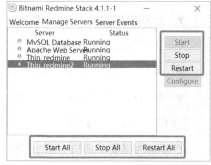

图 9-24　修改服务器端口　　　　　　　图 9-25　启动、关闭服务

9.1.4　Redmine 简单使用

缺陷管理系统是每个测试人员一定会接触的系统，为了照顾对测试不甚了解的读者，也为了避免一些不必要的误解，本小节我们来简单看几个业务场景。

（1）登录

打开浏览器，输入地址"http://localhost:81/redmine/"，打开 Redmine 首页。单击右上角"登录"按钮进入"登录"页面，输入用户名、密码后单击"登录"按钮即可登录。登录成功后，页面右上角会显示用户名,如图 9-26 所示。

(2)新建项目

登录成功后,单击左上角"项目"链接,进入"项目列表"页面,单击右上角"新建项目"链接,可以跳转到"新建项目"页面,如图 9-27 所示。

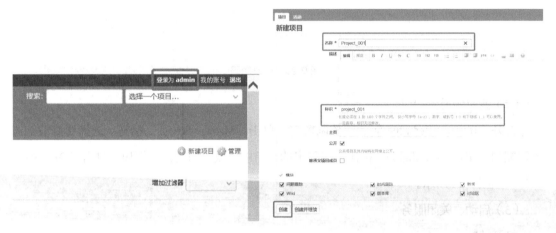

图 9-26 登录成功　　　　　　　　　　　图 9-27 "新建项目"页面

输入项目名称和标识,单击"创建"按钮,项目创建成功。页面会显示"创建成功"的字样,如图 9-28 所示。

♦ 注意事项

- 只有登录后才能创建项目,未登录只能查看项目信息。
- 项目标识默认和项目名称一致,可以自行修改,项目标识有字符长度和字符类型的要求。
- 项目标识在系统中是唯一值,即项目名称可重复,但项目标识不能重复。

(3)新建问题(缺陷)

登录后选择某个项目,单击"问题"标签,进入"问题"页面,如图 9-29 所示。

图 9-28 项目创建成功　　　　　　　　　图 9-29 "问题"页面

单击右上角"新建问题",进入"新建问题"页面,如图 9-30 所示。

输入主题和描述等信息，单击"创建"按钮即可创建一个问题（缺陷）。如图 9-31 所示，问题创建成功后，页面会显示"问题 #1 已创建"。

图 9-30 "新建问题"页面　　　　　　　　图 9-31 新建问题成功

（4）关闭问题（缺陷）

登录后选择某个项目，单击"问题"标签，然后单击问题列表中的问题"ID"或者"主题"，打开"问题详情"页面。单击"编辑"按钮打开"编辑"页面，在"状态"下拉列表中修改问题状态为"已关闭"，如图 9-32 所示。

单击左下角"提交"按钮更新问题状态，页面显示"更新成功"，如图 9-33 所示。

图 9-32 修改问题状态　　　　　　　　图 9-33 问题状态更新成功

9.2 线性脚本

至此前期工作已经准备完毕，本节我们借助前面学到的知识来编写几个自动化测试用例。

首先来看一下要测试的内容，如表 9-1 所示。

表 9-1 测试用例

用例标题	前提条件	操作步骤	预期结果
错误密码登录失败	无	1. 打开浏览器，访问"登录"页面； 2. 输入正确的用户名、错误的密码； 3. 单击"登录"按钮	提示"无效的用户名或密码"
正确密码登录成功	无	1. 打开浏览器，访问"登录"页面； 2. 输入正确的用户名、正确的密码； 3. 单击"登录"按钮	右上角显示"登录为 + 用户名"
新建项目成功	登录	1. 进入"项目列表"页面； 2. 单击"新建项目"； 3. 输入唯一的项目名称（这里的目的是让系统自动带出来唯一的项目标识）； 4. 单击"创建"按钮	页面显示"创建成功"

> **注意** ▶ 上面的表格并不是一个完整版的测试用例，我们只是为了说明要测试的内容。

接下来我们在 Chapter_9 目录下创建测试用例。因为前两个测试用例都是关于登录功能的，所以我们都放到 test_login.py 文件中。

```python
from selenium import webdriver

driver = webdriver.Chrome()
driver.maximize_window()
driver.implicitly_wait(20)
# 访问"登录"页面
driver.get('http://localhost:81/redmine/login')
# 用例一：错误密码登录失败
# 登录名
login_name = driver.find_element_by_id('username')
login_name.clear()
login_name.send_keys('admin')
# 登录密码
login_pwd = driver.find_element_by_id('password')
login_pwd.clear()
login_pwd.send_keys('error')
# "登录"按钮
login_btn = driver.find_element_by_id('login-submit')
login_btn.click()
# 登录失败后的提示信息
ele = driver.find_element_by_id('flash_error')
if '无效的用户名或密码' in driver.page_source:
    print('pass')
else:
    print('fail')
```

```python
# 用例二：正确密码登录成功
# 登录名
login_name = driver.find_element_by_id('username')
login_name.clear()
login_name.send_keys('admin')
# 登录密码
login_pwd = driver.find_element_by_id('password')
login_pwd.clear()
login_pwd.send_keys('rootroot')
# "登录"按钮
login_btn = driver.find_element_by_id('login-submit')
login_btn.click()
# 登录后显示的用户名
name = driver.find_element_by_link_text('admin')
# 断言
if name.text == 'admin':
    print('pass')
else:
    print('fail')
driver.quit()
```

再来编写第三个测试用例：test_new_project.py。

```python
from selenium import webdriver
import time

# 通过时间戳构造唯一的项目名称
project_name = 'project_{}'.format(time.time())
driver = webdriver.Chrome()
driver.maximize_window()
driver.implicitly_wait(20)
# 访问"登录"页面
driver.get('http://localhost:81/redmine/login')
# 登录
login_name = driver.find_element_by_id('username')
login_name.clear()
login_name.send_keys('admin')
login_pwd = driver.find_element_by_id('password')
login_pwd.clear()
login_pwd.send_keys('rootroot')
login_btn = driver.find_element_by_id('login-submit')
login_btn.click()
# 访问"项目列表"页面
driver.get('http://localhost:81/redmine/projects')
# "新建项目"按钮
new_project = driver.find_element_by_link_text(' 新建项目 ')
new_project.click()
# 输入项目名称
pj_name = driver.find_element_by_id('project_name')
pj_name.send_keys(project_name)
# "提交"按钮
```

```
commit_btn = driver.find_element_by_name('commit')
commit_btn.click()
# 新建项目成功后的提示信息
ele = driver.find_element_by_id('flash_notice')
if ele.text == '创建成功':
    print('pass')
else:
    print('fail')
driver.quit()
```

功夫总算没白费，借助前面学习的知识，我们编写了两个看似还不错的自动化测试用例。测试用例自动执行，并且还能自动去对比实际结果和预期结果，如果执行成功，就输出"pass"，反之输出"fail"。抛开代码的冗余、代码稳定性、后续的维护成本等问题，我们还可以用同样的方法编写更多的用例。如果要一次性执行所有的测试用例，我们可以单独编写脚本，用来收集、执行符合条件的测试用例；还可以编写代码实现统计用例的执行结果，并生成测试报告。不过相对于自己实现所有的需求，我们有更好、更成熟的解决方案。

第 10 章
unittest测试框架

在上一章中,我们编写了最初级的"线性"自动化测试脚本。如果想更好地实现组织测试用例、添加断言、输出测试报告等功能,我们最好借助框架来完成。

unittest 框架是 Python 语言内置的单元测试框架。我们用 Python 语言编写的 Web UI 自动化测试脚本可以借助该框架来组织和执行。

10.1 unittest 框架结构

unittest 是 Python 语言的内置模块，这意味着我们不需要再进行安装。unittest 支持自动化测试、测试用例间共享 setUp（测试前的初始化工作）和 tearDown（测试结束后的清理工作）代码块，可以将测试用例合并为集合执行，然后将测试结果展示在报告中。

（1）unittest 框架的 4 个重要概念

在学习 unittest 框架之前，我们先要了解 4 个非常重要的概念。

- 测试固件（test fixture）

对于测试固件，你可以将其理解为在测试之前或者之后需要做的一些操作。例如测试执行前，可能需要打开浏览器、创建数据库连接等；测试结束后，可能需要清理测试环境、关闭数据库连接等。unittest 中常用的 test fixture 有 setUp、tearDown、setUpClass、tearDownClass。前面两个是在每个用例执行之前或之后执行，后面两个是在类执行之前或之后执行（简单了解即可，后续我们会用实例详细介绍）。

- 测试用例（test case）

测试用例是在 unittest 中执行测试的最小单元。它通过 unittest 提供的 assert 方法来验证一组特定的操作或输入以后得到的具体响应。unittest 提供了一个名为 TestCase 的基础类，可以用来创建测试用例。unittest 中测试用例的方法必须以 test 开头，并且执行顺序依照的是方法名的 ASCII 值排序。

- 测试套件（test suite）

测试套件就是一组测试用例，作用是将多个测试用例放到一起，执行一个测试套件就可以将这些测试用例全部执行。

- 测试运行器（test runner）

测试运行器用来执行测试用例，并返回测试用例执行的结果。它还可以用图形、表格、文本等方式把测试结果形象地展现出来，如 HTMLTestRunner。

（2）unittest 用例示例

下面通过代码来看一下 unittest 用例的基本样式，示例代码：test10_1.py。

```
import unittest


class TestStorm(unittest.TestCase):
```

```python
    def setUp(self):
        print('setUp')

    def test_first(self):
        self.assertEqual('storm', 'storm')

    def tearDown(self):
        print('tearDown')


if __name__ == '__main__':
    unittest.main()
```

下面简单总结一下 unittest 测试框架的"习惯"。

- 首先需要导入unittest包：import unittest。
- 导入包的语句和定义测试类中间要隔两个空行（虽然不加空行也不会报错，但还是建议大家养成好习惯）。
- 新建一个测试类，测试类的名称建议每个单词的首字母大写。另外有的人习惯以Test开头，有的人习惯以TestCase结尾，建议团队保持一致。
- 测试类必须继承unittest.TestCase。
- 接下来就可以编写setUp（注意大小写），当然setUp方法并非必须有。
- 再接下来就可以编写测试用例了，测试用例名称以"test_"开头。
- self.assert×××是unittest提供的断言方法（断言方法有很多，后续详细介绍）。
- 用例写完后就可以编写tearDown（注意大小写），tearDown也非必须有。
- tearDown写完后空两行，就可以使用unittest.main进行测试了。

> **注意** ▶ 其实，无论 setUp 和 tearDown 摆放在哪里，都不影响其执行的顺序。不过一个团队最好有个约定，大家共同遵守。

尝试执行代码 test10_1.py，结果如下。

```
Testing started at 23:15 ...
C:\Python\Python36\python.exe "C:\Program Files\JetBrains\PyCharm 2018.1.4\helpers\pycharm\_jb_unittest_runner.py" --path D:/Love/Chapter_10/test10_1.py


Ran 1 test in 0.000s

OK
Launching unittests with arguments python -m unittest D:/Love/Chapter_10/test10_1.py in D:\Love\Chapter_10
    setUp
```

```
tearDown

Process finished with exit code 0
```

下面简单解释一下 unittest 测试框架用例执行的结果信息。
- 第1行显示测试开始执行的时间。
- 第2、第3行显示测试执行的文件。
- 第4行显示执行一个测试用例共花费了多长时间。
- "OK"代表断言成功。
- "setUp""tearDown"为程序执行的输出信息。

10.2 测试固件

在 10.1 节中，我们了解到 unittest 框架共包含 4 种测试固件。
- setUp：在每个测试方法执行前执行，负责测试前的初始化工作。
- tearDown：在每个测试方法结束后执行，负责测试后的清理工作。
- setUpClass：在所有测试方法执行前执行，负责单元测试前期准备。必须使用@classmethod装饰器进行修饰，在setUp函数之前执行，整个测试过程只执行一次。
- tearDownClass：在所有测试方法执行结束后执行，负责单元测试后期处理。必须使用@classmethod装饰器进行修饰，在tearDown函数之后执行，整个测试过程只执行一次。

测试固件本身就是一个函数，和测试用例分别负责不同的工作。测试固件和测试用例更多的区别在于其在整个 class 中的执行次序和规律不同。接下来，我们通过一个示例（示例代码：test10_2.py）来看一下上述 4 种测试固件执行的次序。

```python
import unittest


class TestStorm(unittest.TestCase):
    @classmethod  # 注意，必须有该装饰器
    def setUpClass(cls):  # 在整个class开始前执行一次
        print('setUpClass')

    def setUp(self):    # 在每个测试用例执行前执行一次
        print('setUp')

    def test_first(self):    # 第一个测试用例
```

```python
        print('first')
        self.assertEqual('first', 'first')

    def test_second(self):  # 第二个测试用例
        print('second')
        self.assertEqual('second', 'second')

    def tearDown(self):  # 在每个测试用例结束后执行一次
        print('tearDown')

    @classmethod
    def tearDownClass(cls):  # 在整个class最后执行一次
        print('tearDownClass')


if __name__ == '__main__':
    unittest.main()
```

执行结果如下。

```
Ran 2 tests in 0.003s

OK
Launching unittests with arguments python -m unittest test10_2.StormTest in D:\Love\Chapter_10
setUpClasssetUp
first
tearDown
setUp
second
tearDown
tearDownClass
Process finished with exit code 0
```

根据上述结果，我们可以看到这4种测试固件的执行顺序。

- 先执行"setUpClass"，整个class只执行一遍。
- 执行"setUp"，第一个测试用例调用。
- 执行第一个测试用例。
- 执行"tearDown"，第一个测试用例调用。
- 执行"setUp"，第二个测试用例调用。
- 执行第二个测试用例。
- 执行"tearDown"，第二个测试用例调用。
- 最后执行"tearDownClass"，整个class只执行一遍。至此，整个class执行结束。

10.3 编写测试用例

测试用例是通过 def 定义的方法。测试用例的方法名建议使用小写字母,且必须以"test"开头。测试用例包含用例执行过程和对执行结果的断言(示例代码:test10_3.py)。

```python
import unittest


first = 20
class TestStorm(unittest.TestCase):
    def setUp(self):    # 在每个测试用例执行前执行一次
        print('setUp')

    def test_age(self):    # 方法名使用小写字母,且以 test 开头
        second = first + 5    # 用例操作
        self.assertEqual(second, 25) # 操作结果断言

    def tearDown(self): # 在每个测试用例后执行一次
        print('tearDown')


if __name__ == '__main__':
    unittest.main()
```

测试用例的定义非常简单,如何合理地组织测试用例以及如何添加合适的断言非常关键,有如下建议。
- 多个测试用例文件尽量不要存在依赖关系,否则一旦被依赖的测试用例执行失败,后续有依赖关系的测试用例也会执行失败。
- 一个测试用例文件只包含一个 class,一个 class 对应一个业务场景。
- 一个 class 类可以包含多个 def 定义的测试用例。
- 一个 def 测试用例下面可以添加多个断言,类似于你在做功能测试的时候一个步骤可能需要检查多个点。

10.4 执行测试用例

unittest 框架给我们准备了多种执行测试用例的方法。这里我们来学习一些日常工作中经

常用到的操作。

（1）脚本自测

unittest.main 会自动收集当前文件中所有的测试用例来执行。示例代码：test10_4.py。

```
import unittest


first = 20
class TestStorm(unittest.TestCase):
    def setUp(self):    # 在每个测试用例执行前执行一次
        print('setUp')

    def test_age(self):    # 方法名使用小写字母，且以 test 开头
        second = first + 5    # 用例操作
        self.assertEqual(second, 25)  # 操作结果断言

    def tearDown(self):  # 在每个测试用例后执行一次
        print('tearDown')


if __name__ == '__main__':
    unittest.main()
```

> **注意**
> 1. if __name__ == '__main__':，这里的 name 和 main 前后都有两个下划线。你可以在 PyCharm 中直接输入 main 来快速输入这行代码。
> 2. unittest.main()，main 后面需要加上括号，否则无法正常执行。
> 3. unittest.main()，是对上方脚本进行自测，不影响其他文件的调用。

（2）通过 class 构造测试集合

我们可以通过 unittest.TestLoader().loadTestsFromTestCase 加载某个 class 下面的所有用例。示例代码：test10_6.py。

```
import unittest
from Chapter_10 import test10_5

if __name__ == '__main__':
    testcase2 = unittest.TestLoader().loadTestsFromTestCase(test10_5.TestSecond)
    suite = unittest.TestSuite([testcase2])
    unittest.TextTestRunner().run(suite)
```

运行结果如下。

```
4
..
3
----------------------------------------------------------------------
Ran 2 tests in 0.001s
```

上方代码先将 test10_5 文件中的内容通过 import 导入，然后使用 unittest 提供的 unittest.TestLoader().loadTestsFromTestCase 方法传入 test10_5 文件中的第二个 class，即 "TestSecond"；接下来通过 unittest.TestSuite([testcase2]) 组装测试用例集合；最后通过 unittest.TextTestRunner 提供的 run 方法来执行组装好的集合。

> **注意** ▶ 直接在 test10_5.py 文件中使用这种方法去加载测试用例的话，还是会执行所有的用例，示例代码如下所示。

```python
import unittest

'''
演示如何通过 TestLoader 来构造 Test Suite
'''
class TestFirst(unittest.TestCase):
    def setUp(self):
        pass

    def tearDown(self):
        pass

    def test_one(self):
        print('1')
        self.assertEqual(1,1)

    def test_two(self):
        print('2')
        self.assertEqual(2,2)

class TestSecond(unittest.TestCase):
    def setUp(self):
        pass

    def tearDown(self):
        pass

    def test_three(self):
        print('3')
        self.assertEqual(3,3)

    def test_four(self):
        print('4')
        self.assertEqual(4,4)

if __name__ == '__main__':
    testcase2 = unittest.TestLoader().loadTestsFromTestCase(TestSecond)
    suite = unittest.TestSuite([testcase2])
    unittest.TextTestRunner().run(suite)
```

运行结果如下。

1
2
4
3

（3）通过 addTest 构建测试集合

我们可以通过 addTest 将某个 class 下面的测试用例添加到集合，然后执行测试集合。示例代码：test10_7.py。

```
import unittest
from Chapter_10 import test10_5

if __name__ == '__main__':
    suite = unittest.TestSuite()
    suite.addTest(test10_5.TestFirst("test_one"))
    suite.addTest(test10_5.TestSecond("test_four"))
    unittest.TextTestRunner().run(suite)
```

上述代码从 TestFirst 类中取了 test_one 测试用例，从 TestSecond 类中取了 test_four 测试用例，两者组成了一个测试用例集合，运行结果如下。

1
4

（4）通过 discover 构建测试集合

我们还可以通过 unittest.TestLoader().discover('.') 在指定目录中寻找符合条件的测试用例，从而组成测试集合。关于 discover 的用法请参考下方示例代码：test10_8.py。

```
import unittest

if __name__ == '__main__':
    testSuite = unittest.TestLoader().discover('.')
    unittest.TextTestRunner(verbosity=2).run(testSuite)
```

这里的 discover，我们传递的目录是一个"."，代表文件所在目录。执行该文件的话，就会从该文件所在目录中去寻找所有符合条件的测试用例。discover 的用法我们会在 10.8 节再次讲解。

10.5 用例执行次序

在 10.3 节中，如果你细心观察 test10_5.py 文件的运行结果会发现，4 个测试用例执行的顺序为"test_one""test_two""test_four""test_three"。该顺序和测试用例的摆放顺序并不相同。为什么测试用例按照这样的顺序来执行呢？其实测试用例执行的顺序依照的是方法和函数名的ASCII值排序。test10_5.py文件中包含两个类（class），分别是"TestFirst"和"TestSecond"，前4个字符相同（都是Test），从第五个字符开始不同，"F"排在"S"前面，因此"TestFirst"类先执行。"TestFirst"类中有两个测试用例，用例名分别是"test_one"和"test_two"，按ASCII值来排序的话"test_one"比"test_two"先执行，同理"test_four"比"test_three"先执行。

那么问题来了，如果我想让测试用例按照从上到下的顺序来执行，应该怎么办呢？这里介绍两种方法。

（1）将用例按顺序添加到集合

这里我们新建一个测试文件。示例代码：test10_9.py。

```python
import unittest
from Chapter_10 import test10_5

if __name__ == '__main__':
    suite = unittest.TestSuite()
    suite.addTest(test10_5.TestFirst("test_one"))
    suite.addTest(test10_5.TestFirst("test_two"))
    suite.addTest(test10_5.TestSecond("test_three"))
    suite.addTest(test10_5.TestSecond("test_four"))
    unittest.TextTestRunner().run(suite)
```

我们按照"one""two""three""four"的顺序把测试用例组装成测试集合，然后再执行这个测试集合，运行结果如下。

```
1
...
2
3
----------------------------------------------------------------------
Ran 4 tests in 0.001s
4
```

测试用例执行的顺序和我们组合测试集合的顺序是一致的。但是当测试用例非常多的时候，我们不可能人工去判断每条用例名的ASCII值，况且一条条地将测试用例加到测试集合中也是不小的工作量。因此，应对该问题我们有更合适的解决方案——请看方案（2）。

（2）调整测试用例名称

既然测试用例默认的执行顺序依照的是ASCII值的排序，那么我们构造合适的类名和方法名就可以了。

我们在 test10_5.py 文件的基础上调整类名或者方法名，在"test"和用例名中间加上数字，形成文件 test10_10.py。

```python
import unittest

'''
演示如何通过 TestLoader 来构造 Test Suite
'''
class TestFirst(unittest.TestCase):
    def setUp(self):
        pass

    def tearDown(self):
        pass

    def test_001_one(self):
        print('1')
        self.assertEqual(1,1)

    def test_002_two(self):
        print('2')
        self.assertEqual(2,2)

class TestSecond(unittest.TestCase):
    def setUp(self):
        pass

    def tearDown(self):
        pass

    def test_003_three(self):
        print('3')
        self.assertEqual(3,3)

    def test_004_four(self):
        print('4')
        self.assertEqual(4,4)

if __name__ == '__main__':
    unittest.main()
```

执行结果如下。

1
2
3
4

同样，我们在一个目录下新建的测试用例文件也是按照文件名的 ASCII 值的排序来编排和执行的，你也可以通过在文件名中添加数字来指定测试用例的执行顺序。

有的读者可能会问：为什么要纠结测试用例的执行顺序呢？在实际项目中，部分测试用例可能存在前后的依赖关系，这时候你就会期望它们按照顺序执行。

10.6 内置装饰器

在自动化测试过程中，你可能会遇到这样的场景：在某些情况下，测试用例虽然不需要执行，但是你"舍不得"删掉它。下面来看看 unittest 提供的装饰器功能。

（1）无条件跳过装饰器（示例代码：test10_11.py）

下面的代码借助 @unittest.skip('skip info') 装饰器，演示无条件跳过执行某个方法。

```python
import unittest


'''
@unittest.skip('skip info')，无条件跳过
'''
class MyTest(unittest.TestCase):
    def setUp(self):
        pass

    def tearDown(self):
        pass

    @unittest.skip('skip info')
    def test_aaa(self):
        print('aaa')

    def test_ddd(self):
        print('ddd')

    def test_ccc(self):
        print('ccc')

    def test_bbb(self):
        print('bbb')

if __name__ == '__main__':
    unittest.main()
```

运行结果如下。

```
Skipped: skip info
```

```
bbb
ccc
ddd
```

(2)满足条件跳过装饰器(示例代码:test10_12.py)

下面的代码借助 @unittest.skipIf(a>3, 'info') 装饰器,演示当满足某个条件时,跳过执行某个方法。

```
import unittest
import sys


'''
满足条件跳过
'''
class MyTest(unittest.TestCase):
    a = 4
    def setUp(self):
        pass

    def tearDown(self):
        pass

    def test_aaa(self):
        print('aaa')

    @unittest.skipIf(a>3, 'info')
    def test_ddd(self):
        print('ddd')

    def test_ccc(self):
        print('ccc')

    def test_bbb(self):
        print('bbb')
if __name__ == '__main__':
    unittest.main()
```

因为变量 *a*=4,满足 *a*>3 的条件,所以跳过执行 test_ddd 用例,运行结果如下。

```
aaa
bbb
ccc
```

(3)不满足条件跳过(示例代码:test10_13.py)

下面的代码借助 @unittest.skipUnless(a==5,'info') 装饰器,演示当不满足某个条件时,跳过执行某个方法。

```python
import unittest
import sys


'''
不满足条件跳过
'''
class MyTest(unittest.TestCase):
    a = 4
    def setUp(self):
        pass

    def tearDown(self):
        pass

    def test_aaa(self):
        print('aaa')

    def test_ddd(self):
        print('ddd')

    @unittest.skipUnless(a==5,'info')
    def test_ccc(self):
        print('ccc')

    def test_bbb(self):
        print('bbb')

if __name__ == '__main__':
    unittest.main()
```

因为 a=4，不满足 a==5 的条件，所以跳过 test_ccc 用例，运行结果如下。

```
aaa
bbb

Skipped: info
ddd
```

10.7 命令行执行测试

unittest 框架支持命令行模式执行测试模块、类，甚至单独的测试方法。通过命令行模式，用户可以传入任何模块名、有效的测试类和测试方法参数列表。

（1）通过命令直接执行整个测试文件

打开 DOS 窗口，首先切换到目标文件目录（注意，必须切换到要执行的文件目录），本节的目标文件在"D:\Love\Chapter_10"目录。

```
C:\Users\duzil>d:
D:\>cd D:\Love\Chapter_10
```

输入"python -m unittest -v 文件名",按"Enter"键。

```
D:\Love\Chapter_10>python -m unittest -v test10_5
test_one (test10_5.TestFirst) ... 1
ok
test_two (test10_5.TestFirst) ... 2
ok
test_four (test10_5.TestSecond) ... 4
ok
test_three (test10_5.TestSecond) ... 3
ok

----------------------------------------------------------------------
Ran 4 tests in 0.014s

OK
```

> **注意** -m 参数,代表执行的方法是 unittest;-v 参数,代表输出结果的详细模式。

(2)通过命令执行测试文件中的某个测试类

打开 DOS 窗口,输入"python -m unittest -v 文件名.类名"后按"Enter"键。

```
D:\Love\Chapter_10>python -m unittest -v test10_5.TestSecond
test_four (test10_5.TestSecond) ... 4
ok
test_three (test10_5.TestSecond) ... 3
ok

----------------------------------------------------------------------
Ran 2 tests in 0.009s

OK
```

(3)通过命令行执行某个文件的某个类下的某个测试用例

打开 DOS 窗口,输入"python -m unittest -v 文件名.类名.方法名"后按"Enter"键。

```
D:\Love\Chapter_10>python -m unittest -v test10_5.TestSecond.test_three
test_three (test10_5.TestSecond) ... 3
ok

----------------------------------------------------------------------
Ran 1 test in 0.002s

OK
```

通过命令行,我们可以方便地指定要执行的测试文件、方法、用例。

10.8 批量执行测试文件

本节我们演示一下如何批量执行测试文件。

在 Chapter_10 目录下,我们新建一个 Python Package: "Storm_10_1"。然后在下面新建 3 个文件,内容如下。

第一个测试用例文件: test_001.py。

```python
import unittest


class MyTest(unittest.TestCase):
    def setUp(self):
        pass

    def tearDown(self):
        pass

    def test_aaa(self):
        print('aaa')

    def test_bbb(self):
        print('bbb')

if __name__ == '__main__':
    unittest.main()
```

第二个测试用例文件: test_002.py。

```python
import unittest


class MyTest(unittest.TestCase):
    def setUp(self):
        pass

    def tearDown(self):
        pass

    def test_ddd(self):
        print('ddd')

    def test_ccc(self):
```

```
        print('ccc')


if __name__ == '__main__':
    unittest.main()
```

创建一个名为"run.py"的文件,内容如下。

```
import unittest

if __name__ == '__main__':
    testsuite = unittest.TestLoader().discover('.')
    unittest.TextTestRunner(verbosity=2).run(testsuite)
```

"run.py"文件的运行结果如下。

```
aaa
test_aaa (test_001.MyTest) ... ok
bbb
ccc
test_bbb (test_001.MyTest) ... ok
ddd
test_ccc (test_002.MyTest) ... ok
test_ddd (test_002.MyTest) ... ok

----------------------------------------------------------------------
Ran 4 tests in 0.000s

OK
```

具体分析如下。

- testsuite = unittest.TestLoader().discover('.')的意思是,通过unittest的TestLoader提供的discover方法去寻找目录中符合条件的测试用例。
- "."代表当前目录,也可以构造、传递其他目录。
- 以"test"开头的测试文件名为符合条件的测试用例。

另外,我们还可以在命令行模式下面执行命令"python -m unittest discover",如下所示。

```
D:\Love\Chapter_10\Storm_10_1>python -m unittest discover
aaa
.bbb
.ccc
.ddd
.
----------------------------------------------------------------------
Ran 4 tests in 0.010s

OK
```

10.9 测试断言

断言是为了检查测试的结果是否符合预期。unittest 单元测试框架中的 TestCase 类提供了很多断言方法，便于检验测试结果是否达到预期，并能在断言失败后抛出失败的原因。这里我们列举了一些常用的断言方法，如表 10-1 所示。

表 10-1　常用的断言方法

方法	检查
assertEqual(a, b)	a ==b
assertNotEqual(a, b)	a !=b
assertTrue(x)	bool(x) is True
assertFalse(x)	Bool(x) is False
assertIs(a, b)	a is b
assertIsNot(a, b)	a is not b
assertIsNone(x)	x is None
assertIsNotNone(x)	x is not None
assertIn(a, b)	a in b
assertNotIn(a, b)	a not in b
assertIsInstance(a, b)	isinstance(a,b)
assertNotIsInstance(a, b)	not isinstance(a,b)

接下来，我们通过示例来演示一下这些断言方法该如何使用。示例代码：test10_14.py。

```python
import unittest


class TestMath(unittest.TestCase):
    def setUp(self):
        print("test start")

    def test_001(self):
        j = 5
        self.assertEqual(j + 1, 6)  # 判断相等
        self.assertNotEqual(j + 1, 5)  # 判断不相等

    def test_002(self):
        j = True
        f = False
        self.assertTrue(j)  # 判断 j 是否为 True
```

```python
            self.assertFalse(f)  # 判断 f 是否为 False

    def test_003(self):
        j = 'Storm'
        self.assertIs(j, 'Storm')  # 判断 j 是否是 "Storm"
        self.assertIsNot(j, 'storm')  # 判断 j 是否是 "storm"，区分大小写

    def test_004(self):
        j = None
        t = 'Storm'
        self.assertIsNone(j)  # 判断 j 是否为 None
        self.assertIsNotNone(t)  # 判断 t 是否不是 None

    def test_005(self):
        j = 'Storm'
        self.assertIn(j, 'Storm')    # 判断 j 是否包含在 "Storm" 中
        self.assertNotIn(j, 'xxx')   # 判断 j 是否没有包含在 "xxx" 中

    def test_006(self):
        j = 'Storm'
        self.assertIsInstance(j, str)  # 判断 j 的类型是否是 str
        self.assertNotIsInstance(j, int)  # 判断 j 的类型是否是 int

    def tearDown(self):
        print("test end")

if __name__ == '__main__':
    unittest.main()
```

借助 unittest 框架提供的断言方法，我们可以方便地实现测试用例断言的需求。更为关键的是，这些封装好的断言有完善的报错信息，还支持用测试报告来统计测试用例执行的结果。

10.10 测试报告

到目前为止，我们所有的测试结果都是直接输出到 PyCharm 控制台的。这不利于我们查看和保存测试结果。本节我们将学习如何借助 HTMLTestRunner 生成 HTML 测试报告。

准备工作如下。

- 大家可以自行搜索下载"HTMLTestRunner.py"文件。
- 将"HTMLTestRunner.py"文件复制到Python安装目录下的Lib文件夹中。
- 在Python交互模式下导入模块，测试是否成功。

```
>>> import HTMLTestRunner
```

没有报错,说明导入成功。

接下来,我们在 Chapter_10 下面新建一个 Python Package,并取名为"Storm_10_2"。然后在下面新建 3 个文件,文件名及内容如下。

文件一:test_001.py。

```python
import unittest


class MyTest(unittest.TestCase):
    def setUp(self):
        pass

    def tearDown(self):
        pass

    def test_aaa(self):
        print('aaa')
        self.assertEqual('a','a')

    def test_bbb(self):
        print('bbb')
        self.assertEqual('b','b')


if __name__ == '__main__':
    unittest.main()
```

文件二:test_002.py。

```python
import unittest


class MyTest(unittest.TestCase):
    def setUp(self):
        pass

    def tearDown(self):
        pass

    def test_ddd(self):
        print('ddd')
        self.assertEqual('d','d')

    def test_ccc(self):
        print('ccc')
        self.assertEqual('c','c')


if __name__ == '__main__':
    unittest.main()
```

文件三：run.py。

```
import unittest
import HTMLTestRunner
import time

if __name__ == '__main__':
    # 查找当前目录的测试用例文件
    testSuite = unittest.TestLoader().discover('.')
    # 定义一个文件名，文件名以年月日时分秒结尾，方便查找
    filename = "D:\\Storm_{}.html".format(time.strftime('%Y%m%d%H%M%S',time.localtime(time.time())))
    # 以 with open 的方式打开文件
    with open(filename, 'wb') as f:
        # 通过 HTMLTestRunner 来执行测试用例，并生成报告
        runner = HTMLTestRunner.HTMLTestRunner(stream=f,title='这里是报告的标题',description='这里是报告的描述信息')
        runner.run(testSuite)
```

重点看一下"run.py"文件，有以下几点需要注意。

- 通过unittest.TestLoader().discover('.')构造测试集合。
- 通过格式化日期时间拼接一个文件名。
- 通过with open的方式打开、写入文件。好处是不需要手动关闭文件。
- 通过调用HTMLTestRunner.HTMLTestRunner来生成测试报告。

当我们执行"run.py"文件后，程序会在指定的目录（上方代码指定的目录为 D 盘根目录）下生成一个测试报告文件，我们通过浏览器打开，效果如图 10-1 所示。

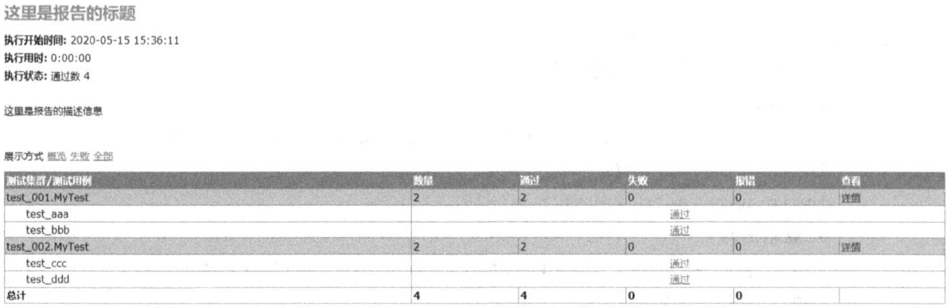

这里是报告的标题
执行开始时间：2020-05-15 15:36:11
执行用时：0:00:00
执行状态：通过数 4

这里是报告的描述信息

展示方式 概览 失败 全部

测试集群/测试用例	数量	通过	失败	错误	查看
test_001.MyTest	2	2	0	0	详情
test_aaa			通过		
test_bbb			通过		
test_002.MyTest	2	2	0	0	详情
test_ccc			通过		
test_ddd			通过		
总计	4	4	0	0	

图 10-1　测试报告（1）

通过该报告，我们可以清晰地看到以下内容。

- 测试报告的标题。
- 执行开始的时间。
- 执行用时。
- 执行状态——测试用例通过个数、失败个数。

- 测试报告的描述信息。
- 测试用例执行的表格。

10.11 unittest 与 Selenium

unittest 测试框架相关的内容我们已经学习完成。接下来，我们借助 unittest 来改写一下 9.2 节编写的线性自动化测试脚本。

我们在 Chapter_10 下面新建一个 Python Package，名为 "Storm_10_3"。然后将 9.2 节中的两个文件 "test_login.py" "test_new_project.py" 复制过来并改写代码。

将 "test_login.py" 改写，内容如下所示。

```python
from selenium import webdriver
import unittest


class TestLogin(unittest.TestCase):
    def setUp(self):
        self.driver = webdriver.Chrome()
        self.driver.maximize_window()
        self.driver.implicitly_wait(20)
        # 访问"登录"页面
        self.driver.get('http://localhost:81/redmine/login')

    def test_001_login_err(self):
        # 用例一：错误密码登录失败
        # 登录名
        login_name = self.driver.find_element_by_id('username')
        login_name.clear()
        login_name.send_keys('admin')
        # 登录密码
        login_pwd = self.driver.find_element_by_id('password')
        login_pwd.clear()
        login_pwd.send_keys('error')
        # "登录"按钮
        login_btn = self.driver.find_element_by_id('login-submit')
        login_btn.click()
        # 登录失败后的提示信息
        ele = self.driver.find_element_by_id('flash_error')
        self.assertIn('无效的用户名或密码', self.driver.page_source)

    def test_002_login_suc(self):
        # 用例二：正确密码登录成功
```

```python
            # 登录名
            login_name = self.driver.find_element_by_id('username')
            login_name.clear()
            login_name.send_keys('admin')
            # 登录密码
            login_pwd = self.driver.find_element_by_id('password')
            login_pwd.clear()
            login_pwd.send_keys('rootroot')
            # "登录"按钮
            login_btn = self.driver.find_element_by_id('login-submit')
            login_btn.click()
            # 登录后显示的用户名
            name = self.driver.find_element_by_link_text('admin')
            self.assertEqual(name.text, 'admin')

    def tearDown(self):
        self.driver.quit()

if __name__ == '__main__':
    unittest.main()
```

对于登录这两个测试用例来说，打开浏览器访问 Redmine 的"登录"页面是测试前的准备工作，因此我们将相应代码放到 setUp 中。输入用户名和密码，单击"登录"按钮，然后进行断言，显然是测试用例的主体工作，因此我们将相应代码放到了 test 开头的方法中。测试完成后，我们要退出浏览器是收尾工作，因此将相应代码放到 tearDown 中。

接下来，将"test_new_project.py"改写，内容如下所示。

```python
from selenium import webdriver
import time,unittest


# 通过时间戳构造唯一项目名
project_name = 'project_{}'.format(time.time())

class TestNewProject(unittest.TestCase):
    def setUp(self):
        self.driver = webdriver.Chrome()
        self.driver.maximize_window()
        self.driver.implicitly_wait(20)
        # 访问"登录"页面
        self.driver.get('http://localhost:81/redmine/login')
        # 登录
        login_name = self.driver.find_element_by_id('username')
        login_name.clear()
        login_name.send_keys('admin')
        login_pwd = self.driver.find_element_by_id('password')
        login_pwd.clear()
        login_pwd.send_keys('rootroot')
        login_btn = self.driver.find_element_by_id('login-submit')
```

```python
            login_btn.click()

        def test_new_project(self):
            # 访问"项目列表"页面
            self.driver.get('http://localhost:81/redmine/projects')
            # "新建项目"按钮
            new_project = self.driver.find_element_by_link_text('新建项目')
            new_project.click()
            # 输入项目名称
            pj_name = self.driver.find_element_by_id('project_name')
            pj_name.send_keys(project_name)
            # "提交"按钮
            commit_btn = self.driver.find_element_by_name('commit')
            commit_btn.click()
            # 新建项目成功后的提示信息
            ele = self.driver.find_element_by_id('flash_notice')
            self.assertEqual(ele.text, '创建成功')

        def tearDown(self):
            self.driver.quit()

if __name__ == '__main__':
    unittest.main()
```

对于新建项目这个用例来说，打开浏览器和完成登录动作都属于前期的准备工作，因此我们将相应代码放到了 setUp 固件中。

新建"run.py"文件，内容如下。

```python
import unittest
import HTMLTestRunner
import time, os

if __name__ == '__main__':
    # 查找当前目录的测试用例文件
    testSuite = unittest.TestLoader().discover('.')
    # 这次将报告放到当前目录
    filename = os.getcwd() + os.sep + "Storm_{}.html".format(time.strftime('%Y%m%d%H%M%S',time.localtime(time.time())))
    # 以 with open 的方式打开文件
    with open(filename, 'wb') as f:
        # 通过 HTMLTestRunner 来执行测试用例，并生成报告
        runner = HTMLTestRunner.HTMLTestRunner(stream=f,title='Redmine 测试报告', description='unittest 线性测试报告')
        runner.run(testSuite)
```

上述代码还是在当前文件目录搜寻测试用例，报告命名的方式是当前文件所在目录与当前时间拼接的字符串。

执行"run.py"文件后，会在当前目录生成测试报告，报告的文件名类似"Storm_20200515211544.html"，打开该文件后，内容如图 10-2 所示。

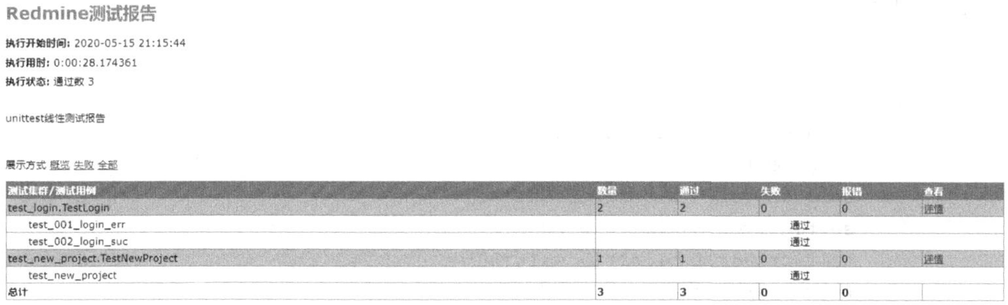

Redmine测试报告

执行开始时间:2020-05-15 21:15:44
执行用时:0:00:28.174361
执行状态:通过数 3

unittest线性测试报告

显示方式 概览 失败 全部

测试集群/测试用例	数量	通过	失败	报错	查看
test_login.TestLogin	2	2	0	0	详情
test_001_login_err			通过		
test_002_login_suc			通过		
test_new_project.TestNewProject	1	1	0	0	详情
test_new_project			通过		
总计	3	3	0	0	

图 10-2 测试报告(2)

10.12 unittest 参数化

在 10.11 节的"test_login.py"文件中,我们编写了两个测试用例:一个是登录成功,另一个是登录失败。两个测试用例的步骤其实是一样的,只不过传递的数据(这里是密码不同)不一样。如果我们想降低代码的冗余性,可以将脚本中的数据抽取出来,实现数据与代码的分离。这就是本节要介绍的知识——测试数据参数化,好多作者也将其称为"数据驱动"。

unittest 本身不支持参数化,我们需要借助第三方插件实现。这里我们介绍两种常见的方法。

10.12.1 unittest + DDT

DDT 的全称是 Data-Driven Tests,意思是数据驱动测试。虽然 unittest 没有自带数据驱动功能,但 DDT 可以与之完美地结合。

(1)安装 DDT

这里我们使用 pip3 安装 DDT,命令如下。

```
C:\Users\duzil>pip3 install ddt
Requirement already satisfied: ddt in c:\python\python36\lib\site-packages (1.2.1)
```

(2)参数化后的代码

我们在 Chapter_10 下创建一个名为"Storm_10_4"的 Package,然后将"test_login.py"文件复制过来,将内容修改为如下所示。(注意看脚本中的注释。)

```
from selenium import webdriver
import unittest
```

```python
import ddt


@ddt.ddt
class TestLogin(unittest.TestCase):
    def setUp(self):
        self.driver = webdriver.Chrome()
        self.driver.maximize_window()
        self.driver.implicitly_wait(20)
        # 访问"登录"页面
        self.driver.get('http://localhost:81/redmine/login')

    '''
    1. @ddt.data，括号中可以传递列表或元组
    2. 这里传递了两个列表，代表两个测试用例
    3. 每个测试用例包含了 3 个参数
        （1）第一个是用户名的取值
        （2）第二个是密码的取值
        （3）第三个是登录成功与否：我们约定 0 代表登录失败，1 代表成功
    '''
    @ddt.data(['admin', 'error', '0'],['admin', 'rootroot', '1'])
    @ddt.unpack
    def test_001_login(self, username, password, status):
        # 登录名
        login_name = self.driver.find_element_by_id('username')
        login_name.clear()
        login_name.send_keys(username)
        # 登录密码
        login_pwd = self.driver.find_element_by_id('password')
        login_pwd.clear()
        login_pwd.send_keys(password)
        # "登录"按钮
        login_btn = self.driver.find_element_by_id('login-submit')
        login_btn.click()
        if status == '0':
            # 登录失败后的提示信息
            ele = self.driver.find_element_by_id('flash_error')
            self.assertIn('无效的用户名或密码', self.driver.page_source)
        elif status == '1':
            # 登录后显示的用户名
            name = self.driver.find_element_by_link_text(username)
            self.assertEqual(name.text, username)
        else:
            print('参数化的状态只能传入 0 或 1')


    def tearDown(self):
        self.driver.quit()

if __name__ == '__main__':
    unittest.main()
```

具体分析如下。

- 代码头部导入ddt模块：import ddt。
- 测试类TestLogin(unittest.TestCase)前声明使用：@ddt.ddt。
- 测试方法test_001_login(self, username, password, status)：前使用@ddt.data来定义数据，并且定义的数据的个数和顺序必须与测试方法的形参一一对应；然后使用@unpack进行修饰，也就是对测试数据进行解包，将每组数据的第一个传给username，第二个传给password，第三个传给status。
- 这里要解释一下，为什么要定义一个status参数。原因是我们登录成功和失败断言的语句不一样。

测试代码经过参数化精简了很多，并且代码的可维护性和可扩展性大大提高了。

- 假如要调整登录过程中的语句（def test_001_login(self, username, password, status)），我们只需要更改一次就好了，而不是要修改两个测试方法中的相同语句。
- 如果你还想测试其他数据的话，只需要在 "@ddt.data(['admin', 'error', '0'],['admin', 'rootroot', '1'])" 这里新增其他参数即可，不需要再复制、粘贴编写一个用例。

10.12.2　unittest + parameterized

让我们再来看另一种实现参数化的方式。parameterized 是一个第三方的库，可以支持 unittest 的参数化。

（1）安装 parameterized

依然使用 pip3 来安装，安装命令如下所示。

```
C:\Users\duzil>pip3 install parameterized
Collecting parameterized
  Downloading https://×××/0130989901f50de41fe85d605437a0210f/parameterized-0.7.4-py2.py3-none-any.whl
Installing collected packages: parameterized
Successfully installed parameterized-0.7.4
```

（2）示例代码

这里借助 parameterized 包来完成 unittest 的参数化，示例代码：test_login_2.py。

```
from selenium import webdriver
import unittest
from parameterized import parameterized, param


class TestLogin(unittest.TestCase):
    def setUp(self):
```

```python
        self.driver = webdriver.Chrome()
        self.driver.maximize_window()
        self.driver.implicitly_wait(20)
        # 访问"登录"页面
        self.driver.get('http://localhost:81/redmine/login')

    '''
    1. @parameterized.expand, 括号中传递列表
    2. 列表中传递元组, 每个元组代表一个测试用例
    3. 每个测试用例包含了3个参数:
        (1) 第一个是用户名的取值
        (2) 第二个是密码的取值
        (3) 第三个是判断登录成功与否: 我们约定0代表登录失败, 1代表成功
    '''
    @parameterized.expand([('admin', 'error', '0'),('admin', 'rootroot', '1')])
    def test_001_login(self, username, password, status):
        # 登录名
        login_name = self.driver.find_element_by_id('username')
        login_name.clear()
        login_name.send_keys(username)
        # 登录密码
        login_pwd = self.driver.find_element_by_id('password')
        login_pwd.clear()
        login_pwd.send_keys(password)
        # "登录"按钮
        login_btn = self.driver.find_element_by_id('login-submit')
        login_btn.click()
        if status == '0':
            # 登录失败后的提示信息
            ele = self.driver.find_element_by_id('flash_error')
            self.assertIn('无效的用户名或密码', self.driver.page_source)
        elif status == '1':
            # 登录后显示的用户名
            name = self.driver.find_element_by_link_text(username)
            self.assertEqual(name.text, username)
        else:
            print('参数化的状态只能传入0或1')


    def tearDown(self):
        self.driver.quit()

if __name__ == '__main__':
    unittest.main()
```

具体分析如下。

- 代码头部使用语句"from parameterized import parameterized, param"导入两个包。

- 类不需要装饰。

- 在方法处装饰"@parameterized.expand([('admin', 'error', '0'),('admin', 'rootroot', '1')])"。

无论是 DDT 还是 parameterized, 配合 unittest 都可以方便地实现参数化, 并且两种方法都非常简单, 大家根据自己的习惯选择其一即可。当然如果是"团队作战"的话, 建议还是保持统一。

第 11 章
Pytest测试框架

上一章我们学习了 unittest 单元测试框架。本章我们再来学习一下 Pytest 单元测试框架。两个框架大同小异，不过 Pytest 框架的组织形式更灵活一些。另外，Pytest 配合插件可以实现失败用例再次执行的功能，这在某些情形下非常有用。最后 Pytest 支持 Allure 测试报告，该类报告的页面更加美观一些。

11.1 Pytest 框架简介

（1）安装 Pytest

Pytest 并没有集成在 Python 包中，需要手动安装。

◆ DOS窗口安装

我们借助 pip3 来安装 Python 的第三方包，命令如下。

```
pip3 install -U pytest
```

如果安装失败的话，可以尝试使用国内镜像来安装。例如，我们使用清华大学的镜像源，命令如下。

```
pip3 install -i https://pypi.tuna.tsinghua.edu.cn/simple pytest
```

如果显示“Successfully installed……”，则说明安装成功，如图 11-1 所示。

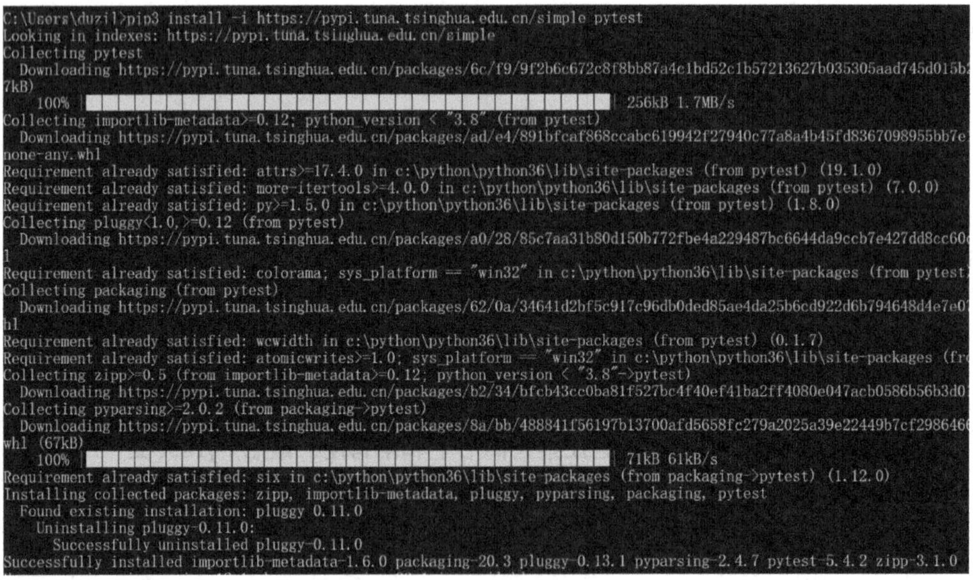

```
C:\Users\duzil>pip3 install -i https://pypi.tuna.tsinghua.edu.cn/simple pytest
Looking in indexes: https://pypi.tuna.tsinghua.edu.cn/simple
Collecting pytest
  Downloading https://pypi.tuna.tsinghua.edu.cn/packages/6c/f9/9f2b6c672c8f8bb87a4c1bd52c1b57213627b035305aad745d015b
7kB)
    100% |████████████████████████████████| 256kB 1.7MB/s
Collecting importlib-metadata>=0.12; python_version < "3.8" (from pytest)
  Downloading https://pypi.tuna.tsinghua.edu.cn/packages/ad/e4/891bfcaf868ccabc619942f27940c77a8a4b45fd8367098955bb7e
none-any.whl
Requirement already satisfied: attrs>=17.4.0 in c:\python\python36\lib\site-packages (from pytest) (19.1.0)
Requirement already satisfied: more-itertools>=4.0.0 in c:\python\python36\lib\site-packages (from pytest) (7.0.0)
Requirement already satisfied: py>=1.5.0 in c:\python\python36\lib\site-packages (from pytest) (1.8.0)
Collecting pluggy<1.0,>=0.12 (from pytest)
  Downloading https://pypi.tuna.tsinghua.edu.cn/packages/a0/28/85c7aa31b80d150b772fbe4a229487bc6644da9ccb7e427dd8cc60
1
Requirement already satisfied: colorama; sys_platform == "win32" in c:\python\python36\lib\site-packages (from pytest
Collecting packaging (from pytest)
  Downloading https://pypi.tuna.tsinghua.edu.cn/packages/62/0a/34641d2bf5c917c96db0ded85ae4da25b6cd922d6b794648d4e7e0
hl
Requirement already satisfied: wcwidth in c:\python\python36\lib\site-packages (from pytest) (0.1.7)
Requirement already satisfied: atomicwrites>=1.0; sys_platform == "win32" in c:\python\python36\lib\site-packages (fr
Collecting zipp>=0.5 (from importlib-metadata>=0.12; python_version < "3.8"->pytest)
  Downloading https://pypi.tuna.tsinghua.edu.cn/packages/b2/34/bfcb43cc0ba81f527bc4f40ef41ba2ff4080e047acb0586b56b3d0
Collecting pyparsing>=2.0.2 (from packaging->pytest)
  Downloading https://pypi.tuna.tsinghua.edu.cn/packages/8a/bb/488841f56197b13700afd5658fc279a2025a39e22449b7cf298646
whl (67kB)
    100% |████████████████████████████████| 71kB 61kB/s
Requirement already satisfied: six in c:\python\python36\lib\site-packages (from packaging->pytest) (1.12.0)
Installing collected packages: zipp, importlib-metadata, pluggy, pyparsing, packaging, pytest
  Found existing installation: pluggy 0.11.0
    Uninstalling pluggy-0.11.0:
      Successfully uninstalled pluggy-0.11.0
Successfully installed importlib-metadata-1.6.0 packaging-20.3 pluggy-0.13.1 pyparsing-2.4.7 pytest-5.4.2 zipp-3.1.0
```

图 11-1 安装 Pytest 成功

接着，我们可以使用“pip3 show pytest”命令来查看安装的 Pytest 版本。

```
C:\Users\duzil>pip3 show pytest
Name: pytest
Version: 5.4.2
Summary: pytest: simple powerful testing with Python
Home-page: https://docs.pytest.org/en/latest/
Author: Holger Krekel, Bruno Oliveira, Ronny Pfannschmidt, Floris Bruynooghe, Brianna
```

```
Laugher, Florian Bruhin and others
    Author-email: None
    License: MIT license
    Location: c:\python\python36\lib\site-packages
    Requires: pluggy, importlib-metadata, colorama, wcwidth, atomicwrites, attrs, more-
itertools, py, packaging
    Required-by:
```

或者也可以使用下面的命令来查看 Pytest 的版本。

```
C:\Users\duzil>pytest --version
This is pytest version 5.4.2, imported from c:\python\python36\lib\site-packages\
pytest\__init__.py
```

◆ PyCharm安装

另外,你还可以通过 PyCharm 的 Settings 来安装 Pytest。安装第三方包的方法我们在 2.1.3 小节中介绍过,这里不再赘述。

(2)Pytest 规则

- 文件命名:默认以"test_"开头或者以"_test"结尾(和unittest有差别,unittest默认以"test"开头或结尾)。
- 测试类(class)命名:默认以"Test"开头。
- 测试方法(函数)命名:默认以"test_"开头。
- 断言:直接使用Python语言的断言assert。

(3)示例一:class 风格代码(示例代码:test_11_1.py)

先来看一个 class 风格的 Pytest 框架代码,整体和 unittest 非常相似。

```python
import pytest


# class TestStorm: # 这种写法也是可以的
class TestStorm(object):
    def test_a(self):
        print('aaaa')
        assert 'a' == 'a'

    def test_b(self):
        print('bbbb')
        assert 'b' == 'b'

if __name__ == '__main__':
    pytest.main(["-s", "test_11_1.py"])
```

运行结果如下。

```
collected 2 items
```

```
test_11_1.py aaaa
.bbbb
.

============================ 2 passed in 0.04s ============================
```

和 unittest 一样,".""代表断言成功,"F"代表断言失败。

(4)示例二:函数风格代码(示例代码:test_11_2.py)

当然,对于 Pytest 框架代码,你可以不把测试用例放置到 class 中,而是直接定义函数。示例代码如下。

```
import pytest

def test_a():
    print('aaaa')
    assert 'a' == 'a'

def test_b():
    print('bbbb')
    assert 'b' == 'b'

if __name__ == '__main__':
    pytest.main(["-s"])
```

11.2　Pytest 测试固件

unittest 提供了 setUp、tearDown、setUpClass、tearDownClass 等测试固件。Pytest 同样有自己的机制,如表 11-1 所示。

表 11-1　Pytest 测试固件

测试固件	解释
setup_module/teardown_module	用于模块的始末,只执行一次,是一个全局方法
setup_function/teardown_function	只对函数生效,不用在类中
setup_class/teardown_class	在类中应用,在类开始、结束时执行
setup_method/teardown_method	在类中的方法开始和结束处执行
setup/teardown	在调用方法的前后执行

我们通过示例来验证一下效果。

(1) 函数中的测试固件 (示例代码: test_11_3.py)

- setup_module、teardown_module, 在整个文件的开始和最后执行一次。
- setup_function和teardown_function, 在每个函数开始前后执行。

```python
import pytest

'''
在函数中使用
1. setup_module、teardown_module, 在整个文件的开始和最后执行一次
2. setup_function 和 teardown_function, 在每个函数开始前后执行
'''
def setup_module():
    print('setup_module')

def teardown_module():
    print('teardown_module')

def setup_function():
    print('setup_function')

def teardown_function():
print('teardown_function')

def test_a():
    print('aaaa')
    assert 'a' == 'a'

def test_b():
    print('bbbb')
    assert 'b' == 'b'

if __name__ == '__main__':
    pytest.main(["-s", "./test_11_3.py"])
```

运行结果如下。

```
test_11_3.py setup_module
setup_function
aaaa
.teardown_function
setup_function
bbbb
.teardown_function
teardown_module
```

(2) class 中的测试固件 (示例代码: test_11_4.py)

- setup_class、teardown_class, 在整个class的开始和最后执行一次。
- setup_method和teardown_method, 在每个方法开始前后执行。

```python
import pytest

'''
在 class 中使用
1. setup_class、teardown_class, 在整个 class 的开始和最后执行一次
2. setup_method 和 teardown_method, 在每个方法开始前后执行
'''
class Test01():
    def setup_class(self):
        print('setup_class')

    def teardown_class(self):
        print('teardown_class')

    def setup_method(self):
        print('setup_method')

    def teardown_method(self):
        print('teardown_method')

    def test_a(self):
        print('aaaa')
        assert 'a' == 'a'

    def test_b(self):
        print('bbbb')
        assert 'b' == 'b'


if __name__ == '__main__':
    pytest.main(["-s", "./test_11_4.py"])
```

运行结果如下。

```
test_11_4.py setup_class
setup_method
aaaa
.teardown_method
setup_method
bbbb
.teardown_method
teardown_class
```

（3）setup 和 teardown

setup 和 teardown 既可以应用在函数中，也可以应用在 class 中，作用对象是函数或方法。和 unittest 中的 setUp 和 tearDown 不同，在代码中，"pytest"中的字母都是小写。来看在函数中的应用（示例代码：test_11_5.py）。

```python
import pytest
```

```python
def setup_module():
    print('setup_module')

def teardown_module():
    print('teardown_module')

def setup():
    print('setup')

def teardown():
    print('teardown')

def test_a():
    print('aaaa')
    assert 'a' == 'a'

def test_b():
    print('bbbb')
    assert 'b' == 'b'

if __name__ == '__main__':
    pytest.main(["-s", "./test_11_5.py"])
```

运行结果如下。

```
test_11_5.py setup_module
setup
aaaa
.teardown
setup
bbbb
.teardown
teardown_module
```

在 class 中的应用代码（示例代码：test_11_6.py）如下。

```python
import pytest


class Test01():
    def setup_class(self):
        print('setup_class')

    def teardown_class(self):
        print('teardown_class')

    def setup(self):
        print('setup')

    def teardown(self):
        print('teardown')
```

```python
    def test_a(self):
        print('aaaa')
        assert 'a' == 'a'

    def test_b(self):
        print('bbbb')
        assert 'b' == 'b'

if __name__ == '__main__':
    pytest.main(["-s", "./test_11_6.py"])
```

运行结果如下。

```
test_11_6.py setup_class
setup
aaaa
.teardown
setup
bbbb
.teardown
teardown_class
```

本节小结如下。

- 假如你的测试文件中没有定义class，而是直接定义的函数，那么就使用"setup_module/teardown_module"和"setup_function/teardown_function"。
- 假如测试文件中定义了class，就使用"setup_class/teardown_class"和"setup_method/teardown_method"。
- 无论是否定义class，你都可以使用"setup"或"teardown"来实现在每个方法（或函数）的前后执行。
- 建议在一个项目中约定好是定义class来组织测试用例，还是直接定义函数来组织用例。

11.3 Pytest 测试用例和断言

本节我们来看下 Pytest 组织测试用例及断言的方法。

（1）定义测试用例

Pytest 和 unittest 的框架风格基本一致，但需要注意以下几点。

- 注意函数或方法名以"test_"开头。

- 直接通过函数定义测试用例的话，def后面的括号中没有self。
- 通过class中的方法定义测试用例的话，def后面的括号中有self。

下面这个"示例代码：test_11_7.py"中，既包含函数定义的测试用例 test_c，又包含 class 中的测试用例 test_a 和 test_b，大家注意观察 def 后面的括号中的不同。

```
import pytest


def test_c():  # 这里没有self
    print('cccc')
    assert 'c' == 'c'

class Test01():
    def test_a(self):  # 这里有self
        print('aaaa')
        assert 'a' == 'a'

    def test_b(self):
        print('bbbb')
        assert 'b' == 'b'


if __name__ == '__main__':
    pytest.main(["-s", "./test_11_7.py"])
```

（2）断言

unittest 提供了专门的断言方法，而 Pytest 直接使用 Python 的 assert 关键字进行断言，更加灵活一些。示例代码：test_11_8.py。

```
import pytest

'''
pytest 的断言更灵活
'''
class Test01():
    def setup_class(self):
        print('setup_class')

    def teardown_class(self):
        print('teardown_class')

    def setup_method(self):
        print('setup_method')

    def teardown_method(self):
        print('teardown_method')

    def test_a(self):
```

```
            print('aaaa')
            assert 5 > 3  # Python 比较运算符

    def test_b(self):
        print('bbbb')
        assert 'Storm' in 'Hello Storm'   # 成员运算符


if __name__ == '__main__':
    pytest.main(["-s", "./test_11_8.py"])
```

在上述代码的测试用例 test_a 中,我们直接使用了算术运算符;在测试用例 test_b 中,我们直接使用了 Python 中的包含运算符 in。当然,你还可以使用 Python 语言支持的任意运算符来返回 True 或 False。

11.4 Pytest 框架测试执行

接下来,我们看一下 Pytest 框架测试执行的常用方式。

11.4.1 使用 main 函数执行

与 unittest 框架类似,Pytest 框架也支持使用 main 函数来进行脚本的自测。

(1) 执行同级和下级目录所有符合条件的测试

使用 pytest.main(["-s"]) 执行当前文件所在目录下所有符合条件的测试用例。这点和 unittest 不同。示例代码:test_11_9.py。

```
import pytest


def test_b():
    print('bbbb')
    assert 'Storm' in 'Hello Storm'


if __name__ == '__main__':
    pytest.main(["-s"])
```

脚本执行的时候,并不会只执行 test_11_9.py 中的测试用例,而是会执行 test_11_9.py 文件所在目录下的所有符合条件的测试用例。

> **注意**
> 1. unittest 中直接使用 unittest.main()，括号中不需要提供参数，默认执行当前文件中符合条件的测试用例。
> 2. Pytest 中，pytest.main() 的括号中不需要提供参数，默认执行该文件同级和下级目录中所有符合条件的测试用例。
> 3. -s 参数，关闭捕捉，输出信息。使用 -v 参数则不会在控制台输出信息。
> 4. main() 括号中传递的参数必须放到列表中。

（2）pytest.main(["-s", "test_11_10.py"])

在调试脚本的时候，如果我们希望脚本只执行当前文件，那么可以再多传递一个文件名的参数，示例代码：test_11_10.py。

```python
import pytest


def test_b():
    print('test_11_10')
    assert 'Storm' in 'Hello Storm'


if __name__ == '__main__':
    pytest.main(["-s", "test_11_10.py"])
```

（3）pytest.main(["-s", "./test_11_11.py::Test02"])

在 class 风格的脚本中，调试的时候还可以通过在文件名后加两个冒号和 class 名来指定执行某个 class。示例代码：test_11_11.py。

```python
import pytest


class Test01():
    def test_a(self):
        print('aaaa')
        assert 'a' == 'a'

    def test_b(self):
        print('bbbb')
        assert 'b' == 'b'

class Test02():
    def test_c(self):
        print('cccc')
        assert 'c' == 'c'

    def test_d(self):
```

```
            print('dddd')
            assert 'd' == 'd'

if __name__ == '__main__':
    pytest.main(["-s", "./test_11_11.py::Test02"])
```

11.4.2 在命令行窗口中执行

同样，我们还可以在命令行窗口中执行 Pytest 框架测试脚本。

（1）执行当前目录所有测试用例

首先进入目标目录，然后直接执行"pytest"即可自动寻找当前目录下的测试用例，如下所示。

```
D:\Love\Chapter_11>pytest
===================== test session starts =====================
platform win32 -- Python 3.6.5, pytest-5.4.2, py-1.8.0, pluggy-0.13.1
rootdir: D:\Love\Chapter_11
collected 16 items

bbb_test.py ..                                           [ 12%]
test_11_1.py ..                                          [ 25%]
test_11_2.py ..                                          [ 37%]
test_11_3.py ..                                          [ 50%]
test_11_4.py ..                                          [ 62%]
test_11_5.py .                                           [ 68%]
test_11_6.py .                                           [ 75%]
test_11_7.py ....                                        [100%]

===================== 16 passed in 0.13s =====================
```

（2）执行指定的用例文件

"pytest + 文件名"用来执行指定用例文件，如下所示。

```
D:\Love\Chapter_11>pytest test_11_7.py
===================== test session starts =====================
platform win32 -- Python 3.6.5, pytest-5.4.2, py-1.8.0, pluggy-0.13.1
rootdir: D:\Love\Chapter_11
plugins: allure-pytest-2.8.13, rerunfailures-9.0
collected 3 items

test_11_7.py ...                                         [100%]

===================== 3 passed in 0.02s =====================

D:\Love\Chapter_11>
```

（3）执行指定的用例类

我们可以通过"文件名 +::+ 类名"的方式来执行指定的用例类，如下所示。

```
D:\Love\Chapter_11>pytest test_11_7.py::Test01
=========================== test session starts ===========================
platform win32 -- Python 3.6.5, pytest-5.4.2, py-1.8.0, pluggy-0.13.1
rootdir: D:\Love\Chapter_11
plugins: allure-pytest-2.8.13, rerunfailures-9.0
collected 2 items

test_11_7.py ..                                                     [100%]

============================ 2 passed in 0.02s ============================

D:\Love\Chapter_11>
```

本节小结如下。

- Pytest提供了多种用例执行的方式，受限于篇幅，这里无法完整地介绍，大家可以根据自己的需要研究。
- 在执行测试的时候，你还可以指定结果输出的参数。例如前面我们用到的"-s"。另外还有很多，例如："-k"表示执行包含某个字符串的测试用例；"pytest -k add XX.py"表示执行XX.py中包含add的测试用例；"q"表示减少测试的运行冗长；"-x"表示出现一条测试用例失败就退出测试，这在调试阶段非常有用，当测试用例失败时，应该先调试通过，而不是继续执行测试用例。

11.5 Pytest 框架用例执行失败重试

Pytest本身不支持测试用例执行失败重试的功能。我们需要安装一个插件——pytest-rerunfailures。然后就可以通过"--reruns 重试次数"来设置测试用例执行失败后的重试次数。

（1）安装插件

这里我们还是使用 pip3 来安装，如下所示。

```
D:\Love\Chapter_11>pip3 install pytest-rerunfailures
Collecting pytest-rerunfailures
  Downloading https://files.pythonhosted.org/packages/25/91/a0d1ff828e6da1915e497
2d76ea2b5f9a1b520f078b4197ef93eb8427b65/pytest_rerunfailures-9.0-py3-none-any.whl
...
Installing collected packages: pytest-rerunfailures
Successfully installed pytest-rerunfailures-9.0
```

当命令行窗口显示"Successfully……",则代表安装成功。

(2)设置重试次数

这里我们准备一个示例代码:test_11_12.py。将文件中 test_c 方法的断言修改为执行失败的情况,代码如下所示。

```
from selenium import webdriver
import unittest import pytest


class Test01():
    def test_a(self):
        print('aaaa')
        assert 'a' == 'a'

    def test_b(self):
        print('bbbb')
        assert 'b' == 'b'

class Test02():
    def test_c(self):
        print('cccc')
        assert 'c' == 'c3'    # 让其执行失败

    def test_d(self):
        print('dddd')
        assert 'd' == 'd'
```

在命令行使用"pytest test_11_12.py --reruns 2"语句执行测试用例,结果如下。

```
collected 4 items

test_11_12.py ..RRF.                                              [100%]

================================= FAILURES =================================
_____ Test02.test_c _____

self = <Chapter_11.test_11_12.Test02 object at 0x038B3530>

    def test_c(self):
        print('cccc')
>       assert 'c' == 'c3'    # 让其执行失败
E       AssertionError: assert 'c' == 'c3'
E         - c3
E         + c

test_11_12.py:16: AssertionError
--------------------------- Captured stdout call ---------------------------
cccc
--------------------------- Captured stdout call ---------------------------
```

```
cccc
------------------------- Captured stdout call --------------------------
cccc
========================= short test summary info =========================
FAILED test_11_12.py::Test02::test_c - AssertionError: assert 'c' == 'c3'
================== 1 failed, 3 passed, 2 rerun in 0.09s ==================
```

从上面的执行结果来看，test_c 第一次断言失败后重试了两次，但都失败了。整个文件 1 个用例 failed，3 个用例 passed。

另外，我们还可以指定断言失败后的重试间隔时间。例如当 test_11_12.py 文件断言失败的时候，我们要重试两次，重试的时间间隔为 2 秒，并且可以增加 "---reruns-delay" 参数，结果如下所示。

```
D:\Love\Chapter_11>pytest test_11_12.py --reruns 2 --reruns-delay 2
========================== test session starts ===========================
platform win32 -- Python 3.6.5, pytest-5.4.2, py-1.8.0, pluggy-0.13.1
rootdir: D:\Love\Chapter_11
plugins: allure-pytest-2.8.13, rerunfailures-9.0
collected 4 items

test_11_12.py ..RRF.                                              [100%]

================================ FAILURES ================================
_____ Test02.test_c _____

self = <Chapter_11.test_11_12.Test02 object at 0x0411D990>

    def test_c(self):
        print('cccc')
>       assert 'c' == 'c3'   # 让其执行失败
E       AssertionError: assert 'c' == 'c3'
E         - c3
E         + c

test_11_12.py:16: AssertionError
------------------------- Captured stdout call --------------------------
cccc
------------------------- Captured stdout call --------------------------
cccc
------------------------- Captured stdout call --------------------------
cccc
========================= short test summary info =========================
FAILED test_11_12.py::Test02::test_c - AssertionError: assert 'c' == 'c3'
================== 1 failed, 3 passed, 2 rerun in 4.10s ==================
```

最后，必须要注意：使用该功能要谨慎。这里简单分析一下其带来的好处和存在的弊端。无论是线上环境还是测试环境，网络或其他某些不可预测的情况可能会导致某个测试用例在执行的时候失败,但是当手动确认的时候,发现该功能是正常的。于是大家开始喜欢这种"重试"的功能。好多人在吹捧它的时候说:"为了提高测试用例执行的稳定性,为了这个,为了那个……",这些话不能说错,但要加个前提,或者说符合哪些条件才需要这样做。如果你编写的脚本没有合理地使用等待,以及没有合理地捕获异常,单纯靠这种"重试"机制去帮你"擦屁股",我觉得有点"饮鸩止渴",这会降低脚本的执行效率。另外,在项目中可能有这样的情况:登录后,只有第一次进入某个页面时是空白页面。这种情况下用"重试"机制的话,就会"完美"地错过本来应该发现的缺陷。好在我们可以通过 Pytest 清晰地看到哪些测试用例是经过"重试"才通过的,建议在时间允许的情况下对测试用例进行人工验证。

总之,你可以借助"重试"功能去避开一些讨厌的偶然因素,但是也应该时刻提醒自己,对那些总是需要该功能才能通过的测试用例保持清醒。

11.6 标记机制

Pytest 提供了标记机制,借助"mark"关键字,我们可以对测试函数(类、方法)进行标记。

11.6.1 对测试用例进行分级

我们可以对测试用例进行分级,例如某些主流程的用例可以标记为 L1,次要流程的用例标记为 L2 等。这样有一个好处,我们可以在不同的情况执行不同的测试用例,例如,在做冒烟测试的时候,只需要执行 L1 级别的用例就行了。

- 一个测试函数(类、方法)可以有多个标记。
- 一个标记也可以应用于多个函数(类、方法)。
- 执行参数使用:pytest -m mark名。
- 执行多个标记:pytest -m "L1 or L2"。

示例代码:test_11_13.py。

```
import pytest


class Test01():
    @pytest.mark.L1
```

```python
        @pytest.mark.L2
        def test_a(self):
            print('aaaa')
            assert 'a' == 'a'

        @pytest.mark.L2
        def test_b(self):
            print('bbbb')
            assert 'b' == 'b'

class Test02():
        @pytest.mark.L1
        def test_c(self):
            print('cccc')
            assert 'c' == 'c'

        @pytest.mark.L3
        def test_d(self):
            print('dddd')
            assert 'd' == 'd'
```

其中，我们给 test_a 用例增加了两个标签 L1 和 L2，test_b 用例只有一个 L2 标签，test_c 用例只有一个 L1 标签，test_d 用例只有一个 L3 标签。

接下来，我们可以用"pytest -s "test_11_13.py" -m "L1""命令只执行 L1 级别用例。

```
D:\Love\Chapter_11>pytest -s "test_11_13.py"  -m "L1"
============================ test session starts ============================
platform win32 -- Python 3.6.5, pytest-5.4.2, py-1.8.0, pluggy-0.13.1
rootdir: D:\Love\Chapter_11
plugins: allure-pytest-2.8.13, rerunfailures-9.0
collected 4 items / 2 deselected / 2 selected

test_11_13.py aaaa
.cccc
.
```

还可以同时执行 L1 和 L2 级别用例。

```
D:\Love\Chapter_11>pytest -s "test_11_13.py"  -m "L1 or L2"
============================ test session starts ============================
platform win32 -- Python 3.6.5, pytest-5.4.2, py-1.8.0, pluggy-0.13.1
rootdir: D:\Love\Chapter_11
plugins: allure-pytest-2.8.13, rerunfailures-9.0
collected 4 items / 1 deselected / 3 selected

test_11_13.py aaaa
.bbbb
.cccc
.
```

还可以执行非 L1 级别的用例。

```
D:\Love\Chapter_11>pytest -s "test_11_13.py"  -m "not L1"
============================ test session starts =============================
platform win32 -- Python 3.6.5, pytest-5.4.2, py-1.8.0, pluggy-0.13.1
rootdir: D:\Love\Chapter_11
plugins: allure-pytest-2.8.13, rerunfailures-9.0
collected 4 items / 2 deselected / 2 selected

test_11_13.py bbbb
.dddd
.
```

在根据标记执行用例的时候可能会报如下的错误。

```
========================== warnings summary ==================================
test_11_13.py:5
    D:\Love\Chapter_11\test_11_13.py:5: PytestUnknownMarkWarning: Unknown pytest.
mark.L1 - is this a typo?  You can register custom marks to avoid this warning - for
details, see https://docs.pytest.org/en/latest/mark.html
        @pytest.mark.L1
```

想解决该问题的话，可以将 marks 配置到 pytest.ini 文件中，具体内容可以参考 11.7 节。

11.6.2　跳过某些用例

10.6 节我们介绍了 unittest 所支持的用例跳过装饰器。Pytest 同样可以实现类似功能，简单来看一下吧。

（1）使用 skip(reason=None) 实现无条件跳过

```python
import pytest


class Test01():
    @pytest.mark.skip(reason='这里是原因')
    def test_a(self):
        print('aaaa')
        assert 'a' == 'a'

    def test_b(self):
        print('bbbb')
        assert 'b' == 'b'


if __name__ == '__main__':
    pytest.main(["-s", "./test_11_14.py"])
```

运行结果如下。

```
collected 2 items

test_11_14.py sbbbb
.
======================= 1 passed, 1 skipped in 0.03s =========================
```

（2）使用 skipif(condition, reason=None) 实现满足条件跳过

```
import pytest


class Test01():
    @pytest.mark.skipif(2>1, reason='这里是原因')
    def test_a(self):
        print('aaaa')
        assert 'a' == 'a'

    def test_b(self):
        print('bbbb')
        assert 'b' == 'b'


if __name__ == '__main__':
    pytest.main(["-s", "./test_11_14.py"])
```

因为条件 2>1 是满足的，所以跳过 test_a 用例，运行结果如下。

```
collected 2 items

test_11_14.py sbbbb
.
======================= 1 passed, 1 skipped in 0.02s =========================
```

11.7 全局设置

前面我们介绍的配置信息要么是在文件的 main 方法中，要么是在命令行。这里我们还可以在测试目录下面创建一个 pytest.ini 文件，文件中可以设定一些执行规则，借助该文件可以修改 Pytest 的默认行为，即可以修改 Pytest 的执行规则。

这里我们先准备一个测试目录。在 Chapter_11 下面新建一个 Python Package：test_Storm_11_1，然后在下面新建一个 Python Package：testcases，同时新建一个 pytest.ini 文件，接着在 testcases 目录下新建两个测试用例：test_storm_1.py 和 test_storm_2.py。整体目录结构如图 11-2 所示。

然后，我们就可以将一些配置信息写入 pytest.ini 文件。这里需要注意以下 3 点。

- 文件名必须是pytest.ini。
- 文件内容必须以"[pytest]"开头。
- 文件内容不能包含中文。

（1）命令行参数

通过关键字"addopts"来设置命令行参数，如"-s"或"-v"监控、失败重试的次数、重试的时间间隔、按标签来执行，多个参数之间用空格分隔。示例如下。

图 11-2　目录结构

```
addopts = -v --reruns 2  --reruns-delay 2 -m "L1"
```

（2）自定义标签

我们可以将自定义标签添加到 pytest.ini 文件中。注意，第二个标签需要换行且缩进。这里我们定义了两个标签，第一个 L1 代表 level 1 case，第二个 L2 代表 level 2 case。格式如下所示。

```
markers = L1:level_1 testcases
    L2:level_2 testcases
```

（3）自定义测试用例查找规则

- 在当前文件目录中的testcases目录下查找测试用例：testpaths = testcases。
- 查找文件名以"test_"开头的文件，也可以修改为以其他文件名开头：python_file = test_*.py。
- 查找以"Test*"开头的类，也可以修改为以其他类名开头：python_classes = Test*。
- 查找以"test_"开头的函数，也可以修改为以其他函数名开头：python_functions = test_*。

```
testpaths = testcases
python_file = test_*.py
python_classes = Test*
python_functions = test_*
```

示例代码：test_storm_1.py。

```python
import pytest

class TestStorm1(object):
    @pytest.mark.L1
    def test_01(self):
        print('aaa')
        assert 'a'=='a'

if __name__ == '__main__':
    pytest.main(["-s", "test_storm_1.py"])
```

示例代码：test_storm_2.py。

```
import pytest


class TestStorm2(object):
    @pytest.mark.L2
    def test_02(self):
        print('bbb')
        assert 'b' == 'c'  # 断言失败
```

pytest.ini 文件内容如下。

```
[pytest]
addopts = -v --reruns 2  --reruns-delay 2 -m "L1 or L2"
markers = L1:level_1 testcases
    L2:level_2 testcases
testpaths = testcases
python_file = test_*.py
python_classes = Test*
python_functions = test_*
```

接下来我们在命令行执行，得到的结果如下。

```
D:\Love\Chapter_11\test_Storm_11_1>pytest
================ test session starts =================
platform win32 -- Python 3.6.5, pytest-5.4.2, py-1.8.0, pluggy-0.13.1 -- c:\python\python36\python.exe
cachedir: .pytest_cache
rootdir: D:\Love\Chapter_11\test_Storm_11_1, inifile: pytest.ini, testpaths: testcases
plugins: allure-pytest-2.8.13, rerunfailures-9.0
collected 2 items

testcases/test_storm_1.py::TestStorm1::test_01 PASSED [ 50%]
testcases/test_storm_2.py::TestStorm2::test_02 RERUN [100%]
testcases/test_storm_2.py::TestStorm2::test_02 RERUN [100%]
testcases/test_storm_2.py::TestStorm2::test_02 FAILED [100%]

====================== FAILURES ======================
_____ TestStorm2.test_02 _____

self = <Chapter_11.test_Storm_11_1.testcases.test_storm_2.TestStorm2 object at 0x03E02F50>

    @pytest.mark.L2
    def test_02(self):
        print('bbb')
>       assert 'b' == 'c'
E       AssertionError: assert 'b' == 'c'
E         - c
E         + b

testcases\test_storm_2.py:8: AssertionError
```

```
---------------- Captured stdout call ----------------
bbb
---------------- Captured stdout call ----------------
bbb
---------------- Captured stdout call ----------------
bbb
============== short test summary info ==============
FAILED testcases/test_storm_2.py::TestStorm2::test_02
======== 1 failed, 1 passed, 2 rerun in 25.82s ========

D:\Love\Chapter_11\test_Storm_11_1>
```

合理使用 pytest.ini 文件能方便地控制测试用例执行的情况。

11.8 测试报告

Pytest 框架支持多种形式的测试报告。本节我们将分别介绍 pytest-html 和 Allure 两种测试报告。

11.8.1 pytest-html 测试报告

先来学习一个轻量级的测试报告。

（1）安装包

借助 pip3 来安装 pytest-html 的包，命令如下。

```
D:\Love\Chapter_11\test_Storm_11_1>pip3 install pytest-html
Collecting pytest-html
  Downloading https://×××.org/packages/×××
...
Installing collected packages: pytest-metadata, pytest-html
Successfully installed pytest-html 2.1.1 pytest-metadata-1.9.0
```

（2）在 main 方法中使用

在 Chapter_11 下面新建一个 Python Package：test_Storm_11_2，然后将 test_Storm_11_1 中的文件复制过来。在 test_storm_1.py 文件的 main 方法中增加""--html=./report.html""参数，用来生成测试报告，示例代码如下。

```
import pytest

class TestStorm1(object):
    @pytest.mark.L1
```

```
        def test_01(self):
            print('aaa')
            assert 'a'=='a'

if __name__ == '__main__':
    pytest.main(["-s", "test_storm_1.py", "--html=./report.html"])
```

在 PyCharm 中执行，程序会在当前目录生成一个 report.html 文件，其内容如图 11-3 所示。

图 11-3　测试报告（1）

报告包括以下内容。

- 报告生成的日期、时间。
- 测试环境：Java目录、平台等。
- 测试小结：执行了多长时间和多少用例，用例通过、失败、跳过的个数等。
- 具体测试结果。

（3）在 pytest.ini 文件中使用

我们也可以将测试报告的配置项放到 pytest.ini 文件中，示例代码如下。

```
[pytest]
addopts = -v --reruns 2  --reruns-delay 2 -m "L1 or L2" --html=./report.html
markers = L1:level_1 testcases
     L2:level_2 testcases
testpaths = testcases
python_file = test_*.py
python_classes = Test*
python_functions = test_*
```

接下来，在命令行窗口执行测试用例。

```
D:\Love\Chapter_11>cd test_Storm_11_2

D:\Love\Chapter_11\test_Storm_11_2>pytest
==================== test session starts ====================
platform win32 -- Python 3.6.5, pytest-5.4.2, py-1.8.0, pluggy-0.13.1 -- c:\
python\python36\python.exe
cachedir: .pytest_cache
metadata: {'Python': '3.6.5', 'Platform': 'Windows-10-10.0.17134-SP0', 'Packages':
{'pytest': '5.4.2', 'py': '1.8.0', 'pluggy': '0.13.1'}, 'Plugins': {'allure-pytest':
'2.8.13', 'html': '2.1.1', 'metadata': '1.9.0', 'rerunfailures': '9.0'}, 'JAVA_HOME':
'C:\\Program Files\\Java\\jdk1.8.0_171'}
rootdir: D:\Love\Chapter_11\test_Storm_11_2, inifile: pytest.ini, testpaths: testcases
plugins: allure-pytest-2.8.13, html-2.1.1, metadata-1.9.0, rerunfailures-9.0
collected 2 items

testcases/test_storm_1.py::TestStorm1::test_01 PASSED [ 50%]
testcases/test_storm_2.py::TestStorm2::test_02 RERUN [100%]
testcases/test_storm_2.py::TestStorm2::test_02 RERUN [100%]
testcases/test_storm_2.py::TestStorm2::test_02 FAILED [100%]


========================= FAILURES =========================
_____ TestStorm2.test_02 _____

self = <Chapter_11.test_Storm_11_2.testcases.test_storm_2.TestStorm2 object at 0x046C2ED0>

        @pytest.mark.L2
        def test_02(self):
            print('bbb')
>           assert 'b' == 'c'
E           AssertionError: assert 'b' == 'c'
E             - c
E             + b

..\test_Storm_11_1\testcases\test_storm_2.py:8: AssertionError
------------------ Captured stdout call ------------------
bbb
------------------ Captured stdout call ------------------
bbb
------------------ Captured stdout call ------------------
bbb
- generated html file: file://D:\Love\Chapter_11\test_Storm_11_2\report.html -
================== short test summary info ==================
FAILED testcases/test_storm_2.py::TestStorm2::test_02 - A...
=========== 1 failed, 1 passed, 2 rerun in 4.17s ===========

D:\Love\Chapter_11\test_Storm_11_2>
```

测试报告的内容如图 11-4 所示。

report.html

Report generated on 25-May-2020 at 15:09:19 by pytest-html v2.1.1

Environment

JAVA_HOME	C:\Program Files\Java\jdk1.8.0_171
Packages	{"pluggy": "0.13.1", "py": "1.8.0", "pytest": "5.4.2"}
Platform	Windows-10-10.0.17134-SP0
Plugins	{"allure-pytest": "2.8.13", "html": "2.1.1", "metadata": "1.9.0", "rerunfailures": "9.0"}
Python	3.6.5

Summary

2 tests ran in 4.15 seconds.

(Un)check the boxes to filter the results.

☑ 1 passed, ☐ 0 skipped, ☑ 1 failed, ☐ 0 errors, ☐ 0 expected failures, ☐ 0 unexpected passes, ☑ 2 rerun

Results

Show all details / Hide all details

▲ Result	Test
Failed (hide details)	testcases/test_storm_2.py::TestStorm2::test_02

```
self = <Chapter_11.test_Storm_11_2.testcases.test_storm_2.TestStorm2 object at 0x046C2ED0>

    @pytest.mark.L2
    def test_02(self):
        print('bbb')
>       assert 'b' == 'c'
E       AssertionError: assert 'b' == 'c'
E         - c
```

图 11-4　测试报告（2）

11.8.2　Allure 测试报告

Allure 是一个灵活、轻量级、支持多语言的测试报告工具，来一起了解下吧。

（1）环境准备

Allure 基于 Java 开发，因此我们需要提前安装 Java 8 或以上版本的环境。安装 Java 以及设置环境变量的方法这里不再赘述，大家自行准备。

♦ 安装allure-pytest插件

在 DOS 窗口输入命令"pip3 install allure-pytest"，然后按"Enter"键。代码如下所示。

```
D:\Love\Chapter_11>pip3 install allure-pytest
Collecting allure-pytest
  Downloading https://files.pythonhosted.org/packages/9a/e3/9cea2cf25d8822752f55c
9df16f0d0ef54ca6b369e3ccd0f51737f5288d3/allure_pytest-2.8.13-py3-none-any.whl
Collecting allure-python-commons==2.8.13 (from allure-pytest)
...
Installing collected packages: allure-python-commons, allure-pytest
Successfully installed allure-pytest-2.8.13 allure-python-commons-2.8.13
```

♦ 安装Allure

确认Java已安装并配置好了环境变量，代码如下。

```
C:\>java -version
java version "1.8.0_171"
Java(TM) SE Runtime Environment (build 1.8.0_171-b11)
Java HotSpot(TM) 64-Bit Server VM (build 25.171-b11, mixed mode)
```

下载安装Allure：你可以从GitHub下载安装文件"allure2-2.13.3.zip"，解压后，将bin目录配置到环境变量中，然后在DOS窗口中输入"allure"，并按"Enter"键，如果显示"Usage"的话，说明设置成功。

```
import unittest C:\Users\duzil>allure
Usage: allure [options] [command] [command options]
  Options:
    --help
  ...
```

> **注意** ▶ 你还可以先安装scoop，然后通过scoop来安装Allure。scoop是一个Windows的包管理工具，有点类似pip与Python的关系。

（2）执行测试用例

使用如下命令执行：pytest.main(["-m","login","-s","-q","--alluredir=./report"])。

- "-m"：标记用例。
- "login"：被标记需要执行用例。
- "-s"：允许终端在测试执行时输出某些结果，例如你想输入print的内容，可以加上"-s"。
- "-q"：简化输出结果。
- "--alluredir"：生成Allure指定语法。
- "./report"：生成报告的目录。
- "--clean-alluredir"：因为这个插件库allure-pytest生成了报告文件，你第二次执行时不会清理掉里面的东西，所以你需要删除这个report文件夹，然后执行重新新建report文件夹命令。

说明：命令执行后，程序会在report文件夹里面生成文件。

（3）定制化报告

- feature：标注主要功能模块。
- story：标注features功能模块下的分支功能。
- severity：标注测试用例的重要级别。

blocker 级别：致命缺陷。

critical 级别：严重缺陷。

normal 级别：一般缺陷，默认为这个级别。

minor 级别：次要缺陷。

trivial 级别：轻微缺陷。

- step：标注测试用例的重要步骤。
- attach：用于向测试报告中输入一些附加的信息，通常是一些测试数据信息。
- name就是附件名称，body就是数据，attachment_type就是传类型。附件支持的类型有 TEXT、HTML、XML、PNG、JPG、JSON、OTHER。
- issue：这里传的是一个连接，记录的是你的问题。
- testcase：这里传的是一个连接，记录的是你的用例。
- description：描述用例信息。

接下来，我们在 Chapter_11 下面新建一个 Python Package：test_Storm_11_3，然后在下面新建一个 report 文件夹，再新建两个 Python 文件：test_1_storm.py 和 test_2_storm.py。整体的目录结构如图 11-5 所示。

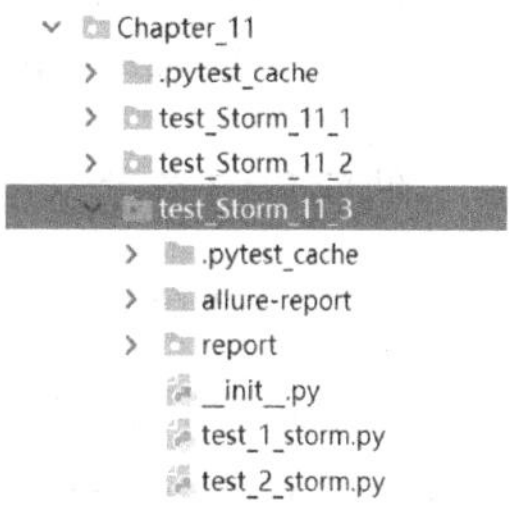

图 11-5　目录结构

文件 test_1_storm.py 的内容如下（这里需要大家对比着后面的测试报告看代码中的注释）。

```
import pytest,allure

@allure.feature("测试场景1")          # 标记场景
class TestDemo():
    @allure.story("测试用例1-1")  # 标记测试用例
    @allure.severity("trivial")  # 标记用例级别
    def test_1_1(self):  # 用例1
        a = 1 + 1
        assert a == 2

    @allure.story("测试用例1-2")
    @allure.severity("critical")
    @allure.step('用例2:重要步骤')
    def test_1_2(self):
        assert 2 == 2
```

文件 test_2_storm.py 的内容如下。

```
import pytest,allure

@allure.feature("测试场景2")          #标记代码
class TestDemo():
    @allure.story("测试用例2-1")
```

```python
    @allure.severity("minor")
    def test_2_1(self):
        """
        用例描述：这是第一条用例的描述
        """
        #allure.MASTER_HELPER.description("111111111111111")
        a = 1 + 1
        assert a == 3    # 断言失败

    @allure.story(" 测试用例 2-2")
    @allure.severity("minor")
    @allure.step(' 用例 2：重要步骤 ')
    def test_2_2(self):
        assert 2 == 2

if __name__ == '__main__':
    pytest.main(['-s', '-q', '--alluredir', './report/'])
```

然后我们通过 main 来执行测试用例，这时候程序会在 report 文件夹中生成一些 JSON 格式的文件，如图 11-6 所示。

接下来回到 DOS 窗口，进入 Storm_11_1 这个目录下面，执行"allure generate --clean report"命令，结果如下所示。

```
D:\Love\Chapter_11\Storm_11_1>allure generate --clean report
Report successfully generated to allure-report
```

按"Enter"键后，可以看到"Report successfully generated to allure-report"。然后我们回到 PyCharm，你可以看到新生成了一个 allure-report 文件夹，展开后如图 11-7 所示。

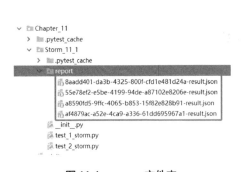

图 11-6　report 文件夹

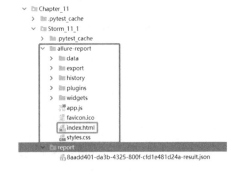

图 11-7　allure-report 文件夹

这时候你就可以用浏览器打开 index.html 文件了。

文件打开后默认显示"Overview"菜单，如图 11-8 所示。

默认打开的"Overview"菜单包括以下内容。

● 区域一：显示报告生成的时间，执行的时间，一共执行了多少个测试用例，环状图显示用例通过的比例。

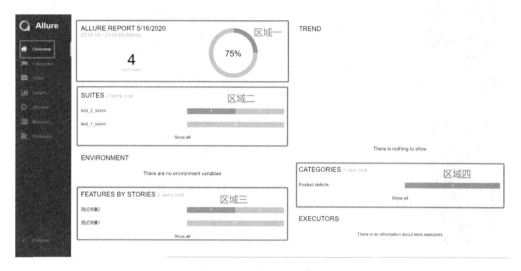

图 11-8 "Overview"菜单

- 区域二：显示的是测试集合（class）情况。
- 区域三：显示的是测试场景（@allure.feature）。
- 区域四：显示失败用例的信息。

再来看一下"Categories"菜单，我们可以看到断言失败的具体信息，如图 11-9 所示。

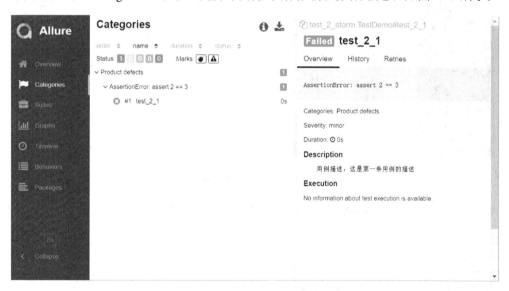

图 11-9 "Categories"菜单

通过"Suites"菜单，我们可以以测试集合树的形式查看用例执行的结果，如图 11-10 所示。

在"Graphs"菜单中，我们可以看到用例执行状态的环状图、用例级别的柱状图、用例执行时间的柱状图，如图 11-11 所示。

图 11-10 "Suites"菜单

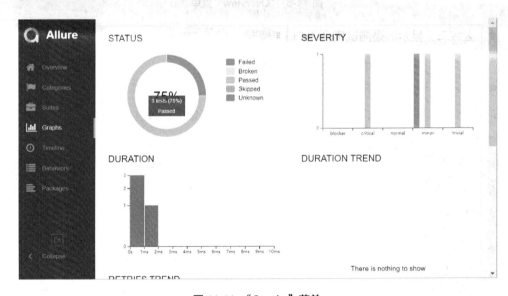

图 11-11 "Graphs"菜单

剩下的"Timeline""Behaviors""Packages"菜单的信息大同小异,大家自行浏览,这里不再赘述。

11.9 Pytest 与 Selenium

对照 10.11 节,我们将两个测试用例以 pytest class 的方式改写一下,让大家体验一下 Pytest

风格的自动化测试脚本，两种方式大同小异。

我们在 Chapter_11 目录下面新建 Python Package：test_Storm_11_4。在其中新建两个测试用例文件，内容如下。

测试用例一：测试登录功能（示例代码：test_001_login.py）。

```python
from selenium import webdriver
import pytest


class TestLogin():
    def setup(self):
        self.driver = webdriver.Chrome()
        self.driver.maximize_window()
        self.driver.implicitly_wait(20)
        # 访问"登录"页面
        self.driver.get('http://localhost:81/redmine/login')

    def teardown(self):
        self.driver.quit()

    def test_001_login_err(self):
        # 用例一：错误密码登录失败
        # 登录名
        login_name = self.driver.find_element_by_id('username')
        login_name.clear()
        login_name.send_keys('admin')
        # 登录密码
        login_pwd = self.driver.find_element_by_id('password')
        login_pwd.clear()
        login_pwd.send_keys('error')
        # "登录"按钮
        login_btn = self.driver.find_element_by_id('login-submit')
        login_btn.click()
        # 登录失败后的提示信息
        ele = self.driver.find_element_by_id('flash_error')
        assert '无效的用户名或密码' in self.driver.page_source

    def test_002_login_suc(self):
        # 用例二：正确密码登录成功
        # 登录名
        login_name = self.driver.find_element_by_id('username')
        login_name.clear()
        login_name.send_keys('admin')
        # 登录密码
        login_pwd = self.driver.find_element_by_id('password')
        login_pwd.clear()
        login_pwd.send_keys('rootroot')
        # "登录"按钮
        login_btn = self.driver.find_element_by_id('login-submit')
```

```python
            login_btn.click()
            # 登录后显示的用户名
            name = self.driver.find_element_by_link_text('admin')
            assert name.text == 'admin'

if __name__ == '__main__':
    pytest.main(['-s', '-q', '--alluredir', './report/'])
```

测试用例二:新建项目(示例代码:test_002_new_prjoject.py)。

```python
from selenium import webdriver
import time, pytest


# 通过时间戳构造唯一项目名
project_name = 'project_{}'.format(time.time())

class TestNewProject():
    def setup(self):
        self.driver = webdriver.Chrome()
        self.driver.maximize_window()
        self.driver.implicitly_wait(20)
        # 访问"登录"页面
        self.driver.get('http://localhost:81/redmine/login')
        # 登录
        login_name = self.driver.find_element_by_id('username')
        login_name.clear()
        login_name.send_keys('admin')
        login_pwd = self.driver.find_element_by_id('password')
        login_pwd.clear()
        login_pwd.send_keys('rootroot')
        login_btn = self.driver.find_element_by_id('login-submit')
        login_btn.click()

    def test_new_project(self):
        # 访问"项目列表"页面
        self.driver.get('http://localhost:81/redmine/projects')
        # "新建项目"按钮
        new_project = self.driver.find_element_by_link_text('新建项目')
        new_project.click()
        # 输入项目名称
        pj_name = self.driver.find_element_by_id('project_name')
        pj_name.send_keys(project_name)
        # "提交"按钮
        commit_btn = self.driver.find_element_by_name('commit')
        commit_btn.click()
        # 新建项目成功后的提示信息
        ele = self.driver.find_element_by_id('flash_notice')
        assert ele.text == '创建成功'

    def teardown(self):
```

```
            self.driver.quit()

if __name__ == '__main__':
    pytest.main(['-s', '-q', '--alluredir', './report/'])
```

Pytest 风格用例和 unittest 风格用例的差异非常小，总结如下。

- 引入的包不同。
- 类方法不再需要继承特定的基础类。
- Test Fixture不同，这是大小写的问题。
- 断言的关键字不同。

11.10 Pytest 参数化

对照 10.12 节，我们来编写 Pytest 的参数化脚本。Pytest 自身支持参数化，使用方法为 @pytest.mark.parametrize("argnames",argvalues)。

- argnames：参数名称，单个参数用参数名，多个参数可以拼接到一个元组中。
- argvalues：参数对应值，类型必须为可迭代类型，一般为列表。

我们在 Chapter_11 下面新建 Python Package：test_Storm_11_5。然后在下面新建文件：test_001_login.py。文件内容如下。

```
from selenium import webdriver
import pytest


data = [('admin', 'error', '0'), ('admin', 'rootroot', '1')]
@pytest.mark.parametrize(("username", "password", "status"), data)
class TestLogin():
    def setup(self):
        self.driver = webdriver.Chrome()
        self.driver.maximize_window()
        self.driver.implicitly_wait(20)
        # 访问 " 登录 " 页面
        self.driver.get('http://localhost:81/redmine/login')

    def teardown(self):
        self.driver.quit()

    def test_001_login(self, username, password, status):
        # 登录名
        login_name = self.driver.find_element_by_id('username')
```

```python
            login_name.clear()
            login_name.send_keys(username)
            # 登录密码
            login_pwd = self.driver.find_element_by_id('password')
            login_pwd.clear()
            login_pwd.send_keys(password)
            # "登录"按钮
            login_btn = self.driver.find_element_by_id('login-submit')
            login_btn.click()
            if status == '0':
                # 登录失败后的提示信息
                ele = self.driver.find_element_by_id('flash_error')
                assert '无效的用户名或密码' in self.driver.page_source
            elif status == '1':
                # 登录后显示的用户名
                name = self.driver.find_element_by_link_text(username)
                assert name.text == username
            else:
                print('参数化的状态只能传入 0 或 1')

if __name__ == '__main__':
    pytest.main(['-s', '-q', '--alluredir', './report/'])
```

可见 Pytest 框架实现参数化的方法非常简单。

第12章
PO设计模式

到目前为止,我们已经掌握了在 unittest 和 Pytest 两种单元测试框架中编写 Selenium WebDriver 测试脚本的方法。然而随着时间的推移,自动化测试用例愈加丰富,项目的易变性导致测试用例的维护成本越来越高,本章主要介绍其解决方式——PO 设计模式。

开发可维护性高的测试脚本，对自动化测试持续集成非常重要。如何去解决这些问题呢？经过在项目中不断实践，前辈们总结出来一套基于 Page Object 模式（PO 模式）的脚本设计方法。目前 PO 模式被广大测试同行所认可。PO 模式是指将页面元素的定位以及元素的操作分离出来，测试用例脚本直接调用这些封装好的元素操作来组织测试用例，从而实现了测试用例脚本和元素定位、操作的分离。这样的模式带来的好处如下。

- 抽象出页面对象可以在很大程度上降低开发人员修改页面代码对测试的影响。
- 可以在多个测试用例中复用一部分测试代码。
- 测试代码变得更易读、灵活、可维护。
- 测试团队可以分工协作，部分人员封装测试元素对象和操作，部分人员应用封装好的元素操作来组织测试用例。

我们看个实际的场景。在前面的章节中，我们编写了 3 个测试用例——两个登录用例、一个新建项目用例。随着时间的推移，你的测试用例脚本会越来越多。某天项目重构，或者需求调整等原因，导致"登录"页面的用户名输入框 id 的值发生了变化，不巧的是你可能有几百个用例都用到了该元素。此时，要维护前期的测试脚本，就会是一个非常巨大的工作量。如果我们借助 PO 的思想，将测试元素定位和操作从测试用例脚本中分离出来，在遇到前面的问题的时候，就能从容应对。

虽然 PO 的思想被广大测试同行认可，但是不同团队在项目实践过程中还是采用了不同的分层模式，这里我们介绍两种方案供大家参考。

接下来，我们将在 PO 方案一中使用 unittest 风格的测试脚本，在 PO 方案二中使用 Pytest 风格的测试脚本。

12.1 PO 方案一

先来看下整体规划，将系统代码分为 3 层。

- 第一层：将所有元素对象定位器放到一个文件。
- 第二层：将所有元素操作放到一个文件。
- 第三层：将公共的业务场景封装到一个文件中。

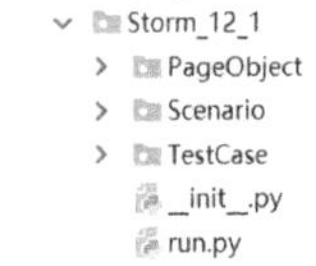

接下来，我们看一下具体的实现方式。在 Chapter_12 目录下创建一个 Python Package：Storm_12_1，接着在这个 Package 下面创建 3 个 Python Package：PageObject、Scenario、TestCase。这 3 个 Package 分别用

图 12-1 目录结构（1）

来保存页面元素对象类、业务场景和测试用例。目录结构如图 12-1 所示。

（1）封装定位器层

我们在 PageObject 目录下面新建一个 Python 文件：redmine_locators.py。文件内容如下。

```python
from selenium.webdriver.common.by import By

class LoginPageLocators():
    '''
    "用户登录"页面
    '''
    UserName = (By.ID, 'username') # 登录名
    PassWord = (By.ID, 'password') # 登录密码
    LoginButton = (By.ID, 'login-submit') # "登录"按钮
    LoginName = (By.ID, 'loggedas') # 登录后的用户名
    LoginFailedInfo = (By.ID, 'flash_error') # 登录失败后的信息


class ProjectListPageLocators():
    '''
    "项目列表"页面
    '''
    NewProject = (By.LINK_TEXT, '新建项目') # "新建项目"按钮

class NewProjectPageLocators():
    '''
    "新建项目"页面
    '''
    ProjectName = (By.ID, 'project_name') # 项目名称
    CommitButton = (By.NAME, 'commit') # "提交"按钮
    ProjectCommitInfo = (By.ID, 'flash_notice') # 提交后的信息
```

具体分析如下。

- 一个页面的元素对应一个类。
- 该类下面编写元素定位器。

（2）封装元素操作层

在 PageObject 目录下面新建一个 Python 文件：redmine_operations.py。文件内容如下。

```python
from Chapter_12.Storm_12_1.PageObject.redmine_locators import *


class BasePage():
    # 构造一个基础类
    def __init__(self, driver):
        # 在初始化的时候会自动执行
        self.driver = driver

class LoginPage(BasePage):
```

```python
        # "用户登录"页面的元素操作
        def enter_username(self, username):
            # 输入用户名
            ele = self.driver.find_element(*LoginPageLocators.UserName)
            ele.clear()
            ele.send_keys(username)

        def enter_password(self, password):
            # 输入密码
            ele = self.driver.find_element(*LoginPageLocators.PassWord)
            ele.send_keys(password)

        def click_login_button(self):
            # 单击"登录"按钮
            ele = self.driver.find_element(*LoginPageLocators.LoginButton)
            ele.click()

        def find_login_name(self):
            # 查找并返回登录成功后的用户名元素
            ele = self.driver.find_element(*LoginPageLocators.LoginName)
            return ele

        def find_login_failed_info(self):
            # 查找并返回登录失败后的提示信息元素
            ele = self.driver.find_element(*LoginPageLocators.LoginFailedInfo)
            return ele

    class ProjectListPage(BasePage):
        # "项目列表"页面元素的操作
        def click_new_pro_btn(self):
            # 单击"新建项目"按钮
            ele = self.driver.find_element(*ProjectListPageLocators.NewProject)
            ele.click()

    class NewProjectPage(BasePage):
        # "新建项目"页面的元素操作
        def enter_projectname(self, proname):
            # 输入项目名称
            ele = self.driver.find_element(*NewProjectPageLocators.ProjectName)
            ele.send_keys(proname)

        def click_com_btn(self):
            # 单击"提交"按钮
            ele = self.driver.find_element(*NewProjectPageLocators.CommitButton)
            ele.click()

        def get_pro_commit_info(self):
            # 获取提交项目后的提示信息
            ele = self.driver.find_element(*NewProjectPageLocators.ProjectCommitInfo)
            return ele
```

具体分析如下。

- 首先导入redmine_locators.py文件。
- 定义一个BasePage类，用来初始化一个driver。
- 后续的方法继承BasePage类，获得driver。
- 借助driver和前面封装好的元素定位器，封装这些元素的操作方法，每个类对应一个页面，每个def对应一个元素的操作。

（3）封装业务场景层

在Scenario目录中新建文件：redmine_login.py。该文件用来封装登录的业务场景，内容如下。

```python
from selenium import webdriver
from Chapter_12.Storm_12_1.PageObject import redmine_operations


class LoginScenario(object):
    '''
    这里是定义"登录"页面的场景
    '''
    def redmine_login(self):
        # 场景一：登录成功
        url = 'http://localhost:81/redmine/login'
        username1 = "admin"
        password1 = "rootroot"
        driver = webdriver.Chrome()
        driver.maximize_window()
        driver.implicitly_wait(20)
        driver.get(url)
        redmine_operations.LoginPage(driver).enter_username(username1)
        redmine_operations.LoginPage(driver).enter_password(password1)
        redmine_operations.LoginPage(driver).click_login_button()
        return driver


if __name__ == '__main__':
    LoginScenario().redmine_login()
```

具体分析如下。

- 这里导入前面封装好的元素操作redmine_operations.py。
- 定义了LoginScenario类，然后在下面定义方法redmine_login，用来实现登录的操作，注意该方法包括3个参数。当前的代码参数虽然抽离了出来，但还是夹杂在代码文件中，后期我们可以继续优化，将其放置到单独的配置文件、数据文件中。

在Scenario目录中新建文件：redmine_new_project.py。该文件用来封装新建项目的业务场景，内容如下。

```python
from Chapter_12.Storm_12_1.PageObject.redmine_operations import *
```

```python
from Chapter_12.Storm_12_1.Scenario.redmine_login import *
import time

class NewProjectScenario(object):
    '''
    这里是定义"新建项目"页面场景
    '''
    def redmine_new_project(self):
        # 通过时间戳构造唯一项目名
        project_name = 'project_{}'.format(time.time())
        # 登录
        driver = LoginScenario().redmine_login()
        # 访问"项目列表"页面
        driver.get('http://localhost:81/redmine/projects')
        # "新建项目"按钮
        ProjectListPage(driver).click_new_pro_btn()
        NewProjectPage(driver).enter_projectname(project_name)
        NewProjectPage(driver).click_com_btn()
        return driver
```

具体分析如下。

- 这里导入了operations文件和redmine_login的Scenario。
- 新建项目完成后，借助return返回一个driver，该driver可以让后续的脚本继续调用。

（4）重构测试用例

我们在 TestCase 目录下面新建 Python 文件：test_001_login.py。文件内容如下。

```python
import unittest
from selenium import webdriver
from Chapter_12.Storm_12_1.PageObject.redmine_operations import *
from parameterized import parameterized, param

'''
测试用例：验证登录功能
'''

url = "http://localhost:81/redmine/login"

class LoginTest(unittest.TestCase):
    def setUp(self):
        self.driver = webdriver.Chrome()
        self.driver.maximize_window()
        self.driver.implicitly_wait(10)
        self.driver.get(url)

    @parameterized.expand([('admin', 'error', '0'), ('admin', 'rootroot', '1')])
    def test_login(self, username, password, status):
        LoginPage(self.driver).enter_username(username)
        LoginPage(self.driver).enter_password(password)
        LoginPage(self.driver).click_login_button()
```

```python
            if status == '0':
                # 登录失败后的提示信息
                text = LoginPage(self.driver).find_login_failed_info().text
                self.assertEqual(text, '无效的用户名或密码')
            elif status == '1':
                # 登录成功后显示的用户名
                name = LoginPage(self.driver).find_login_name().text
                self.assertIn(username, name)
            else:
                print('参数化的状态只能传入 0 或 1')

    def tearDown(self):
        self.driver.quit()

if __name__ == '__main__':
    unittest.main()
```

分析：这里调用 operations 操作层，完成用户登录的两个测试用例。

接下来，我们编写第二个测试用例——新建项目。在 TestCase 目录下面新建文件：test_002_new_project.py。文件内容如下。

```python
import unittest
import time
from Chapter_12.Storm_12_1.Scenario import redmine_login,redmine_new_project
from Chapter_12.Storm_12_1.PageObject.redmine_operations import *


'''
验证新建项目
'''
class AddProjectTest(unittest.TestCase):
    def setUp(self):
        # 登录，并访问"新建项目列表"页面
        self.driver = redmine_login.LoginScenario().redmine_login()
        self.driver.get('http://localhost:81/redmine/projects')

    def test_add_project(self):
        # "新建项目"按钮
        _project_name = 'project_{}'.format(time.time())
        ProjectListPage(self.driver).click_new_pro_btn()
        NewProjectPage(self.driver).enter_projectname(_project_name)
        NewProjectPage(self.driver).click_com_btn()
        text = NewProjectPage(self.driver).get_pro_commit_info().text
        self.assertEqual(text, '创建成功')

    def tearDown(self):
        self.driver.quit()

if __name__ == '__main__':
    unittest.main()
```

> **注意** 将所有项目的元素定位器和操作分别放置到一个文件中，虽然导入较为方便，但是文件将会超级大。

12.2 PO 方案二

接下来我们看 PO 方案二。该方案和前者最大的不同点在于该方案要将每个页面的元素定位、操作、业务场景封装到一个文件中。

来看下整体规划：将系统按页面分成 3 层——元素对象层、元素操作层、页面业务场景层。通过调用页面业务场景或者元素操作封装好的方法来组织测试用例。

- 元素对象层：封装定位元素的方法。
- 元素操作层：借助元素对象层封装元素的操作方法。
- 页面业务场景层：借助元素操作层封装当前页面的业务场景。

首先，我们在 Chapter_12 目录下创建一个 Python Package：Storm_12_2，接着在这个 Package 下面创建 3 个 Python Package：pageobject、report、testcases。这 3 个 Package 分别用来保存页面元素对象类、测试报告和测试用例。目录结构如图 12-2 所示。

其次，我们在 pageobject 目录下面新建一个 Python 文件：login_page.py。该文件用来封装"登录"页面所用到的元素对象。

图 12-2 目录结构（2）

（1）封装第一层：页面元素对象层

这里我们定义一个"查找元素类"，在 login_page.py 中编写如下代码。

```
# 页面元素对象层
class LoginPage(object):
    def __init__(self, driver):
        # 私有方法
        self.driver = driver

    def find_username(self):
        # 查找并返回"用户名"文本框元素
        ele = self.driver.find_element_by_id('username')
        return ele

    def find_password(self):
        # 查找并返回"密码"文本框元素
```

```
            ele = self.driver.find_element_by_id('password')
            return ele

    def find_login_btn(self):
        # 查找并返回"登录"按钮元素
        ele = self.driver.find_element_by_id('login-submit')
        return ele

    def find_login_name(self):
        # 查找并返回登录成功后的用户名元素
        ele = self.driver.find_element_by_id('loggedas')
        return ele

    def find_login_failed_info(self):
        # 查找并返回登录失败后的提示信息元素
        ele = self.driver.find_element_by_id('flash_error')
        return ele
```

对上述代码进行一个简单的分析。

- 首先，定义一个名为"LoginPage"的类（class）。
- 然后，定义一个名为"__init__"的私有方法，这里传入一个"driver"的参数。至于为什么要传入，我们先不解释。
- 接着，定义了5个方法，分别对应该查找"登录"页面要用到的5个页面元素："登录（用户）名"文本框、"密码"文本框、"登录"按钮、登录成功后右上角显示的用户名、登录失败后显示的提示信息。

（2）封装第二层：页面元素操作层

这里我们定义一个"元素操作类"，继续在上面的文件内容的后面编写如下代码。

```
# 页面元素操作层
class LoginOper(object):
    def __init__(self, driver):
        # 私有方法，调用元素定位的类
        self.login_page = LoginPage(driver)

    def input_username(self, username):
        # 对"用户名"文本框做 clear 和 send_keys 操作
        self.login_page.find_username().clear()
        self.login_page.find_username().send_keys(username)

    def input_password(self, password):
        # 对"密码"文本框做 clear 和 send_keys 操作
        self.login_page.find_password().clear()
        self.login_page.find_password().send_keys(password)

    def click_login_btn(self):
        # 对"登录"按钮做单击操作
```

```
                self.login_page.find_login_btn().click()

        def get_login_name(self):
            # 返回登录成功后的用户名元素
            return self.login_page.find_login_name().text

        def get_login_failed_info(self):
            # 返回登录失败后的提示信息元素
            return self.login_page.find_login_failed_info().text
```

下面对上述代码进行一个简单的分析。

- 首先，定义一个名为"LoginOper"的类。
- 然后，定义一个名为"__init__"的私有方法，这个方法带一个参数"driver"，方法中调用前面定义的元素定位的类"LoginPage"。
- 接着，我们定义了5个方法，分别对应之前找到的元素，并对其进行操作。

（3）封装第三层：当前页面的业务场景层

这里我们定义一个"业务场景类"，继续在上面的文件内容的后面编写如下代码。

```
# 页面业务场景层
class LoginScenario(object):
    def __init__(self, driver):
        # 私有方法：调用页面元素操作
        self.login_oper = LoginOper(driver)

    def login(self, username, password):
        # 定义一个登录场景，用到了3个操作
        self.login_oper.input_username(username)
        self.login_oper.input_password(password)
        self.login_oper.click_login_btn()
```

下面对上述代码进行一个简单的分析。

- 首先，定义一个名为"LoginScenario"的类。
- 然后，定义一个名为"__init__"的私有方法，这个方法调用步骤（2）中封装的元素操作类。
- 接着，定义一个实现用户登录场景的方法"login"，这个场景共包含3个操作：输入用户名、输入密码、单击"登录"按钮。

（4）重构登录测试用例

"登录"页面的3层对象已经封装好了，接下来我们在"Chapter_12/Storm_12_2/testcases/"目录下新建文件"test_001_login.py"，用来重构登录的测试用例，代码如下。

```
from selenium import webdriver
import pytest
```

```python
# 导入本用例用到的页面对象文件
from Chapter_12.Storm_12_2.pageobject import login_page


data = [('admin', 'error', '0'), ('admin', 'rootroot', '1')]
@pytest.mark.parametrize(("username", "password", "status"), data)
class TestLogin():
    def setup(self):
        self.driver = webdriver.Chrome()
        self.driver.maximize_window()
        self.driver.implicitly_wait(20)
        # 访问"登录"页面
        self.driver.get('http://localhost:81/redmine/login')

    def teardown(self):
        self.driver.quit()

    def test_001_login(self, username, password, status):
        # 登录的3个操作用业务场景方法一条语句代替
        login_page.LoginScenario(self.driver).login(username,password)
        if status == '0':
            # 登录失败后的提示信息,通过封装的元素操作来代替
            text = login_page.LoginOper(self.driver).get_login_failed_info()
            assert  text == '无效的用户名或密码'
        elif status == '1':
            # 登录成功后显示的用户名,通过封装的元素操作来代替
            text = login_page.LoginOper(self.driver).get_login_name()
            assert username in text
        else:
            print('参数化的状态只能传入 0 或 1')
```

改进前后的代码差异如下。

- 改进后,我们需要通过import语句导入用例涉及的页面对象。
- 改进后,登录的3个操作仅通过前面封装的用户登录场景来实现。
- 改进后,获取页面元素文本的语句通过前面封装的元素操作来实现。

根据改进后的代码,我们再来分析两个问题。

- 测试用例文件中不再包含元素定位和操作的脚本。假如再出现前面说的项目元素定位或操作改变的情况,不管你有多少个测试用例用到了该元素和操作,我们都只需要修改封装元素的页面对象类,而测试用例不需要做任何改变,测试用例的可维护性大大提高。
- 我们在编写测试用例时,setup会实例化一个self.driver,在调用页面对象类中的方法时,我们需要将这个self.driver传递过去才能对页面元素进行操作。这就是我们前面所讲的,在封装页面对象的方法时要定义一个"self.driver"。

接下来,我们再用同样的方法改写 test_002_new_project.py 测试用例。

首先编写页面对象文件,因为新建项目时我们用到了两个页面——"项目列表"和"新建项目"页面,所以这里封装两个文件,文件内容如下。

第一个页面对象文件:"项目列表"页面(示例代码:project_list_page.py)。

```python
'''
"项目列表"页面
'''

# 页面对象层
class ProjectListPage(object):
    def __init__(self, driver):
        self.driver = driver

    def find_new_pro_btn(self):
        ele = self.driver.find_element_by_link_text('新建项目')
        return ele


# 对象操作层
class ProjectListOper(object):
    def __init__(self, driver):
        self.project_list_page = ProjectListPage(driver)

    def click_new_pro_btn(self):
        self.project_list_page.find_new_pro_btn().click()


# 业务逻辑层
class ProjectListScenario(object):
    def __init__(self, driver):
        self.project_list_oper = ProjectListOper(driver)

    def xxx(self):
        # 目前不需要封装业务逻辑
        pass
```

第二个页面对象文件:"新建项目"页面(示例代码:project_new_page.py)。

```python
'''
"新建项目"页面
'''

# 页面对象层
class ProjectNewPage(object):
    def __init__(self, driver):
        self.driver = driver

    def find_pro_name_input(self):
        ele = self.driver.find_element_by_id('project_name')
        return ele

    def find_pro_commit_btn(self):
```

```python
            ele = commit_btn = self.driver.find_element_by_name('commit')
            return ele

        def find_pro_commit_info(self):
            ele = self.driver.find_element_by_id('flash_notice')
            return ele

# 对象操作层
class ProjectNewOper(object):
    def __init__(self, driver):
        self.project_new_page = ProjectNewPage(driver)

    def input_pro_name(self, pro_name):
        self.project_new_page.find_pro_name_input().send_keys(pro_name)

    def click_pro_commit_btn(self):
        self.project_new_page.find_pro_commit_btn().click()

    def get_pro_commit_info(self):
        return self.project_new_page.find_pro_commit_info().text


# 业务逻辑层
class ProjectNewScenario(object):
    def __init__(self, driver):
        self.project_new_oper = ProjectNewOper(driver)

    def new_project(self, pro_name):
        self.project_new_oper.input_pro_name(pro_name)
        self.project_new_oper.click_pro_commit_btn()
```

然后编写新建项目测试用例，内容如下。

```python
from selenium import webdriver
import time, pytest
from Chapter_12.Storm_12_2.pageobject import login_page, project_new_page, project_list_page


# 通过时间戳构造唯一项目名
project_name = 'project_{}'.format(time.time())
username = 'admin'
password = 'rootroot'

class TestNewProject():
    def setup(self):
        self.driver = webdriver.Chrome()
        self.driver.maximize_window()
        self.driver.implicitly_wait(20)
        # 访问"登录"页面
        self.driver.get('http://localhost:81/redmine/login')
```

```python
        # 登录
        login_page.LoginScenario(self.driver).login(username, password)

    def test_new_project(self):
        # 访问"项目列表"页面
        self.driver.get('http://localhost:81/redmine/projects')
        # "新建项目"按钮
        project_list_page.ProjectListOper(self.driver).click_new_pro_btn()
        project_new_page.ProjectNewScenario(self.driver).new_project(project_name)
        # 新建项目成功后的提示信息
        text = project_new_page.ProjectNewOper(self.driver).get_pro_commit_info()
        assert text == '创建成功'

    def teardown(self):
        self.driver.quit()

if __name__ == '__main__':
    pytest.main(['-s', '-q', '--alluredir', '../report/'])
```

本节小结如下。
- 将系统页面分别放到不同的文件中,文件命名的方式需要注意。
- 每个页面文件包含3层:元素定位、元素操作、业务场景。
- 测试用例通过调用公共业务场景和元素操作来完成。

我们学习了两种 PO 模式的思路,请大家在实际项目中揣摩、实践、评估其优缺点,然后优化、改进,最终形成适合自己项目的 PO 分层模式。

提示:我们将采用 PO 方案二 + Pytest 的方式来进行后续内容的讲解。

12.3 项目变更应对

在实际项目中,项目的变更是正常的、持续存在的。也正是因为如此,我们才引入了 PO 模式。那接下来我们通过几个场景来演示 PO 模型封装的代码,讲解在应对项目变更时,其存在哪些优势。

(1)元素定位器发生改变

元素定位器发生变化是非常常见的一种情况。这里我们假设"登录"页面"用户名"文本框的元素定位发生了变化,如 id 的值变更了,或者元素没有 id 了,此时我们该如何处理呢?

我们只需要将 login_page.py 文件中"用户名"文本框元素的定位方法修改成可用即可。

```
'''
"登录"页面
```

```python
'''
# 页面元素对象层
class LoginPage(object):
    def __init__(self, driver):
        # 私有方法
        self.driver = driver

    def find_username(self):
        # 查找并返回"用户名"文本框元素
        # ele = self.driver.find_element_by_id('username')
        ele = self.driver.find_element_by_name('username')
        return ele
```

尝试执行测试用例，仍然可以执行成功。因为测试用例并不包含元素定位的方法，都是从封装好的 login_page.py 文件中读取的，整个脚本维护起来非常简便。

（2）元素操作发生改变

某些情况下，对元素的操作可能会变，如单击变成了双击，这个时候我们只需要调整 login_page.py 文件中对应的元素操作的代码即可。

```python
from selenium.webdriver import ActionChains


class LoginPage(object):
    ...


# 页面元素操作层
class LoginOper(object):
    def __init__(self, driver):
        # 私有方法，调用元素定位的类
        self.login_page = LoginPage(driver)
        self.driver = driver

    def input_username(self, username):
        # 对"用户名"文本框做 clear 和 send_keys 操作
        self.login_page.find_username().clear()
        self.login_page.find_username().send_keys(username)

    def input_password(self, password):
        # 对"密码"文本框做 clear 和 send_keys 操作
        self.login_page.find_password().clear()
        self.login_page.find_password().send_keys(password)

    # def click_login_btn(self):
    #     对"登录"按钮做单击操作
    #     self.login_page.find_login_btn().click()

    def click_login_btn(self):
        ele = self.login_page.find_login_btn()
        ActionChains(self.driver).double_click(ele).perform()
```

这里我们把鼠标的单击动作换成了鼠标的双击动作，因此需要引入 ActionChains 的包。然后因为 ActionChains() 的括号中需要传入 driver，所以在 class 的开始处定义了一个 self.driver = driver，然后脚本内容就变成了上述内容。不需要对脚本做任何改动，执行脚本，依然成功。

（3）业务发生改变

为了防止系统被暴力破解，假如公司审计部门要求在登录环节增加输入验证码的步骤，因为无法修改 Redmine 系统登录的功能，这里我们拿伪代码示意（无法执行成功，仅说明意思）。

```python
'''
"登录"页面
'''
# 页面元素对象层
from selenium.webdriver import ActionChains


class LoginPage(object):
    def __init__(self, driver):
        # 私有方法
        self.driver = driver

    def find_username(self):
        # 查找并返回"用户名"文本框元素
        # ele = self.driver.find_element_by_id('username')
        ele = self.driver.find_element_by_name('username')
        return ele

    def find_password(self):
        # 查找并返回"密码"文本框元素
        ele = self.driver.find_element_by_id('password')
        return ele

    def find_login_btn(self):
        # 查找并返回"登录"按钮元素
        ele = self.driver.find_element_by_id('login-submit')
        return ele

    def find_login_name(self):
        # 查找并返回登录成功后的用户名元素
        ele = self.driver.find_element_by_id('loggedas')
        return ele

    def find_login_failed_info(self):
        # 查找并返回登录失败后的提示信息元素
        ele = self.driver.find_element_by_id('flash_error')
        return ele

    def find_verification_code(self):  # 新增一个查找验证码的元素
        ele = self.driver.find_element_by_id('aaa')
        return ele


# 页面元素操作层
```

```python
class LoginOper(object):
    def __init__(self, driver):
        # 私有方法，调用元素定位的类
        self.login_page = LoginPage(driver)
        self.driver = driver

    def input_username(self, username):
        # 对"用户名"文本框做 clear 和 send_keys 操作
        self.login_page.find_username().clear()
        self.login_page.find_username().send_keys(username)

    def input_password(self, password):
        # 对"密码"文本框做 clear 和 send_keys 操作
        self.login_page.find_password().clear()
        self.login_page.find_password().send_keys(password)

    # def click_login_btn(self):
    #     对"登录"按钮做单击操作
    #     self.login_page.find_login_btn().click()

    def click_login_btn(self):
        ele = self.login_page.find_login_btn()
        ActionChains(self.driver).double_click(ele).perform()

    def get_login_name(self):
        # 返回登录成功后的用户名元素
        return self.login_page.find_login_name().text

    def get_login_failed_info(self):
        # 返回登录失败后提示信息元素
        return self.login_page.find_login_failed_info().text

    def input_verification_code(self, fixed_value=123456):  # 输入万能验证码
        self.login_page.find_verification_code().send_keys(fixed_value)

# 页面业务场景层
class LoginScenario(object):
    def __init__(self, driver):
        # 私有方法：调用页面元素操作
        self.login_oper = LoginOper(driver)

    def login(self, username, password):
        # 定义一个登录场景，用到了 3 个操作
        self.login_oper.input_username(username)
        self.login_oper.input_password(password)
        self.login_oper.input_verification_code()  # 增加输入验证码的步骤
        self.login_oper.click_login_btn()
```

从上述代码中可以看到，我们总共修改了以下内容。

- 在元素定位层新增了一个验证码元素的定位方法。
- 在元素操作层新增了该元素的输入方法，这里我们定义了一个入参，并且给其设置了

一个初始值（如果项目中遇到验证码，让开发人员设置为万能码绕过）。
- 在登录的场景中增加了一个输入验证码的步骤，虽然整体复杂了一些，但是测试用例仍然不需要做改动。

（4）修改测试用例

自动化测试的断言点总是有限的，某些时候自动化测试没有发现问题，人工测试或者生产环境却发现了问题，这个时候我们就要把相关的检查点增加到用例当中。例如我们对登录成功的测试用例要增加一个检查点——登录后页面中要能看到"我的工作台"，如图12-3所示。

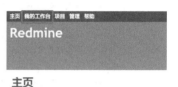

图 12-3　我的工作台

这里我们就只需要修改测试用例的断言部分，test_001_login.py 文件修改效果如下（部分代码）。

```python
def test_001_login(self, username, password, status):
    # 登录的 3 个操作用业务场景方法一条语句代替
    login_page.LoginScenario(self.driver).login(username,password)
    if status == '0':
        # 登录失败后的提示信息，通过封装的元素操作来代替
        text = login_page.LoginOper(self.driver).get_login_failed_info()
        assert  text == '无效的用户名或密码'
    elif status == '1':
        # 登录成功后显示的用户名，通过封装的元素操作来代替
        text = login_page.LoginOper(self.driver).get_login_name()
        assert username in text
        # 增加一个断言
        assert "我的工作台" in self.driver.page_source
    else:
        print('参数化的状态只能传入 0 或 1')
```

可以从上述的代码中看到，我们在登录成功的状态（elif status == '1'）中增加了一个断言（assert " 我的工作台 " in self.driver.page_source），非常的简单。

当然，如果你的断言用到了新的元素，那么你仍然需要将元素的 3 层写到对应的 PO 文件中去，然后再增加断言。

第 13 章
测试框架开发

在第 12 章中，我们介绍了 PO 的思想。借助该思想，我们将页面元素的定位、操作、业务场景从测试用例中分离了出来，从而形成了较为健壮的测试用例结构。不过，系统的配置信息、测试数据等仍然夹杂在测试用例中，这部分虽然变化较少，不过一旦出现，还是需要耗费较大的力气去修改测试代码。另外，在某种情况下，测试团队需要对 Selenium 提供的 API 进行二次封装，以便能满足特定的需求。基于这些情况，本章我们将从实际问题出发，对测试脚本继续分层，最终形成较为完善的测试框架。

本章主要介绍搭建一个类似图 13-1 所示结构的测试框架。
下面简单介绍一下各目录的用途。

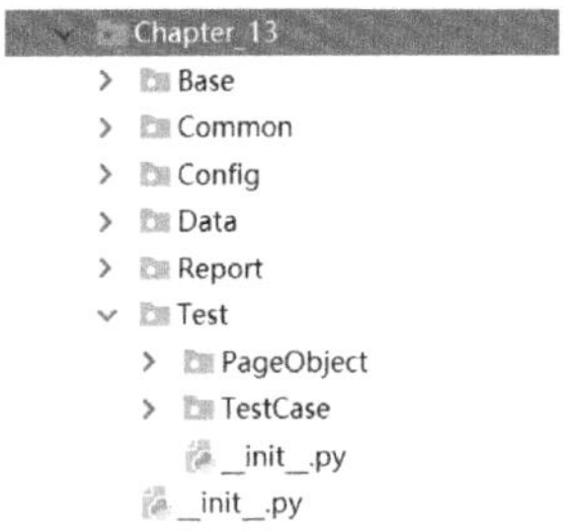

- Base：用来对 Selenium API 进行二次封装。
- Common：用来放置一些公共的函数或方法文件，如前面封装的解析 YAML 文件、解析 CSV 文件的函数。
- Config：用来放置测试项目中的配置信息文件，如系统的 IP 地址、端口。
- Data：用来放置 CSV 文件，内容是测试用例参数化用到的数据，也可以放置其他类型的数据文件，如 Excel 和 JSON 文件。
- Report：用来放置测试执行的报告。
- Test：用来测试相关文件，其中子目录 PageObject 用来存放页面对象，子目录 TestCase 用来放置测试用例。

图 13-1 测试框架结构

接下来我们做些准备工作：首先根据图 13-1 创建目录结构，然后将 Chapter_12 的 Storm_12_3 目录中的页面对象和测试用例复制到 Chapter_13/Test 目录下的 PageObject 和 TestCase 子目录中。

13.1 测试数据分离

在实际项目中，我们会遇到两种常见的情况。第一，对于同一个场景，我们需要增加、删除、修改测试数据，以覆盖期望的测试场景，例如我们想增加一个测试场景——验证登录名正确，但密码为空的情况。第二，测试数据需要更改，例如之前的测试账号被同事删除了等。一旦出现类似的情况，我们就需要查找有哪些脚本应用了这些数据，只有全部更新这些数据才能保证脚本再次执行。为了避免上述情况对自动化测试工作产生影响，我们需要将测试数据从脚本中分离出来。

这里我们以"用户登录数据"为例，演示测试数据与代码分离的操作过程。首先，我们将 test_001_login.py 用例中用户登录数据的代码语句放到 CSV 文件中。

```
data = [('admin', 'error', '0'), ('admin', 'rootroot', '1')]
```

我们在 Data 目录中新建一个"test_001_login.csv"文件，内容如下。

```
name,password,status
admin,error,0
admin,rootroot,1
```

然后，我们将第 3 章中封装的解析 CSV 文件的函数文件"parse_csv.py"（在 Chapter_3 目录可以找到）复制到 Common 目录中。

接下来，我们改写"test_001_login.py"文件，内容如下。

```python
from selenium import webdriver
import pytest
# 导入本用例用到的页面对象文件
from Chapter_13.Test.PageObject import login_page
from Chapter_13.Common.parse_csv import parse_csv

data = parse_csv("../../Data/test_001_login.csv")  # 改写
# print(data)
# data = [('admin', 'error', '0'), ('admin', 'rootroot', '1')]
@pytest.mark.parametrize(("username", "password", "status"), data)
class TestLogin():
    def setup(self):
        self.driver = webdriver.Chrome()
        self.driver.maximize_window()
        self.driver.implicitly_wait(20)
        # 访问"登录"页面
        self.driver.get('http://localhost:81/redmine/login')


    def teardown(self):
        self.driver.quit()

    def test_001_login(self, username, password, status):
        # 登录的 3 个操作用业务场景方法一条语句代替
        login_page.LoginScenario(self.driver).login(username,password)
        if status == '0':
            # 登录失败后的提示信息，通过封装的元素操作来代替
            text = login_page.LoginOper(self.driver).get_login_failed_info()
            assert  text == '无效的用户名或密码'
        elif status == '1':
            # 登录成功后显示的用户名，通过封装的元素操作来代替
            text = login_page.LoginOper(self.driver).get_login_name()
            assert username in text
            # 增加一个断言
            assert "我的工作台" in self.driver.page_source
        else:
            print('参数化的状态只能传入 0 或 1')

if __name__ == '__main__':
    # pytest.main(['-s', '-q', '--alluredir', '../report/'])
    pytest.main(['-s', 'test_001_login.py'])
```

大家可以看到，因为我们前面做了很多的准备工作，所以这里改动的代码并不多。代码变更点如下。

- 导入页面对象的目录改变了。

- 从Common目录导入了解析CSV文件的函数。
- 将data变量的硬数据变成了从Data目录文件中读取。

当测试数据与代码分离后，我们能更好地解决本节开始时抛出的两个问题。

（1）对于同一个场景，我们需要增加、删除、修改测试数据，以覆盖期望的测试场景分支

假如我们想验证登录名是否区分大小写，这时候我们设计这样一条测试数据"Admin,rootroot,0"。为了完成该测试用例，我们只需要修改"test_001_login.csv"文件即可，代码如下。

```
name,password,status
admin,error,0
admin,rootroot,1
Admin,rootroot,0
```

（2）测试数据发生变化

假如准生产环境中的测试账户为root，为了让测试脚本能够支持该环境的测试，我们只需要修改"test_001_login.csv"文件的内容，如下所示。

```
name,password,status
root,error,0
root,rootroot,1
```

另外，测试数据分离还能带来一个好处，即其他测试人员即便不懂代码，也可以轻松地通过修改对应的测试数据文件来达到测试不同场景的目的。

13.2 测试配置分离

前面的测试脚本在访问系统不同页面时，都采用的是"IP地址 + 端口 + 路径"的形式。在实际项目中，我们可能会遇到这样的情况：测试服务器访问地址或端口发生了变化。遇到这种情况该如何处理？把每个测试用例中的 IP 地址或端口都改一遍吗？我们有更好的解决办法。接下来我们将以"IP 地址 + 端口"为例，演示如何将测试配置信息从代码中分离出来。

首先，在 Config 目录创建"redmine.yml"文件，用来存放网站的 IP 地址和端口信息（这里的 localhost 代表本机 IP 地址），内容如下。

```
websites:
  host: localhost:81
```

然后将在第 3 章中封装的解析 YAML 文件的函数文件"parse_yml.py"（在 Chapter_3 目录中可以找到）复制到 Common 目录中。

接下来，我们改写"test_001_login.py"文件，内容如下。

```python
from selenium import webdriver
import pytest
# 导入本用例用到的页面对象文件
from Chapter_13.Test.PageObject import login_page
from Chapter_13.Common.parse_csv import parse_csv
from Chapter_13.Common.parse_yml import parse_yml

host = parse_yml("../../Config/redmine.yml", "websites", "host")
url = "http://"+host+"/redmine/login"
data = parse_csv("../../Data/test_001_login.csv")
# print(data)
# data = [('admin', 'error', '0'), ('admin', 'rootroot', '1')]
@pytest.mark.parametrize(("username", "password", "status"), data)
class TestLogin():
    def setup(self):
        self.driver = webdriver.Chrome()
        self.driver.maximize_window()
        self.driver.implicitly_wait(20)
        # 访问"登录"页面
        self.driver.get(url)

    def teardown(self):
        self.driver.quit()

    def test_001_login(self, username, password, status):
        # 登录的3个操作用业务场景方法一条语句代替
        login_page.LoginScenario(self.driver).login(username,password)
        if status == '0':
            # 登录失败后的提示信息，通过封装的元素操作来代替
            text = login_page.LoginOper(self.driver).get_login_failed_info()
            assert  text == '无效的用户名或密码'
        elif status == '1':
            # 登录成功后显示的用户名，通过封装的元素操作来代替
            text = login_page.LoginOper(self.driver).get_login_name()
            assert username in text
            # 增加一个断言
            assert "我的工作台" in self.driver.page_source
        else:
            print('参数化的状态只能传入0或1')

if __name__ == '__main__':
    # pytest.main(['-s', '-q', '--alluredir', '../report/'])
    pytest.main(['-s', 'test_001_login.py'])
```

上述内容对代码的改动同样非常小，我们只是导入了解析 YAML 文件的函数，然后通过配置文件读取系统的 host 信息。

假如在实际项目中，测试环境发生了变化或者测试的 IP 地址或端口发生了变化，这个时

候我们只需要修改 "redmine.yml" 文件中的信息即可。例如测试环境 IP 和端口变成了 "192.168.229.33:8080"，我们需要修改的配置文件内容如下。

```
websites:
  host: 192.168.229.33:8080
```

这样就免去修改所有测试用例文件当中 IP 和端口的信息。

同样，每个测试用例都需要用到登录的步骤，也就是会用到用户名和密码的信息（注意该内容和 "test_001_login.py" 中用到的测试登录的用户名和密码信息不同）。该信息同样需要放置到配置文件中。现在我们再次修改配置文件，在 "redmine.yml" 文件当中增加账号的相关信息，代码如下。

```
websites:
  host: localhost:81

logininfo:
  username: amdin
  password: rootroot
```

然后，我们改写下测试用例 "test_002_new_project.py" 文件中用到的用户名和密码信息，代码调整如下。

```python
from selenium import webdriver
import time, pytest
from Chapter_13.Test.PageObject import login_page, project_new_page, project_list_page
from Chapter_13.Common.parse_yml import parse_yml

host = parse_yml("../../Config/redmine.yml", "websites", "host")
url_1 = "http://"+host+"/redmine/login"
url_2 = "http://"+host+"/redmine/projects"
# 通过时间戳构造唯一项目名
project_name = 'project_{}'.format(time.time())
username = parse_yml("../../Config/redmine.yml", "logininfo", "username")
password = parse_yml("../../Config/redmine.yml", "logininfo", "password")

class TestNewProject():
    def setup(self):
        self.driver = webdriver.Chrome()
        self.driver.maximize_window()
        self.driver.implicitly_wait(20)
        # 访问"登录"页面
        self.driver.get(url_1)
        # 登录
        login_page.LoginScenario(self.driver).login(username, password)

    def test_new_project(self):
        # 访问"项目列表"页面
```

```python
        self.driver.get(url_2)
        # "新建项目"按钮
        project_list_page.ProjectListOper(self.driver).click_new_pro_btn()
        project_new_page.ProjectNewScenario(self.driver).new_project(project_name)
        # 新建项目成功后的提示信息
        text = project_new_page.ProjectNewOper(self.driver).get_pro_commit_info()
        assert text == '创建成功'

    def teardown(self):
        self.driver.quit()

if __name__ == '__main__':
    pytest.main(['-s', 'test_002_new_project.py'])
```

当用户名信息发生变化的时候，我们不需要修改所有用例中的用户名信息，而只需要修改配置文件内容，如下所示。

```
websites:
  host: localhost:81

logininfo:
  username: storm
  password: test1234
```

13.3 Selenium API 封装

对 Selenium API 进行二次封装的目的是简化一些复杂的操作，但是千万不要为了封装而封装。因为新封装的方法名对其他项目人员来说是比较陌生的。但这个话题没有唯一的答案，这里举个例子让大家体会，后面各位如何去封装自己的测试框架，就要靠自己在实际项目中去平衡和取舍了。

第 8 章说明了显性等待要明显优于隐性等待，且花了很大篇幅去说服你使用显性等待。但紧接着我就在第 9 至第 12 章中不停地使用隐性等待，这似乎有些"打脸"。这里需要解释一下，如果为上述章节中的每个元素都增加显性等待，代码将会变得杂乱，会影响那些章节中知识点的讲解效果。因此,我们暂时借用隐性等待来保障脚本执行的稳定性。在本节内容中，我们将对 Selenium 提供的元素定位方法进行二次封装，目的是在元素定位的时候增加显性等待的功能。

我们在 Base 目录下新建一个 base.py 文件，内容如下。

```python
from selenium.webdriver.support.ui import WebDriverWait
```

```python
'''
这里我们定义一个名为"Base"的类，对Selenium WebDriver提供的API进行二次封装
'''


class Base(object):
    def __init__(self, driver):
        '''
        调用该类的时候给其传递一个driver
        :param driver:
        '''
        self.driver = driver


    def split_locator(self, locator):
        '''
        分解定位表达式，如"id,kw"，拆分后返回定位器"id"和定位器的值"kw"
        :param locator: 定位方法+定位表达式组合字符串，如"id,kw"
        :return: locator_dict[by], value：返回定位方式和定位表达式
        '''
        if len(locator.split(',')) == 3:
            by = locator.split(',')[0]      # 定位器
            value = locator.split(',')[1] + ',' + locator.split(',')[2]
        else:
            by = locator.split(',')[0]      # 定位器
            value = locator.split(',')[1]   # 定位器值
        # 这里是为了方便，所以简写了定位器
        locator_dict = {
            'id': 'id',
            'name': 'name',
            'class': 'class name',
            'tag': 'tag name',
            'link': 'link text',
            'plink': 'partial link text',
            'xpath': 'xpath',
            'css': 'css selector',
        }
        if by not in locator_dict.keys():
            raise NameError("Locator Err!'id',only 'name','class','tag','link','plink','xpath','css' can be used.")
        return locator_dict[by], value


    def get_element(self, locator, sec=20):
        """
        获取一个元素
        :param locator: 定位方法+定位表达式组合字符串，用逗号分隔，如"id,kw"
        :param sec: 等待秒数
        :return: 如果元素可找到则返回element对象，否则返回False
        """
```

```
                by, value = self.split_locator(locator)
                try:
                    element = WebDriverWait(self.driver, sec, 1).until(lambda x: x.find_
element(by=by, value=value))
                    return element
                except Exception as e:
                    raise e

        def get_elements(self, locator, sec=20):
            """
            获取一组元素
            :param locator: 定位方法 + 定位表达式组合字符串，用逗号分隔，如 "id,kw"
            :return: elements
            """
            by, value = self.split_locator(locator)
            try:
                elements = WebDriverWait(self.driver, 60, 1).until(lambda x: x.find_
elements(by=by, value=value))
                return elements
            except Exception as e:
                raise e


    if __name__ == '__main__':
        from selenium import webdriver
        from time import sleep

        driver = webdriver.Chrome()
        driver.get('https://www.baidu.com/')
        a = "id1,kw"
        bp = Base(driver)
        bp.get_element(a).send_keys('11111')
        # bp.get_element("plink,地图").click()
        sleep(2)
        driver.quit()
```

下面简单对上面的代码做个解释。

- 首先，我们声明了一个名为"Base"的类。
- 然后，我们定义了一个名为"__init__"的方法，该方法起到初始化的效果。该方法包含一个driver形参，并将接收到的driver传递给后续的方法。
- 接着，我们定义了一个名为"split_locator"的方法，该方法包含一个形参locator。locator的传参格式为"定位方法,值"，例如"id,kw"。我们可以通过Python的split函数数来将传入的值进行分割，然后将其分别赋给变量by和value。考虑到我们可能会使用模糊匹配的定位方法，所以该定位方法的值中包含逗号（例如""xpath,//*[starts-with(@id,'issue')]""），这样通过split函数就会分割出来3个值，第一个值是定位器，后两个值拼接起来是定位器的值。因此我们增加了一个判断条件，若split函数分割结果的长度等于3，我们就把后两个值拼接起来作为定位器的值。

- 最后，我们定义了get_element和get_elements方法，分别用来查找并返回一个元素和多个元素。这两个方法和Selenium原始定位元素的API有什么不同呢？可以看到，我们增加了显性等待的方法，这就意味着我们在定位元素的前一步自动地执行显性等待。

借助封装好的元素定位方法，我们修改 PageObject 目录下的元素定位文件。将 login_page.py 的内容修改如下。

```python
'''
"登录"页面
'''
# 页面元素对象层
from selenium.webdriver import ActionChains
from Chapter_13.Base.base import Base


class LoginPage(object):
    def __init__(self, driver):
        # 私有方法
        self.driver = driver

    def find_username(self):
        # 查找并返回"用户名"文本框元素
        # ele = self.driver.find_element_by_id('username')
        # ele = self.driver.find_element_by_name('username')
        ele = Base(self.driver).get_element('name,username')
        return ele

    def find_password(self):
        # 查找并返回"密码"文本框元素
        # ele = self.driver.find_element_by_id('password')
        ele = Base(self.driver).get_element('id,password')
        return ele

    def find_login_btn(self):
        # 查找并返回"登录"按钮元素
        # ele = self.driver.find_element_by_id('login-submit')
        ele = Base(self.driver).get_element('id,login-submit')
        return ele

    def find_login_name(self):
        # 查找并返回登录成功后的用户名元素
        # ele = self.driver.find_element_by_id('loggedas')
        ele = Base(self.driver).get_element('id,loggedas')
        return ele

    def find_login_failed_info(self):
        # 查找并返回登录失败后的提示信息元素
```

```python
            # ele = self.driver.find_element_by_id('flash_error')
            ele = Base(self.driver).get_element('id,flash_error')
            return ele

    # def find_verification_code(self):
    #     ele = self.driver.find_element_by_id('aaa')
    #     return ele

# 页面元素操作层
class LoginOper(object):
    def __init__(self, driver):
        # 私有方法，调用元素定位的类
        self.login_page = LoginPage(driver)
        self.driver = driver

    def input_username(self, username):
        # 对"用户名"文本框做 clear 和 send_keys 操作
        self.login_page.find_username().clear()
        self.login_page.find_username().send_keys(username)

    def input_password(self, password):
        # 对"密码"文本框做 clear 和 send_keys 操作
        self.login_page.find_password().clear()
        self.login_page.find_password().send_keys(password)

    # def click_login_btn(self):
    #     对"登录"按钮做单击操作
    #     self.login_page.find_login_btn().click()

    def click_login_btn(self):
        ele = self.login_page.find_login_btn()
        ActionChains(self.driver).double_click(ele).perform()

    def get_login_name(self):
        # 返回登录成功后的用户名元素
        return self.login_page.find_login_name().text

    def get_login_failed_info(self):
        # 返回登录失败后的提示信息元素
        return self.login_page.find_login_failed_info().text

    # def input_verification_code(self, fixed_value=123456): # 万能验证码
    #     self.login_page.find_verification_code().send_keys(fixed_value)

# 页面业务场景层
class LoginScenario(object):
    def __init__(self, driver):
        # 私有方法：调用页面元素操作
        self.login_oper = LoginOper(driver)

    def login(self, username, password):
```

```
# 定义一个登录场景，用到了 3 个操作
self.login_oper.input_username(username)
self.login_oper.input_password(password)
# self.login_oper.input_verification_code()
self.login_oper.click_login_btn()
```

上述文件中，我们不再使用 WebDriver 提供的元素定位 API，而是调用 base.py 中封装好的元素定位方法。同样，我们修改 project_list_page.py、project_new_page.py 文件中元素定位的代码，然后我们就可以将测试用例中隐性等待的语句"self.driver.implicitly_wait(20)"注释掉了。

最后，尝试执行代码，可以发现仍然执行成功。

13.4 测试报告

本节我们将新增"pytest.ini"文件，用来定义 Pytest 框架的执行策略。

首先，在 Chapter_13/Report 目录下新建两个 Python Package：allure-report 和 report。report 用来保存 Pytest 执行的结果文件（JSON 文件），allure-report 用来保存最终的报告文件（HTML 文件）。

然后，在 Chapter_13 的目录下面新建"pytest.ini"文件，内容如下。

```
[pytest]
addopts = -v --reruns 2  --reruns-delay 2
testpaths = Test/TestCase
python_file = test_*.py
python_classes = Test*
python_functions = test_*
```

> **注意** ▶ 因为我们修改了目录结构，所以不能再使用 Pytest 默认的测试用例目录，而需要根据实际目录结构将 testpaths 设置为 Test/TestCase 目录。

最后，运用第 11 章学到的知识，尝试执行、查看 Allure 测试报告吧。

第 14 章
项目实战

经过前面章节的学习,我们终于封装了一个相对完善的自动化测试框架。接下来,我们将从头到尾演示如何借助封装好的自动化测试框架来完成项目的自动化测试需求。

14.1 测试计划

不管采用何种研发模式，项目计划都必不可少。同理，自动化测试也需要编制测试计划，用于指导后续工作的开展。

本节并不打算编写一个具体的测试计划，原因是，不同的项目有不同的目标，自然也就有不同的自动化测试计划。但归根结底，在做自动化测试计划时，我们需要搞明白以下几个问题。

（1）项目的特性

- 项目是全新的项目，还是相对稳定的项目。如果是一个全新的项目，则项目本身存在较多的不确定性，页面风格和操作流程并不成熟，这时候并非UI自动化实施的最佳时机；相反，如果项目相对稳定，则应该适度投入人力，开发自动化测试脚本，以便支持项目的快速验证。

- 项目是外包项目，还是公司产品。部分外包项目周期较为紧张，一旦交付则不会继续跟进，开发自动化测试脚本的产出投入比是一个需要考虑的问题；如果是公司自己内部的产品，则可能会长期迭代，自动化测试的产出投入比就会较高。

- 项目开发模式是传统瀑布模型，还是快速迭代、敏捷等类型。传统瀑布模型的项目一般项目周期较长，对快速验证的要求不会太高；而快速迭代、敏捷等新型项目研发模式，则要求测试团队对版本做出较快的质量评估，单靠人力是无法实现的，因此自动化测试必不可少。

- 项目类型是Web项目、App，还是小程序、客户端。一般来说Web项目页面、功能较稳定，适合开展自动化测试；App的迭代速度较快，UI自动化的执行速度较慢，稳定性较差，且后期的维护成本较高，UI自动化测试的产出投入比并不高；客户端程序也比较适合开展自动化测试，不过Selenium对此无能为力，UFT（一种自动化测试工具）相对合适。

（2）人力、技术

- 测试团队的人力。项目中预期投入多少测试人力能完成任务是一个非常重要的问题。这里我们参考一下阿里系的测试和研发人员比，阿里系要求：新项目中测试研发比一般在1:5；随着项目越来越成熟，测试研发比将会越来越小，有可能到1:10，甚至更小（关于测试研发比的话题，笔者专门写了一篇博客，感兴趣的读者可以访问笔者的博客进行查看）。如果你所在项目测试人员较少，则不宜开展较大规模的自动化测试。

因为自动化测试并不能节省测试工作的时间，相反，它是拿更多的人力和时间来换取效率的一种活动。
- 技术储备是否足够。自动化测试对测试人员有一定的技术要求，如果团队中有实际项目自动化测试落地经验的成员，那项目自动化测试的成功率要高很多。

（3）测试策略
- 整体策略。是否只开展UI自动化测试，还是UI与接口自动化测试相结合。目前，行业中越来越多项目和测试团队在开展自动化测试的时候选择UI和接口自动化测试相结合的策略。
- 目标。自动化测试是用来做冒烟测试，还是用来做场景覆盖测试？是用来辅助功能测试创建数据，还是作为生产环境的监控工具？不同的目标需要采用不同的策略。
- 测试频率。是研发每次提交代码时自动触发自动化测试脚本执行，还是设定每天晚上或每个周末自动执行，这也需要在计划阶段规划清楚。

测试计划切忌贪大求全，一开始不要把摊子铺得过大。从基础做起，先出效果，在得到领导的认可后，后续开展工作的阻力才会更小。这时候再分阶段，逐步支持更多的测试场景。

14.2 测试用例

根据功能测试用例编写自动化测试脚本并非最佳选择。更多的时候，我们会参考功能测试用例，抽取适合的用例和检查点来组成自动化测试的用例。在编写自动化测试用例时，有一个至关重要的环节——设置合理的检查点，需要大家格外注意。因为如果检查点设置得不合理，自动化测试报告的成功结果反而会让团队"更放心地"遗漏问题。

这里，我们还是以Redmine项目为例，编写几个测试用例，如表14-1所示，大家可以参考其格式。

表14-1 测试用例

用例ID	用例等级	用例标题	前置条件	操作步骤	检查点
test_001_login	L1	登录成功及失败	存在用户名、密码	1. 打开Redmine系统"登录"页面； 2. 输入错误的用户名、密码，单击"登录"按钮； 3. 输入正确的用户名、密码，单击"登录"按钮	提示"无效的用户名或密码"，右上角显示登录的用户名

续表

用例 ID	用例等级	用例标题	前置条件	操作步骤	检查点
test_002_ new_ project	L2	新建项目成功	登录账号有管理员权限	1. 使用管理员账号登录； 2. 访问"项目列表"页面； 3. 单击"新建项目"按钮； 4. 输入项目名； 5. 单击"创建"按钮	提示"创建成功"
test_001_ new_bug	L1	新建缺陷成功	进入某个项目	1. 使用管理员账号登录； 2. 通过 URL 访问项目"Project_001"的"问题列表"页面； 3. 单击"新建问题"按钮； 4. 输入缺陷主题； 5. 单击"创建"按钮	提示"已创建"
test_001_ fix_bug	L1	关闭缺陷	存在非关闭状态缺陷（通过实时新建缺陷）	1. 使用管理员账号登录； 2. 通过 URL 访问项目"Project_001"的"问题列表"页面； 3. 增加"主题"过滤器； 4. 筛选之前创建的缺陷； 5. 单击筛选出来的缺陷，进入"详情"页面； 6. 单击"编辑"按钮，在"状态"下拉列表中选择"已关闭"； 7. 单击"提交"按钮	提示"更新成功"

简单解释一下上方的表格。

（1）用例 ID

用例的编号，建议和测试脚本的命名保持一致。

（2）用例等级

用例执行的优先级。将来我们可以根据不同的需求，执行不同等级的测试用例，以提高用例执行的效率。

（3）用例标题

用例的标题，用来简单描述用例的目的。

（4）前置条件

用例的前置条件，即要执行该用例需要具备什么条件。

（5）操作步骤

用例的操作步骤。

（6）检查点

对应功能测试用例的预期结果。但是自动化测试的检查点并不能覆盖（或者说不易覆盖），如"页面是否美观""文字是否重叠"等易用性的检查点。

测试用例的检查点是自动化测试任务的"灵魂"，你需要不断地审视、关注功能测试和生产环境中所发现的问题，并将其增加到自动化测试用例的检查点中。

14.3 测试脚本

准备好了测试用例，在项目具备条件后我们就可以编写测试脚本了。这里，我们在 Love 目录下面新建一个 Python Package：Chapter_14。然后将 Chapter_13 中的文件复制过来。

（1）准备工作

删除历史项目中的文件，如 Report 目录下的文件、Test 目录的 PageObject、TestCase 目录下的文件。

因为我们这里的项目和前面几个章节测试内容相同，所以我们保留 Test 目录下的文件，并对文件导入的语句稍做调整即可；如果是新项目的话，删除即可。

（2）编写页面对象

接下来，我们根据测试用例编写需要的页面对象文件。为了节省篇幅，前两个测试用例对应的测试脚本我们不再重复演示，直接从新用例开始演示。

- test_003_new_bug——新建缺陷

该用例共涉及两个页面对象：一个是"问题列表"页面，另一个是"新建问题"页面。页面对象文件内容如下。

"问题列表"页面：bug_list_page.py。

```
'''
"问题列表"页面
'''
# 页面元素对象层
from Chapter_14.Base.base import Base


class BugListPage(object):
    def __init__(self, driver):
        # 私有方法
        self.driver = driver
```

```python
        def find_new_bug_btn(self):
            # 查找并返回新建缺陷元素
            ele = Base(self.driver).get_element('xpath,//*[@id="content"]/div[1]/a')
            return ele

# 页面元素操作层
class BugListOper(object):
    def __init__(self, driver):
        # 私有方法,调用元素定位的类
        self.bug_list_page = BugListPage(driver)
        self.driver = driver

    def click_new_bug_btn(self):
        # 单击"新建问题"按钮
        self.bug_list_page.find_new_bug_btn().click()

# 页面业务场景层
class BugListScenario(object):
    def __init__(self, driver):
        # 私有方法:调用页面元素操作
        self.bug_list_oper = BugListOper(driver)

    def ×××(self):
        pass
```

"新建问题"页面:new_bug_page.py。

```python
'''
"新建问题"页面
'''
# 页面元素对象层
from Chapter_14.Base.base import Base


class NewBugPage(object):
    def __init__(self, driver):
        # 私有方法
        self.driver = driver

    def find_bug_subject(self):
        # 查找并返回"缺陷主题"文本框元素
        ele = Base(self.driver).get_element('id,issue_subject')
        return ele

    def find_commit_btn(self):
        # 查找"提交"按钮,并返回元素
        ele = Base(self.driver).get_element('name,commit')
        return ele

# 页面元素操作层
class NewBugOper(object):
```

```python
    def __init__(self, driver):
        # 私有方法，调用元素定位的类
        self.new_bug_page = NewBugPage(driver)
        self.driver = driver

    def input_bug_subject(self, bug_subject):
        # 对"缺陷主题"文本框做 clear 和 send_keys 操作
        self.new_bug_page.find_bug_subject().clear()
        self.new_bug_page.find_bug_subject().send_keys(bug_subject)

    def click_commit_btn(self):
        # 单击"提交"按钮
        self.new_bug_page.find_commit_btn().click()

# 页面业务场景层
class NewBugScenario(object):
    def __init__(self, driver):
        # 私有方法：调用页面元素操作
        self.new_bug_oper = NewBugOper(driver)

    def newbug(self, bug_subject):
        # 新建 bug 场景，包括两个动作
        self.new_bug_oper.input_bug_subject(bug_subject)
        self.new_bug_oper.click_commit_btn()
```

> **注意** ▶ 在第三个测试用例中，"问题列表"页面暂时只用到了一个元素及操作，因此只封装了用到的元素。

♦ test_004_fix_bug——关闭缺陷

该用例共涉及两个页面对象：第一个是"问题列表"页面，第二个是"问题详情"页面。页面对象文件内容如下。

在上一个"问题列表"页面文件的基础上封装新的元素及操作，示例代码：bug_list_page.py。

```python
'''
"问题列表"页面
'''
# 页面元素对象层
from Chapter_14.Base.base import Base
from selenium.webdriver.support.select import Select


class BugListPage(object):
    def __init__(self, driver):
        # 私有方法
        self.driver = driver

    def find_new_bug_btn(self):
```

```python
            # 查找并返回新建缺陷元素
            ele = Base(self.driver).get_element('xpath,//*[@id="content"]/div[1]/a')
            return ele

    def find_filter_select(self):
        # 增加过滤器的下拉列表
        ele = Base(self.driver).get_element('id,add_filter_select')
        return ele

    def find_values_subject(self):
        # "主题"文本框
        ele = Base(self.driver).get_element('id,values_subject')
        return ele

    def find_checked_btn(self):
        # "应用"按钮
        ele = Base(self.driver).get_element('xpath,//*[@id="query_form_with_buttons"]/p/a[1]')
        return ele

    def find_first_bug(self):
        # 找到第一条缺陷
        ele = Base(self.driver).get_element("xpath,//*[starts-with(@id,'issue')]/td[6]/a")
        return ele

# 页面元素操作层
class BugListOper(object):
    def __init__(self, driver):
        # 私有方法，调用元素定位的类
        self.bug_list_page = BugListPage(driver)
        self.driver = driver

    def click_new_bug_btn(self):
        # 单击"新建问题"按钮
        self.bug_list_page.find_new_bug_btn().click()

    def select_filter_select(self, visible_text):
        # 按visible_text增加过滤器
        ele = self.bug_list_page.find_filter_select()
        Select(ele).select_by_visible_text(visible_text)

    def input_values_subject(self, subject):
        # 输入要过滤的主题
        self.bug_list_page.find_values_subject().send_keys(subject)

    def click_checked_btn(self):
        # 单击"应用"按钮
        self.bug_list_page.find_checked_btn().click()

    def click_first_bug(self):
```

```python
        # 单击第一条缺陷
        self.bug_list_page.find_first_bug().click()

# 页面业务场景层
class BugListScenario(object):
    def __init__(self, driver):
        # 私有方法：调用页面元素操作
        self.bug_list_oper = BugListOper(driver)

    def add_filter(self, visible_text):
        # 定义一个场景，增加过滤器
        self.bug_list_oper.select_filter_select(visible_text)

    def filter_subject(self, subject):
        # 定义一个场景，按主题筛选
        self.bug_list_oper.select_filter_select('主题')
        self.bug_list_oper.input_values_subject(subject)
        self.bug_list_oper.click_checked_btn()
```

"问题详情"页面：bug_details_page.py。

```python
'''
"问题详情"页面
'''
# 页面元素对象层
from Chapter_14.Base.base import Base
from selenium.webdriver.support.select import Select


class BugDetailsPage(object):
    def __init__(self, driver):
        # 私有方法
        self.driver = driver

    def find_edit_btn(self):
        # 查找并返回"编辑"按钮
        ele = Base(self.driver).get_element('xpath,//*[@id="content"]/div[1]/a[1]')
        return ele

    def find_status_select(self):
        # "缺陷状态"下拉列表
        ele = Base(self.driver).get_element('id,issue_status_id')
        return ele

    def find_commit_btn(self):
        # "提交"按钮
        ele = Base(self.driver).get_element('xpath,//*[@id="issue-form"]/input[6]')
        return ele

# 页面元素操作层
class BugDetailsOper(object):
```

```python
        def __init__(self, driver):
            # 私有方法，调用元素定位的类
            self.bug_list_page = BugDetailsPage(driver)
            self.driver = driver

        def click_edit_btn(self):
            # 单击"编辑"按钮
            self.bug_list_page.find_edit_btn().click()

        def select_filter_select(self, visible_text):
            # 通过visible_text修改缺陷状态
            ele = self.bug_list_page.find_status_select()
            Select(ele).select_by_visible_text(visible_text)

        def click_commit_btn(self):
            # 单击"提交"按钮
            self.bug_list_page.find_commit_btn().click()


# 页面业务场景层
class BugDetailsScenario(object):
        def __init__(self, driver):
            # 私有方法：调用页面元素操作
            self.bug_details_oper = BugDetailsOper(driver)

        def fix_bug(self):
            # 定义一个场景，将缺陷设为已关闭状态
            self.bug_details_oper.click_edit_btn()
            self.bug_details_oper.select_filter_select('已关闭')
            self.bug_details_oper.click_commit_btn()
```

（3）编写测试用例

借助步骤（2）中封装好的页面对象，我们来编写测试用例。

第三个测试用例：test_003_new_bug.py。

```python
from selenium import webdriver
import time, pytest
from Chapter_14.Test.PageObject import login_page,bug_list_page, new_bug_page
from Chapter_14.Common.parse_yml import parse_yml

# 解析host
host = parse_yml("../../Config/redmine.yml", "websites", "host")
# 登录url
url_1 = "http://"+host+"/redmine/login"
# 缺陷列表url
url_2 = "http://"+host+"/redmine/projects/project_001/issues"
# 通过时间戳构造唯一bug subject
bug_subject = 'bug_{}'.format(time.time())
# 登录的用户名、密码
username = parse_yml("../../Config/redmine.yml", "logininfo", "username")
```

```python
password = parse_yml("../../Config/redmine.yml", "logininfo", "password")

@pytest.mark.L1
class TestNewBug():
    def setup(self):
        self.driver = webdriver.Chrome()
        self.driver.maximize_window()
        # 访问"登录"页面
        self.driver.get(url_1)
        # 登录
        login_page.LoginScenario(self.driver).login(username, password)
        self.driver.get(url_2)

    def test_new_bug(self):
        # 单击"新建问题"按钮
        bug_list_page.BugListOper(self.driver).click_new_bug_btn()
        new_bug_page.NewBugScenario(self.driver).newbug(bug_subject)
        # 新建缺陷成功后的提示信息
        assert '已创建' in self.driver.page_source

    def teardown(self):
        self.driver.quit()

if __name__ == '__main__':
    pytest.main(['-s', 'test_003_new_bug.py'])
```

第四个测试用例：test_004_fix_bug.py。

```python
from selenium import webdriver
import time, pytest
from Chapter_14.Test.PageObject import login_page,bug_list_page, new_bug_page, bug_details_page
from Chapter_14.Common.parse_yml import parse_yml

# 解析host
host = parse_yml("../../Config/redmine.yml", "websites", "host")
# 登录url
url_1 = "http://"+host+"/redmine/login"
# 缺陷列表url
url_2 = "http://"+host+"/redmine/projects/project_001/issues"
# 通过时间戳构造唯一bug subject
bug_subject = 'bug_{}'.format(time.time())
# 登录的用户名、密码
username = parse_yml("../../Config/redmine.yml", "logininfo", "username")
password = parse_yml("../../Config/redmine.yml", "logininfo", "password")

@pytest.mark.L1
class TestFixBug():
    def setup(self):
        self.driver = webdriver.Chrome()
        self.driver.maximize_window()
```

```python
        # 访问"登录"页面
        self.driver.get(url_1)
        # 登录
        login_page.LoginScenario(self.driver).login(username, password)
        self.driver.get(url_2)
        bug_list_page.BugListOper(self.driver).click_new_bug_btn()
        new_bug_page.NewBugScenario(self.driver).newbug(bug_subject)
        # 新建完缺陷后,要返回到"问题列表"页面
        self.driver.get(url_2)

    def test_fix_bug(self):
        # 先筛选之前创建的缺陷
        bug_list_page.BugListScenario(self.driver).filter_subject(bug_subject)
        # 单击第一条缺陷(筛选出来那条)
        bug_list_page.BugListOper(self.driver).click_first_bug()
        # 将缺陷状态变为已关闭
        bug_details_page.BugDetailsScenario(self.driver).fix_bug()
        # 更新成功后的提示信息
        assert '更新成功' in self.driver.page_source

    def teardown(self):
        self.driver.quit()

if __name__ == '__main__':
    pytest.main(['-s', 'test_004_fix_bug.py'])
```

测试脚本编写完成后,你就可以继续调整 pytest.ini 文件,定制全局执行规则了。这里不再赘述。至于涉及的自动化测试脚本执行策略的问题,我们将在第 15 章中详细介绍。

14.4 反思:测试数据

在自动化测试过程中,我们避免不了要和测试数据打交道,如登录的用户名。例如,我们要新建一个缺陷的话,需要先选择一个 Project;验证关闭缺陷的话,需要先有一个打开状态的缺陷。另外,自动化测试可能包含新增功能,每执行一轮自动化测试就创建一条数据,久而久之,对测试环境也是一种"污染"。所以,是时候来聊一聊测试数据的问题了。

14.4.1 测试数据准备

我们先来看第一个问题——如何准备自动化测试中用到的测试数据。从测试数据是否会被消耗的角度来说,测试数据可以分为两种:一是重复利用型数据,二是消耗型数据。一般来说,

针对这两种不同的数据，我们有不同的处理办法。下面我们来具体举例。

（1）重复利用型数据

以"Redmine 用户登录"的测试场景为例，我们的目的是测试登录成功或失败后，系统的响应是否正确。测试脚本中用到的用户名"admin"是一种可以重复利用的数据。针对这种测试数据，我们可以采用灵活的方式来准备。通常来说，简单创建一次数据就可反复使用的话，我们完全可以采用手动的方式来创建。假如需要创建多个数据的话，例如，模拟多个数据导致页面出现分页的场景，就可以通过自动化的手段来辅助创建数据。根据实现方式的不同，这些手段可以分为借助 UI 自动化创建、借助调用接口创建、借助执行 SQL 语句创建。总之，手段有很多。

对于这种可以循环使用的数据，为什么不推荐实时创建呢？主要有以下两个原因。

♦ 降低依赖关系

如果我们在测试用户登录的时候采用实时创建用户的方式，那么要顺利执行用户登录，就得依赖于"用户创建"功能。假如"用户创建"功能出现了缺陷，就会影响其他用例的执行。因此，我们要尽量降低用例或脚本间的依赖关系。

♦ 提升测试效率

即便是"用户创建"功能一直可用，但每次验证登录功能都去创建用户，也会增加用例执行的时间，降低用例执行的效率。

总之，对于重复利用型数据，我们可以通过各种方式提前将数据准备好，这样既能够降低测试脚本间的依赖性，也能提高测试执行的效率。

（2）消耗型数据

我们再来看一下什么是消耗型数据。假如我们要验证"关闭"缺陷功能的话，就需要一个"打开"（非关闭）状态的缺陷。这时候我们再通过某种方式提前准备数据的话，就不大可行了。因为每次自动化测试执行完都会"消耗"一条"打开状态的缺陷"。因此，我们要验证"关闭"缺陷功能的话，因为需要使用"消耗型"数据，那么采用实时创建的方式去准备测试数据就会非常合适。

根据这种思路，我们来回顾一下"test_004_fix_bug"这个用例。在用例的 setup 准备阶段，我们会创建一条缺陷；然后在 test_fix_bug 这个阶段，我们会通过 bug_subject 来搜索前面创建的缺陷，再单击该缺陷并将其修改为"关闭"状态。

14.4.2 冗余数据处理

在之前的章节中，我们编写了"新建项目"和"新建缺陷"的测试用例。当自动化测试执行多次之后，测试系统就会出现非常多的项目和缺陷。这种情况对于该系统的其他使用者来说是很难接受的，功能测试人员可能会反馈：这么多测试数据，会影响我去查找自己创建的数据。另外，如果测试环境的服务器配置较差，还会引起不必要的性能问题。总之，自动化测试过程中，创建的无用数据最好及时删除掉，以免对测试环境造成"污染"。

要处理自动化测试创建的数据，一般来说有两种方法。

（1）实时删除

以创建缺陷为例，在验证完"新建缺陷"功能正常后，我们就可以将新建的缺陷删除掉。因为后续要验证的缺陷关闭场景是通过实时创建的方式来准备未关闭状态的缺陷的，所以这个时候推荐在"teardown"部分放置删除缺陷的代码。这里我们将 bug_details_page.py 文件代码修改如下。

```python
'''
"问题详情"页面
'''
# 页面元素对象层
from Chapter_14.Base.base import Base
from selenium.webdriver.support.select import Select
from selenium.webdriver.support.ui import WebDriverWait
from selenium.webdriver.support import expected_conditions as EC
from time import sleep


class BugDetailsPage(object):
    def __init__(self, driver):
        # 私有方法
        self.driver = driver

    def find_edit_btn(self):
        # 查找并返回"编辑"按钮
        ele = Base(self.driver).get_element('xpath,//*[@id="content"]/div[1]/a[1]')
        return ele

    def find_status_select(self):
        # "缺陷状态"下拉列表
        ele = Base(self.driver).get_element('id,issue_status_id')
        return ele

    def find_commit_btn(self):
        # "提交"按钮
        ele = Base(self.driver).get_element('xpath,//*[@id="issue-form"]/input[6]')
        return ele

    def find_del_btn(self):
        # "问题详情"页面中的"删除"按钮
        ele = Base(self.driver).get_element('xpath,//*[@id="content"]/div[1]/a[5]')
        return ele


# 页面元素操作层
class BugDetailsOper(object):
```

```python
        def __init__(self, driver):
            # 私有方法,调用元素定位的类
            self.bug_list_page = BugDetailsPage(driver)
            self.driver = driver

        def click_edit_btn(self):
            # 单击"编辑"按钮
            self.bug_list_page.find_edit_btn().click()

        def select_filter_select(self, visible_text):
            # 通过visible_text修改缺陷状态
            ele = self.bug_list_page.find_status_select()
            Select(ele).select_by_visible_text(visible_text)

        def click_commit_btn(self):
            # 单击"提交"按钮
            self.bug_list_page.find_commit_btn().click()

        def click_del_btn(self):
            self.bug_list_page.find_del_btn().click()

# 页面业务场景层
class BugDetailsScenario(object):
        def __init__(self, driver):
            # 私有方法:调用页面元素操作
            self.bug_details_oper = BugDetailsOper(driver)
            self.driver = driver

        def fix_bug(self):
            # 定义一个场景,将缺陷设为已关闭状态
            self.bug_details_oper.click_edit_btn()
            self.bug_details_oper.select_filter_select('已关闭')
            self.bug_details_oper.click_commit_btn()

        def del_bug(self):
            self.bug_details_oper.click_del_btn()
            WebDriverWait(self.driver, 10).until(EC.alert_is_present())
            self.driver.switch_to.alert.accept()
            sleep(2)
```

然后将 test_003_new_bug.py 文件代码修改如下。

```
from selenium import webdriver
import time, pytest
from Chapter_14.Test.PageObject import login_page,bug_list_page, new_bug_page, bug_details_page
from Chapter_14.Common.parse_yml import parse_yml

# 解析host
host = parse_yml("../../Config/redmine.yml", "websites", "host")
# 登录url
url_1 = "http://"+host+"/redmine/login"
```

```python
    # 缺陷列表url
    url_2 = "http://"+host+"/redmine/projects/project_001/issues"
    # 通过时间戳构造唯一bug subject
    bug_subject = 'bug_{}'.format(time.time())
    # 登录的用户名、密码
    username = parse_yml("../../Config/redmine.yml", "logininfo", "username")
    password = parse_yml("../../Config/redmine.yml", "logininfo", "password")

    @pytest.mark.L1
    class TestNewBug():
        def setup(self):
            self.driver = webdriver.Chrome()
            self.driver.maximize_window()
            # 访问"登录"页面
            self.driver.get(url_1)
            # 登录
            login_page.LoginScenario(self.driver).login(username, password)
            self.driver.get(url_2)

        def test_new_project(self):
            # 单击"新建问题"按钮
            bug_list_page.BugListOper(self.driver).click_new_bug_btn()
            new_bug_page.NewBugScenario(self.driver).newbug(bug_subject)
            # 新建缺陷成功后的提示信息
            assert '已创建' in self.driver.page_source

        def teardown(self):
            self.driver.refresh()
            bug_details_page.BugDetailsScenario(self.driver).del_bug()
            self.driver.quit()

    if __name__ == '__main__':
        pytest.main(['-s', 'test_003_new_bug.py'])
```

调整后的代码在执行的时候，既可以完成"新建缺陷"功能的验证，又可以通过teardown中删除缺陷的脚本，实现将新建的缺陷删除掉的效果，从而避免对测试环境造成干扰。

上面的思路没有问题。不过在实际项目中，你可能还会遇到这种情况：某业务只提供新建和停用功能，无法通过UI自动化去删除创建的数据。遇到这种情况，我们就需要根据实际情况来分析了。例如，项目中可以创建多个公司，每个公司的数据是相对独立的，那就可以单独给自动化测试创建一个公司，这样便不会影响功能测试人员的使用等；也可以采取人工干预。

（2）人工干预

当系统某业务不提供删除功能时，或者在某些情况下，自动化删除测试数据的脚本执行失败，这时候就需要我们不定期地人工干预，例如，可以通过执行SQL语句来清除数据库表中的数据。

总之，测试数据的准备和清除是自动化测试绕不开的问题，大家需要结合自己项目的实际情况和具体场景，采取合理的手段，提前准备并及时应对。

第15章
持续集成

随着公司对自动化测试越来越重视，招聘和投入自动化测试中的人力也会越来越多。当"单兵作战"演进到"协同作战"，这就涉及如何合并代码的问题。本章将带大家了解一下当前最流行的开源分布式版本控制系统——Git。另外，自动化测试需要定期或按照一定的策略来自动执行，作为开源的持续集成工具——Jenkins，是实现该功能的不二选择。最后，自动化测试结果需要自动并实时地通知相关责任人，这里也会讲解邮件和钉钉两种实现工具。所以，本章的内容将会围绕 Git、Jenkins 与 Selenium 自动化测试的密切结合来展开。

本章的部分内容涉及 Linux 操作系统的相关知识，建议大家提前了解一些 Linux 操作系统相关的基础命令，并准备一台 Linux 服务器（或者在 Windows 操作系统中安装虚拟机，在虚拟机中安装 Linux 操作系统，本章以 CentOS 7 为例）。

因为本章涉及多台机器和虚拟机，所以我们先梳理一下机器与系统的对应关系，让大家有个大致的概念。机器列表如表 15-1 所示。

表 15-1　机器列表

机器	IP	作用
Windows 10-1	192.168.229.1	编写测试脚本
Windows 10-1	192.168.229.2	部署 Jenkins
CentOS-1	192.168.229.131	部署 GitLab

15.1　Git 应用

在工作中你一定听说过 Git、GitHub、GitLab。它们是什么？它们有什么关联？来看看图 15-1 所示的这些可爱的标识（Logo）。

图 15-1　各种 Git

Git 是一种分布式版本控制系统（Version Control System，VCS）。版本控制是指在开发过程中管理和备份对文件、目录、工程等内容的修改信息，以方便查看历史记录和恢复以前版本的软件工程技术。Git 与 SVN（Subversion，一个开发源码的版本控制系统）这种集中式版本控制系统相比，具有这些优点：适合分布式开发，强调个体；公共服务器压力比较小；速度快、操作灵活；任意两个开发者之间可以很容易地解决冲突；支持离线工作。

GitHub 和 GitLab 都是基于 Web 的 Git 仓库，二者使用起来差不多。它们都是分享开源项目的平台，为开发团队提供了存储、分享、发布和合作开发项目的中心化云存储的场所。

GitHub 作为开源代码库，拥有超过 900 万的开发者用户，目前仍然是非常火的开源项目托管平台。GitHub 同时提供了公共仓库和私有仓库。早期，在 GitHub 创建私有仓库是要收费的。从 2019 年开始，GitHub 允许普通用户创建私有仓库，不过还是有一点限制，免费私有仓库最多只能添加 3 个协同操作者。

GitLab 允许用户在上面创建免费的私有仓库。GitLab 让开发团队对他们的代码仓库拥有更多的控制权。相比较 GitHub，它有不少特色。更重要的是，GitLab 允许本地化部署。所以，从代码的私有性来看，GitLab 是一个更好的选择。但是对于开源项目而言，GitHub 依然是全球开发者代码托管的首选。

15.1.1　Git 安装

（1）在 Linux 操作系统上安装 Git

以 CentOS 为例，推荐大家使用 yum 工具来安装 Git，安装命令如下。

```
sudo yum install git
```

安装完成后输入"git"，按"Enter"键，若得到图 15-2 所示的内容，则说明安装成功。

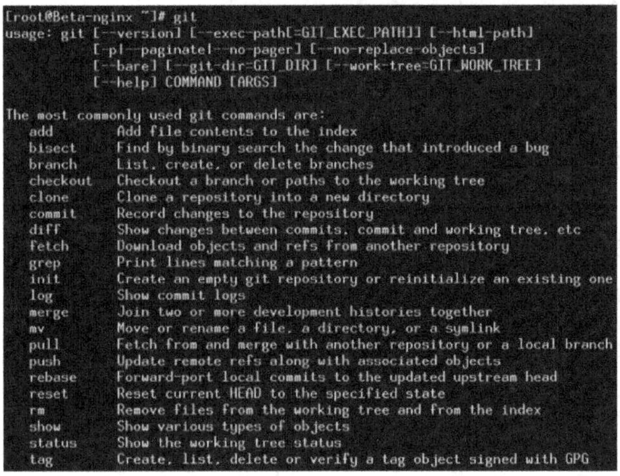

图 15-2　Git 参数

（2）在 macOS 上安装 Git

推荐使用 macOS 的包管理工具 Homebrew 来安装 Git，打开 Terminal（终端），输入如下命令。

```
brew install git
```

（3）在 Windows 操作系统上安装 Git

从 Git 官网直接下载安装程序，然后双击运行，按默认选项安装即可。安装完成后，在开始菜单里依次找到"Git"和"Git Bash"，若弹出图 15-3 所示的窗口，则说明 Git 安装成功。

当安装完 Git 后，应该做的第一件事就是设

图 15-3　Git 安装成功窗口

置用户名和邮箱地址。因为每次 Git 的提交都会用到这些信息，并且它会写入你的每次提交中。

我们可以使用"git config --global user.name "storm""来配置用户名，使用"git config --global user.email "apitest100@163.com""来配置邮箱地址，如下所示。

```
Storm@DESKTOP-2VF9P2M MINGW64 ~
$ git config --global user.name "storm"

Storm@DESKTOP-2VF9P2M MINGW64 ~
$ git config --global user.email "apitest100@163.com"

Storm@DESKTOP-2VF9P2M MINGW64 ~
```

配置完成后，你还可以使用"git config --list"来查看当前的配置信息，如下所示。

```
$ git config --list
…
user.name=storm
user.email=apitest100@163.com
```

15.1.2　Git 基本操作

我们已经在本地安装好了 Git。接下来，我们学习一些 Git 常用的概念和基本操作。

（1）Git 工作流程

常用的 Git 工作流程如下。

- 克隆 Git 资源作为工作目录。
- 在克隆的资源上添加或修改文件。
- 如果其他人修改了，你可以更新资源。
- 在提交前查看修改。
- 提交修改。
- 在修改完成后，如果发现错误，可以撤回提交并再次修改后提交。

（2）Git 工作区、暂存区、版本库

我们先来了解 Git 中 3 个最基本的概念：工作区、暂存区、版本库。

- 工作区：本地工作目录（你在计算机里能看到的目录）。
- 暂存区：英文叫 stage。一般存放在".git"目录下的 index 文件（.git/index）中。
- 版本库：工作区有一个隐藏目录".git"，这个不算工作区，而是 Git 的版本库。

图 15-4 所示为工作区、版本库中的暂存区和版本库之间的关系。

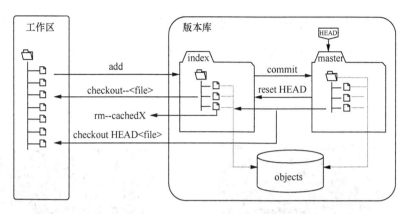

图 15-4 工作区、暂存区、版本库之间关系

图中左侧为工作区，右侧为版本库。在版本库中标记为"index"的区域是暂存区（stage，index），标记为"master"的区域是 master 分支所代表的目录树。

从图中我们可以看出，此时 HEAD 实际指向 master 分支的一个"游标"，所以图中的命令中出现 HEAD 的地方可以用 master 来替换。

图中"objects"标识的区域为 Git 的对象库，实际位于".git/objects"目录下，里面包含了创建的各种对象及内容。

当对工作区修改（或新增）的文件执行"git add"命令时，暂存区的目录树会被更新。同时工作区修改（或新增）的文件内容会被写入对象库中的一个新的对象中，而该对象的 ID 被记录在暂存区的文件索引中。

当执行提交操作"git commit"时，暂存区的目录树写到版本库（对象库）中，master 分支会做相应的更新，即 master 指向的目录树就是提交时暂存区的目录树。

当执行"git reset HEAD"命令时，暂存区的目录树会被重写，并被 master 分支指向的目录树所替换，但是工作区不受影响。

当执行"git rm --cached <file>"命令时，则会直接从暂存区删除文件，工作区不做出改变。

当执行"git checkout ."或者"git checkout -- <file>"命令时，会用暂存区全部或指定的文件替换工作区中的文件。这个操作很危险，因为会清除工作区中未添加到暂存区的改动。

当执行"git checkout HEAD ."或者"git checkout HEAD <file>"命令时，会用 HEAD 指向的 master 分支中的全部或者部分文件替换暂存区以及工作区中的文件。这个操作也是极具危险性的，因为不但会清除工作区中未提交的改动，也会清除暂存区中未提交的改动。

（3）初始化本地仓库

接下来，我们通过实际的操作来演示一些 Git 基础命令的用法。

首先，将已存在的目录（这里，本书在 D 盘新建了一个目录"mygit_0"）初始化成仓库。然后进入"mygit_0"目录，右击鼠标，从弹出的快捷菜单中选择"Git Bash Here"，打开图15-5所示的窗口。

接着，使用"git init"命令初始化仓库。在执行完"git init"命令后，Git仓库会生成一个".git"目录，如图15-6所示。

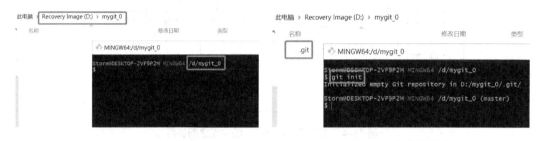

图15-5　Git Bash窗口　　　　　　　　图15-6　初始化仓库

（4）查看项目当前状态

我们可以通过"git status"命令来查看项目当前状态。例如，在"mygit_0"目录中新建一个文件"a.txt"，然后通过"git status"命令可以看到图15-7所示的信息。

从提示信息中我们可以看到工作区中出现了一个未跟踪（untracked）的文件，你可以使用"git add"命令来跟踪它。

图15-7　项目当前状态

（5）将文件添加到暂存区

我们来演示一下如何将工作区中的新文件放到暂存区并进行跟踪。使用"git add a.txt"命令将工作区中的文件放到暂存区，如图15-8所示。

从图15-8的提示信息中我们可以看到，当前的分支是master。虽然工作区中的"a.txt"文件已经被放到了暂存区，但是还未提交（"No commits yet"）到版本库。

（6）将文件提交到版本库

我们可以使用"git commit -m "message""命令将暂存区中的文件提交到当前分支，如图15-9所示。

图15-8　将文件放到暂存区　　　　　　图15-9　将文件提交到版本库

> **注意** 1. 因为提交内容到分支是一件非常严肃的事情,所以请记得一定要添加备注信息(-m "message")。
> 2. 图15-9的提示信息显示目前工作区"很干净"(没有需要处理的文件)。
> 3. 在初学阶段,建议经常使用"git status"命令来查看一下工作区的当前状态。

15.1.3 GitLab 部署

本地的 Git 仓库不足以支持项目中成员的团队协作。本小节我们讲解搭建适合企业、团队使用的 GitLab 应用。

一般来说,我们会将 GitLab 部署到 Linux 服务器上(注意,部署 GitLab 的服务器至少需要 4GB 的内存)。本小节我们将以 CentOS 7 为例,演示一下如何部署 GitLab。

(1)更换阿里 yum 源

因为网络的原因,GitLab 的原始 yum 源可能无法访问,所以我们要先更换到国内 yum 源。

- 安装wget

```
yum install -y wget
```

- 备份默认的yum

```
mv /etc/yum.repos.d /etc/yum.repos.d.backup
```

- 创建新的yum目录

```
mkdir /etc/yum.repos.d
```

- 下载阿里yum源到创建的目录中

```
wget -O /etc/yum.repos.d/CentOS-Base.repo http://mirrors.aliyun.com/repo/Centos-7.repo
```

- 重建缓存

```
yum clean all
yum makecache
```

(2)部署社区版 GitLab

接下来,我们就可以部署 GitLab 了,步骤如下。

- 安装GitLab的依赖项

```
yum install -y curl openssh-server openssh-clients postfix cronie policycoreutils-python
```

> **注意** ▶ 10.x 版本以后开始依赖 policycoreutils-python，之前在使用 9.x 版本时还没有依赖该项。

- 启动postfix，并设置为开机启动

```
systemctl start postfix
systemctl enable postfix
```

- 设置防火墙

```
firewall-cmd --add-service=http --permanent
firewall-cmd --reload
```

- 获取GitLab的rpm包

访问清华大学开源软件镜像站查找目标版本的 GitLab rpm 包，如图 15-10 所示。

复制链接地址，然后通过 wget 下载 rpm 包，如下所示。

```
wget https://mirrors.tuna.tsinghua.edu.cn/gitlab-ce/yum/el8/gitlab-ce-12.10.10-ce.0.el8.x86_64.rpm
```

- 安装rpm包

通过"rpm –i"命令来安装下载好的 rpm 包，如下所示。

```
rpm -i gitlab-ce-12.10.10-ce.0.el8.x86_64.rpm
```

当看到图 15-11 所示的类似显示信息时，则表示 GitLab 安装成功。

根据提示，继续执行命令配置 GitLab。

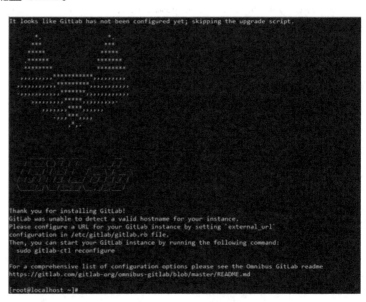

图 15-10　GitLab rpm 包　　　　　　　　图 15-11　GitLab 安装成功

```
gitlab-ctl reconfigure
```

- 编辑配置文件gitlab.rb

借助"vi"命令编辑配置文件，如下所示。

```
vi /etc/gitlab/gitlab.rb
```

将变量 external_url 的地址修改为 GitLab 所在 Cent OS 的 IP 地址，如图 15-12 所示。

修改配置文件后，需要重新加载配置内容，命令如下。

```
gitlab-ctl reconfigure
gitlab-ctl restart
```

图 15-12　修改地址

- 查看GitLab版本

我们可以使用"head -1 /opt/gitlab/version-manifest.txt"命令查看 GitLab 版本信息，如下所示。

```
head -1 /opt/gitlab/version-manifest.txt
```

（3）设置管理员密码

这里需要注意，虽然登录后管理员的用户名为 Administrator，但是实际登录的用户名是 root。

- 方法一：网页方式

浏览器访问 GitLab 所在服务器的 IP，首次登录需要修改密码，如图 15-13 所示。

图 15-13　修改密码

在"New password""Confirm new password"文本框中输入新的密码，单击"Change your password"按钮，即可完成初始密码修改。

◆ 方法二：命令方式

我们还可以使用命令设置管理员密码，即在 CentOS 的命令行窗口中输入如下命令。

```
gitlab-rails console production
```

稍等一会后会出现图 15-14 所示的安装提示信息。

```
[root@localhost ~]# gitlab-rails console production
Loading production environment (Rails 4.2.8)
irb(main):001:0>
```

图 15-14　安装提示信息

接下来，依次输入下面的命令并按"Enter"键，即可设置管理员密码。

```
irb(main):001:0> user = User.where(id: 1).first    // id 为 1 的是超级管理员
irb(main):002:0>user.password = 'yourpassword'     // 密码必须至少 8 个字符
irb(main):003:0>user.save!                         // 如没有问题，则返回 True
exit                                               // 退出
```

（4）创建 GitLab 账号

使用管理员账号登录 GitLab 后，你可以通过以下步骤为团队成员创建账号。

- 单击"设置"图标。
- 单击左侧"Users"菜单。
- 单击右上角"New user"按钮。

具体操作如图 15-15 所示。

图 15-15　创建用户账号

接着，输入用户相关的信息（账号名、用户姓名、用户邮箱），并为其配置权限，最后单击"Create user"按钮，即可成功创建账号。

> **注意**
> - 一定不要多个员工混用账号，也不要每个账号都具有管理员权限。
> - 如果组织内用户过多，可以通过对用户进行分组来控制不同用户组的权限。

（5）创建项目

使用管理员账号登录 GitLab 后，你可以通过以下步骤为团队创建项目。

- 单击"设置"图标。
- 单击左侧"Projects"菜单。
- 单击右上角"New Project"按钮。

具体操作如图 15-16 所示。

图 15-16　创建项目

进入"项目创建"页面后输入项目名，然后设置"项目访问级别"（这里我们选择"Private"，只有具有权限的用户才能访问），单击"Create project"，完成项目创建。图 15-17 所示框中的内容为项目的访问地址。

图 15-17　项目访问地址

后续，我们可以通过该地址将 GitLab 仓库的文件拉取到本地仓库。

15.1.4　Git 远端仓库

为了方便团队成员的代码合并及管理，我们需要将本地仓库中的代码推送到 GitLab 保存。这里我们介绍 3 种场景。

（1）将 GitLab 仓库拉取到本地

一般来说，管理员会负责在 GitLab 创建项目仓库并创建一些公共文件。当 GitLab 中已经有了仓库时，我们可以使用以下命令将其拉取到本地仓库。

```
git clone http://localhost/root/project_01.git
cd project_01
touch README.md
git add README.md
git commit -m "add README"
git push -u origin Master
```

（2）将本地文件夹变为 GitLab 仓库

我们前面所保存的代码都存放在本地文件夹"Love"中，如果现在想借助 GitLab 来管理代码，那么可以参考以下命令。

```
cd existing_folder
git init
git remote add origin http://localhost/root/project_01.git
git add .
git commit -m "Initial commit"
git push -u origin Master
```

（3）将已有 Git 仓库变为 GitLab 仓库

如果本地已经创建了 Git 仓库，如在 15.1.2 小节中，我们创建了本地的 Git 仓库"mygit_0"，那么可以将其推到远端变为 GitLab 仓库。参考命令如下。

```
cd existing_repo
git remote add origin http://localhost/root/project_01.git
git push -u origin --all
git push -u origin --tags
```

15.1 节我们重点介绍了 Git 的安装、GitLab 的部署以及 Git 的基本命令。需要说明的是，实际工作中用到的 Git 命令远不止如此，建议大家根据实际需要进行适当学习，以备不时之需。

15.2 Jenkins 应用

Jenkins 是一个开源软件项目，是基于 Java 开发的一种持续集成（Continuous Integration, CI）工具，用于监控持续重复的工作，旨在提供一个开放易用的软件平台，使软件的持续集成变为可能。

Jenkins 的特点如下。

（1）持续集成和持续交付

作为一个可扩展的自动化服务器，Jenkins 可以用作一个简单的持续集成服务器，或者用作任何项目的持续交付中心。

（2）安装方便

Jenkins 是一个基于 Java 的独立程序，包含 Windows、macOS X 和其他类 UNIX 操作系统的程序包。

（3）简单的配置

Jenkins 可以通过其 Web 界面轻松地设置和配置，其中包括动态错误检查和内置帮助。

（4）插件

Jenkins 插件中心有数百个插件，Jenkins 在持续集成和持续交付工具链中集成了几乎所有的工具。

（5）可扩展

Jenkins 可以通过它的插件架构进行扩展，这为 Jenkins 提供了近乎无限的可能。

（6）分布式

Jenkins 可以轻松地在多台机器上分发工作，帮助用户在多个平台上更快地驱动构建、测试和部署。

15.2.1　Jenkins 部署

这里我们以 Windows 10 为例，讲解 Jenkins 的部署过程。

（1）下载 Jenkins 安装包

访问 Jenkins 官网，下载对应操作系统版本的 Jenkins 安装包，这里我们下载 Windows 操作系统对应的安装包，如图 15-18 所示。

图 15-18　Jenkins 安装包下载列表

下载完成后是一个压缩包，解压后为 ".msi" 文件。我们可以直接双击该文件进行安装。

（2）Jenkins 初始化

通过浏览器访问 http://localhost:8080/login?from=%2F，会显示类似图 15-19 所示的界面。根据界面上的提示信息，从 "C:\Jenkins\secrets\initialAdminPassword" 中复制密码，然后粘贴到 "管理员密码" 文本框中，单击 "继续" 按钮。

图 15-19　管理员密码

如果单击"继续"按钮后界面一直处于下载状态,则需要完成以下操作。

- 打开Jenkins安装根目录下的"hudson.model.UpdateCenter.xml"文件,原始文件内容如下。

```
<?xml version='1.1' encoding='UTF-8'?>
<sites>
  <site>
    <id>default</id>
    <url>https://updates.jenkins.io/update-center.json</url>
  </site>
</sites>
```

- 将<url>与</url>之间的内容替换为"http://mirror.xmission.com/jenkins/updates/update-center.json"。
- 保存文件后重启Jenkins,然后刷新浏览器页面。刷新浏览器后,会再次跳转到输入密码界面。输入密码后稍等片刻,即可进入"自定义Jenkins"界面,单击"安装推荐的插件",如图15-20所示。

图 15-20　安装推荐的插件

安装插件需要花费较长的时间,等待其自动完成即可(部分插件可能会安装失败,这时可以选择重试或者暂时跳过,待需要时再安装)。

（3）创建账号

插件安装完成后,系统会要求用户创建管理员(admin)账号,输入账号信息。创建一个Admin账号(请务必记住用户名、密码),如图 15-21 所示。

单击"保存并完成"按钮,打开 Jenkins 主界面。

（4）Jenkins 主界面

Jenkins 最新版本的汉化做得并不完善,因此你会看到类似图 15-22 所示的界面,界面中中文和英文混杂。

图 15-21　创建 admin 账号

图 15-22　Jenkins 主界面

Jenkins 主界面主要分为以下几块区域。

- 左侧上方是功能菜单。
- 左侧下方是构建任务的信息展示。
- 右侧主区域是构建任务的列表。
- 右上角为用户登录信息。

> **注意** ▶ 新版本 Jenkins 的汉化并不彻底，如果你实在想将其完整汉化的话，可以尝试以下步骤。
> - 安装 locale plugin 插件。
> - 安装 Localization:Chinese(Simplified) 插件。
> - 依次选择"系统管理""系统设置""Locale"，输入"zh_CN"。
> - 重启 Jenkins。

15.2.2 管理插件

虽然在 Jenkins 部署过程中安装了一些默认的插件，但这并不能满足我们做 UI 自动化测试所有的需求。因此，本小节介绍如何手动安装或更新插件。

登录 Jenkins 后，左侧菜单如图 15-23 所示。

单击"Manage Jenkins"菜单，然后单击"Manage Plugins"，如图 15-24 所示。

图 15-23　Jenkins 菜单　　　　　　　图 15-24　插件管理

（1）安装插件

这里以安装"PowerShell"插件为例，演示如何手动安装插件。单击"可选插件"标签，在搜索框中输入关键字"shell"，勾选对应筛选结果左侧的复选框。根据需要单击"直接安装"按钮或"下载待重启后安装"按钮，如图 15-25 所示。

图 15-25　安装插件

（2）卸载插件

单击"已安装"标签，在要卸载插件的右方单击"卸载"按钮，即可完成插件的卸载操作，如图 15-26 所示。

图 15-26　卸载插件

同理，你还可以单击"可更新"标签，然后对插件进行升级，这里不再赘述。

15.2.3　创建任务

本小节我们来学习如何借助 Jenkins 创建任务。

（1）访问 Jenkins

使用 Windows 操作系统上的浏览器访问 Jenkins，地址为 Linux 操作系统的 IP 地址 + 端口号，如 http://localhost:8080/ 或 http://192.168.229.1:8080/。

（2）创建任务

单击左侧"新建 Item"菜单或者界面中间区域的"创建一个新任务"，如图 15-27 所示。

在打开的任务创建界面的文本框中输入任务名称"myproject_02"，单击"Freestyle project"（自由风格的软件项目），再单击"确定"按钮，如图 15-28 所示。

图 15-27　"新建 Item"菜单

图 15-28　创建任务

单击"构建"标签，再单击打开"增加构建步骤"下拉列表，在下拉列表中选择"Linux 环境执行 shell 语句"。然后在"命令"文本框中输入语句"Python D:\A\hello.py"，最后单击"保存"按钮，如图 15-29 所示。

> **注意**
> 1. 因为 Jenkins 部署在 Linux 环境下，所以执行"shell"命令。如果 Jenkins 部署在 Windows 环境下，可以增加一个"Windows batch command"，然后执行"bat"命令。
> 2. 这里我们提前在 Linux 服务器的"/test-dir/"目录下新建了一个"hello.py"文件，文件内容为"print('Hello Storm')"。

单击"Build Now"，可以立即构建该任务，也就是执行"hello.py"文件，如图 15-30 所示。

图 15-29 "Execute Windows batch command"　　　图 15-30 "Build Now"

查看任务构建结果。蓝色的球代表本次构建成功，相反红色代表失败；"#8"代表该任务第 8 次构建；后面的日期和时间代表本次构建的日期和时间，如图 15-31 所示。

查看控制台日志。将鼠标指针悬浮在某次构建任务上时，会出现下拉倒三角，单击下拉列表中的"Console Output"，如图 15-32 所示。

打开控制台输出界面，该界面会显示任务运行的结果输出，这里输入"Hello Storm"。最后一行显示任务构建"SUCCESS"或"FAILED"，如图 15-33 所示。

接下来，我们再次创建一个任务，用来执行一个 UI 自动化测试脚本。构建处的内容为"Python D:\Love\Chapter_1\test1_1.py"，保存后尝试构建。虽然显示构建结果成功，但是 Jenkins 任务并没有调出浏览器页面。原因是前面的 Jenkins 是用 Windows installer（安装程序）安装的，此时 Jenkins 是以后台服务启动的，这时候去执行 Selenium Cases 是不显示浏览器的。

图 15-31 构建结果

图 15-32 单击"Console Output"

图 15-33 控制台输出

15.2.4 命令行启动 Jenkins

为了让 Jenkins 执行的自动化测试任务能顺利调出浏览器页面,我们需要以命令行的方式启动 Jenkins 并执行脚本。

请参考以下 3 个步骤。

(1) 关闭 Jenkins 服务

依次打开"控制面板""管理工具""服务",找到 Jenkins。

- 选中Jenkins服务,单击左侧的"停止此服务",或者在Jenkins服务上右击鼠标,在弹出的快捷菜单中选择"停止"选项,如图15-34所示。

图 15-34 停止 Jenkins 服务

- 在Jenkins服务上右击鼠标，在弹出的快捷菜单中选择"属性"选项，"启动类型"选择为"禁用"，单击"确定"按钮。此步的目的是让Jenkins不再以Windows服务的方式在后台运行，如图15-35所示。

（2）通过命令行启动 Jenkins

接下来，我们要使用命令行启动 Jenkins，命令如下。

- 使用默认的8080端口启动。

```
java -jar jenkins.war
```

图 15-35　禁止自动启动

- 指定启动端口。

```
java -jar jenkins.war --httpPort 8081
```

> **注意**　1. 以命令行的方式启动 Jenkins 后，之前的账号和插件将不能使用，并且命令行窗口不能关闭，否则服务也会关闭。
>
> 2. 以命令行方式启动 Jenkins 时，使用的环境变量、配置文件等并非安装目录的配置文件。例如，这里 Jenkins 的安装目录是"D:\Program Files (x86)\Jenkins"，但是使用命令行启动的时候，Jenkins 环境初始化使用的目录是" C:\Users\duzil\.jenkins"，如图 15-36 所示。

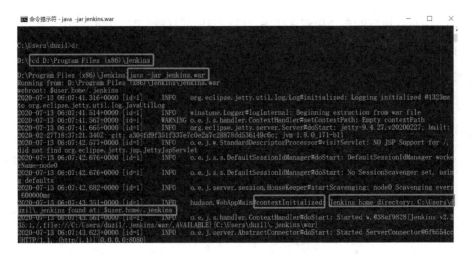

图 15-36　使用命令行启动 Jenkins

（3）执行 Selenium 脚本

依照 15.2.3 小节再次创建 Selenium 脚本的构建任务，通过手动构建任务，发现能正常地调出浏览器页面。

15.2.5 设置项目执行频率

在本章开始的时候，我们说过可以借助 Jenkins 帮我们定期地或者按照某种策略来执行创建好的任务。本小节让我们来学习一下 Jenkins 的构建触发器。

单击项目名称，选择"Configure"，单击"构建触发器"标签，进入 Jenkins 构建触发器的配置界面，如图 15-37 所示。

Jenkins 提供了 5 种构建触发器，分别如下。

- Build after other projects are built——其他项目构建完成后才开始构建。
- Build periodically——定期构建。
- Build when job Nodes start——当工作任务节点开始时构建。
- GitHub hook trigger for GITScm polling——通过 GitHub "钩子"触发构建。
- Poll SCM——通过"钩子"触发构建。

图 15-37 构建触发器

这里，我们重点介绍定期构建触发器。勾选"Build periodically"，在出现的"日程表"文本框中输入"H 1 * * *"，单击文本框外的区域，然后观察下方出现的信息，如图 15-38 所示。

图 15-38 配置构建周期

我们来介绍一下这一组"H 1 * * *"共计 5 个参数分别代表什么意思。

- 分钟：取值区间为 0~59（不过 Jenkins 建议用 H 来标记，以均匀传播负载）。
- 小时：取值区间为 0~23。
- 天：取值区间为 1~31。
- 月：取值区间为 1~12。
- 星期几：取值区间为 0~7。

下面给大家一些参考示例。

- H/30 * * * *表示每隔30分钟执行一次。
- H 1 * * 1-5表示周一到周五凌晨3点执行。
- H 1 1 * *表示每月1号1点执行。

> 注意
> - *表示全部，如星期这个标记位是*，表示周一到周日都执行。
> - - 表示区间，/ 表示间隔，例如"H 1-17/3 * * *"表示每天的 1 点到 17 点，每隔 3 小时构建一次。

15.2.6　配置邮件

Jenkins 能够以既定的策略来构建任务，这非常棒。不过，某些时候你可能还需要将任务构建的结果及时通知相关责任人。本小节我们来看看 Jenkins 发送邮件的功能。

（1）安装邮件插件

根据 15.2.2 小节中介绍的步骤安装 "Email Extension Template" 插件。安装过程不再赘述。

（2）进行邮件设置

首先进行基础的配置。登录 Jenkins，依次单击 "Manage Jenkins" "Configure System"。在打开的界面中完成 Jenkins Location 的配置，包括 "Jenkins URL" 和 "System Admin e-mail address"，如图 15-39 所示。

> 注意
> 1. Jenkins URL 中的 IP 调整为部署 Jenkins 的 IP 地址。
> 2. 邮件地址为发送构建结果的邮件地址。

接着，在下方找到 "Extended E-mail Notification" 配置项，在 "SMTP server" 和 "Default user E-mail suffix" 文本框中输入相应内容，然后单击 "Advanced..." 按钮，如图 15-40 所示。

图 15-39　系统管理员邮件地址　　　　图 15-40　"Extended E-mail Notification"

> 注意
> 1. SMTP server，邮箱 SMTP 的服务器。
> 2. Default user E-mail suffix，邮件后缀。

勾选"Use SMTP Authentication"复选框，然后在"User Name"和"Password"文本框中输入相应内容，如图 15-41 所示。

> **注意** ▶ 1. 这里的 User Name 还是邮件发送方的邮件地址，需要和"System Admin e-mail address"的邮件地址保持一致。
> 2. 这里的 Password 并不是邮箱的登录密码，而是第三方客户端登录时所需要的授权码。你可以登录邮箱，通过"设置"功能开启"POP3/SMTP/IMAP"服务获取授权码，如图 15-42 所示。注意，授权码需要保密。

图 15-41　SMTP Authentication 配置　　　　图 15-42　获取授权码

（3）添加构建后操作

接下来，我们回到"myproject_02"任务。单击"Post-build Actions"标签，再单击打开"Add post-build action"下拉列表，在下拉列表中选择"Editable Email Notification"选项，如图 15-43 所示。

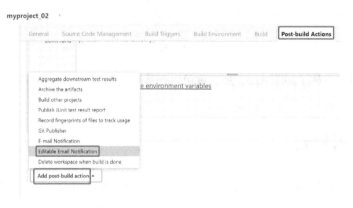

图 15-43　单击"Post-build Actions"标签等操作

然后在"Editable Email Notification"的"Triggers"中添加一个"Always"触发器，接着在"Recipient List"中输入任务结果接收者的邮件地址，如图 15-44 所示。

（4）构建任务，查看邮件

我们来构建一下"myproject_02"任务。查看任务构建日志，可以看到图 15-45 所示的类似的信息。

图 15-44　配置邮箱信息

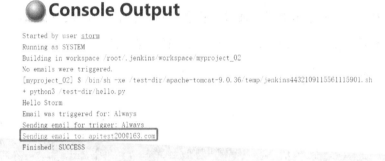

图 15-45　任务构建日志

打开邮箱并查收邮件，如图 15-46 所示。

图 15-46　查收邮件

如果在手机上下载了邮箱 App，那么就可以在移动端实时查看构建结果了。

15.2.7　配置钉钉

钉钉由阿里巴巴出品，是专为中国企业打造的免费智能移动办公平台，含 PC 版、Web 版和手机版。钉钉提供的智能办公电话、消息已读/未读、DING 消息任务管理功能，让沟通更高效；移动办公考勤、签到、审批、企业邮箱、企业网盘、企业通信录，让工作更简单。

如果你的公司正在使用钉钉办公，那么使用 Jenkins 的钉钉插件能更方便地接收和处理项目构建信息。让我们来看一下操作流程。

（1）创建钉钉群组，配置机器人

- 通过浏览器访问钉钉，完成登录。

- 创建群组，用来接收UI自动化测试结果的相关责任人。
- 单击群组右上角的"添加机器人"图标，如图15-47所示。

选择"自定义"机器人，如图 15-48 所示。

图 15-47 钉钉群组

单击"添加"按钮后，输入机器人名字。然后进行安全设置，这里我们使用"自定义关键词"，消息中要包含"监控报警"才能够发送。再勾选"我已阅读并同意《自定义机器人服务及免责条款》"复选框。最后单击"完成"按钮，如图 15-49 所示。

图 15-48 添加自定义机器人　　　　　　图 15-49 添加机器人

注：钉钉提供了 3 种安全设置的方式，大家可以查看说明文档，选择适合自己业务的方式进行设置。此处不是本书介绍的重点，故不再赘述。

单击"复制"按钮，复制"Webhook"的值，Webhook 地址后面包含 access token，如图 15-50 所示。

请注意保管好 Webhook 地址，泄露有安全风险。

（2）为手机安装钉钉 App

- 从App商店或者钉钉官网下载钉钉App。
- 打开钉钉App，在"设置"中开启接收新消息通知。
- 打开手机"设置"，在"权限管理"中找到"钉钉"，选择"信任此应用"。
- 打开手机"设置"，在App管理中找到"钉钉"，打开"允许通知"权限。

不同手机操作系统和不同手机型号所对应的

图 15-50 设置 Webhook

设置方式稍有不同，但思路一样，都是开启 App 端消息提醒功能和提醒权限。

（3）Jenkins 配置钉钉消息

◆ 安装钉钉插件

登录 Jenkins，搜索"dingtalk"插件并完成安装。

◆ 配置构建后任务

进入任务配置界面，单击"构建后操作"标签，添加"钉钉通知器配置"，如图 15-51 所示。

图 15-51 添加"钉钉通知器配置"

输入从前面"Webhook"处得到的 access token，然后保存，如图 15-52 所示。

图 15-52 输入 access token

◆ 接收并处理钉钉消息

再次构建任务，从 Web 端和 App 端查看构建消息，分别如图 15-53 和图 15-54 所示。

这里只花了较小的篇幅介绍如何使用钉钉来接收 Jenkins 任务构建消息，主要出于两方面考虑。

图 15-53　Web 端消息提醒　　　　　　图 15-54　App 端消息提醒

- 钉钉的目标是智能移动办公平台，如果你所在的公司恰好在用钉钉，那么将其集成到Jenkins中是一件锦上添花的事情。当然用邮件App来接收提醒也能满足移动端办公需求。
- 能够配合Jenkins的"机器人"很多，如Slack、BearyChart等。

15.3　自动化测试持续集成

接下来，我们利用前面学到的知识，将本地的代码推送到 GitLab 仓库，然后通过 Jenkins 来构建自动化测试任务，并将自动化测试的结果通过邮件和钉钉发送给相关责任人。

（1）将代码推送到 GitLab

前提条件如下。

- 在15.1.3小节，我们已经在GitLab创建了一个名为"project_01"的项目。
- 因为编写好的自动化测试脚本已经存放在本地Windows的文件夹中，所以我们采用15.1.3小节中的第二种方式将本地文件夹中的代码文件推送到GitLab。

步骤如下。

```
Storm@DESKTOP-2VF9P2M MINGW64 /d/Love/Chapter_14    # 进入对应目录
$ git init      # Git 初始化
```

```
Initialized empty Git repository in D:/Love/Chapter_14/.git/

Storm@DESKTOP-2VF9P2M MINGW64 /d/Love/Chapter_14 (Master)
$ git remote add origin http://192.168.229.131/root/project_01.git    # 远程仓库

Storm@DESKTOP-2VF9P2M MINGW64 /d/Love/Chapter_14 (Master)
$ git add .           # 提交当前目录到暂存区

Storm@DESKTOP-2VF9P2M MINGW64 /d/Love/Chapter_14 (Master)
$ git commit -m "initial commit"     # 提交到仓库
[Master (root-commit) f21c01b] initial commit
 54 files changed, 691 insertions(+)
 ...

Storm@DESKTOP-2VF9P2M MINGW64 /d/Love/Chapter_14 (Master)
$ git push -u origin Master      # 提交到远程仓库的 Master 分支
Enumerating objects: 63, done.
Counting objects: 100% (63/63), done.
Delta compression using up to 8 threads
Compressing objects: 100% (62/62), done.
Writing objects: 100% (63/63), 25.47 KiB | 767.00 KiB/s, done.
Total 63 (delta 11), reused 0 (delta 0)
To http://192.168.229.131/root/project_01.git
 * [new branch]      Master -> Master
Branch 'Master' set up to track remote branch 'Master' from 'origin'.

Storm@DESKTOP-2VF9P2M MINGW64 /d/Love/Chapter_14 (Master)
```

（2）安装、配置 Allure 插件

在创建 Jenkins 任务之前，我们需要先安装 Allure 插件。

◆ 安装 Allure 插件

搜索 "allure" 关键字，安装 Allure 插件，如图 15-55 所示。

◆ 配置 Allure 环境设置

登录 Jenkins，依次单击 "Manage Jenkins" "Global Tools Configuration"，进入全局工具配置界面，滑动到 "Allure Commandline" 处，如图 15-56 所示。

图 15-55　Allure 插件　　　　　　图 15-56　"Allure Commandline"

单击"新增 Allure Commandline",如图 15-57 所示。

输入别名和安装目录,单击"保存"按钮。

(3)创建 Web UI 自动化测试任务

接下来,我们创建一个自动化测试任务,可参考以下步骤。

◆ 创建任务

这里我们创建一个 Freestyle 的任务。

◆ 源码管理

这里我们要对接 GitLab 来拉取测试脚本进行测试。单击"源码管理"标签,选择"Git",然后输入 Repository URL(GitLab 仓库信息),接着输入 Credentials(GitLab 账户信息),再指定分支为 master,如图 15-58 所示。

图 15-57 配置 Allure Commandline　　　　图 15-58 源码管理

◆ 添加构建步骤

因为是 Windows 环境,所以选择"Windows batch command",输入命令"pytest --alluredir=Report/report",如图 15-59 所示。

◆ 添加构建后操作

这里需要注意的是,Results path 指的是 Allure 产生的 JSON 原始文件的目录,本书对应"Report/report",如图 15-60 和图 15-61 所示。

(4)构建任务,查看结果

这里我们手动构建任务。等待任务构建完成后,即可通过单击"Allure Report"来查看本次执行的测试报告,如图 15-62 所示。

图 15-59　添加构建步骤　　　　　图 15-60　配置 Results Path

图 15-61　配置 Report Path　　　　图 15-62　查看测试报告

另外，在 Jenkins 界面右方我们还可以看到 Allure 历史构建的趋势图，该趋势图显示了近期构建通过的测试用例情况，如图 15-63 所示。

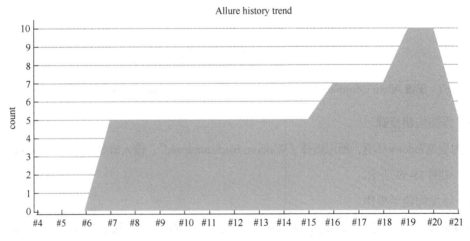

图 15-63　历史构建的趋势图

第16章
提升效率

随着持续集成的引入,项目中的自动化测试用例越来越多,每轮执行所消耗的时间也越来越久。如何提升测试效率,是本书要讨论的最后一个话题。

16.1 立足根本

要提高自动化测试用例执行的效率，以下几点是读者需要考虑的根本点。

（1）公司项目的交付策略如何

首先，测试团队服务于公司项目，因此我们必须根据公司项目的交付策略做对应的调整。例如你所在的团队会在发版前两天进行封版，那么就有足够的时间去执行自动化测试；如果你所在的团队在临上线前一小时还在改代码，这时想要去执行所有编写的自动化测试用例，必然会时间短缺。

（2）测试团队的自动化测试策略如何

◆ 自动化测试的开展策略

UI 自动化测试和接口测试有不同的优缺点。根据公司项目实际情况，合理规划自动化测试的组织形式，用接口测试去验证易变的业务逻辑，用 UI 自动化测试来覆盖业务主流程，将两者相结合，才能发挥最大的测试效应。

◆ UI自动化测试的执行策略

结合公司、项目实际情况，测试经理应该控制研发人员提交版本的节奏，然后根据该节奏合理安排自动化测试的执行策略。自动化测试一定要在平时的测试版本经常执行，以便提早发现问题，这也符合测试左移的大思想。千万不要等到封版以后才去执行该版本的自动化测试用例。

（3）合理划分测试用例等级

在自动化测试用例设计之初就要确定好用例标记。测试用例可以按优先级来划分，也可以按照模块来划分。有了这些工作的铺垫，在需要快速执行测试用例的时候，我们就可以根据需要选择合适范围的用例来执行，从而提升测试效率。这有点符合精准测试的思想。

（4）测试用例步骤是否精简

精简的测试用例脚本是指通过采用合理的请求方式，跳过不必要的操作，从而达到减少操作步骤、加快执行速度的效果。下面举个例子。

正常的业务操作如图 16-1 所示。

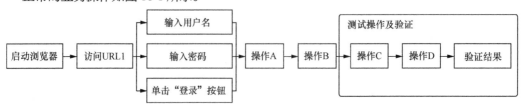

图 16-1　正常操作步骤

如果 B 操作后的页面对应 URL2，那么我们就可以对测试步骤进行简化，如图 16-2 所示。

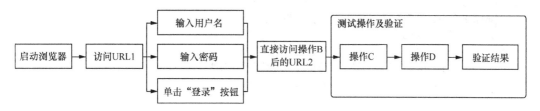

图 16-2　简化操作步骤

对比图 16-1 和图 16-2 我们可以发现，前者两个元素定位及操作的动作被一个 get(url2) 所代替，整个脚本的执行时间变短且更加稳定。

（5）测试用例等待是否合理

这里需要再次提醒读者，千万别随意使用强制等待（sleep）。

16.2　另辟蹊径

本节的标题叫作"另辟蹊径"，想要表达的意思是只有在特定的情况下，本节提到的方法才有用，其并不是普适性的高效法则。

16.2.1　无头浏览器

无头的浏览器（headless browser），即没有图形用户界面（GUI）的 Web 浏览器，通常是通过编程或命令行窗口来控制的。

无头浏览器最早被自动化测试引入的原因是，自动化测试从业者们希望测试机器能够在执行自动化测试的同时还不影响自己处理其他工作。在实际应用的过程中，我们还发现无头浏览器比普通浏览器在执行自动化测试的速度上更有优势，以作者个人的经验来说时间上能节约 5% 左右。

最早的时候 PhantomJS 无头浏览器非常流行，但随着 Chrome 和 Firefox 相继推出无头浏览器模式，PhantomJS 的用户量渐渐减少，新版的 Selenium 已经不再支持 PhantomJS。接下来，我们看一个 Chrome 使用无头浏览器的代码示例。

示例代码：test16_1.py。

```
from selenium import webdriver
from time import sleep
```

```python
# 创建出启动浏览器所需要的配置，即实例化 ChromeOptions 浏览器选项对象
chrome_options = webdriver.ChromeOptions()
# 构建配置信息，即通过浏览器选项对象调用配置方法
# 设置浏览器为无头模式
chrome_options.headless = True
# 将配置信息加入浏览器启动，即实例化浏览器驱动对象添加属性 option 值
driver = webdriver.Chrome(options=chrome_options)

driver.get("http://www.baidu.com")
sleep(2)
driver.quit()
```

实现方式非常简单，只是在浏览器初始化的时候增加一个 headless 参数。

16.2.2 不关闭浏览器

在自动化测试过程中，每执行一个测试用例都会打开浏览器、登录浏览器、退出浏览器，这些步骤占用了不少的时间。于是部分团队在实践过程中采取如下策略：执行完一个测试用例后并不关闭浏览器，从而避免下一个测试用例再重复打开浏览器。

这里给大家提供一个示例。

针对 test_001_login.py 文件，我们做如下调整：将 setup 和 teardown 分别用 setup_class 和 teardown_class 来代替。修改后的代码如下所示。

```python
from selenium import webdriver
import pytest
# 导入本用例用到的页面对象文件
from Chapter_14.Test.PageObject import login_page
from Chapter_14.Common.parse_csv import parse_csv
from Chapter_14.Common.parse_yml import parse_yml

host = parse_yml("../../Config/redmine.yml", "websites", "host")
# host = parse_yml("D:\Love\Chapter_13\Config\\redmine.yml", "websites", "host")
url = "http://"+host+"/redmine/login"
data = parse_csv("../../Data/test_01_login.csv")
# data = parse_csv("D:\Love\Chapter_13\Data\\test_01_login.csv")
# print(data)
# data = [('admin', 'error', '0'), ('admin', 'rootroot', '1')]
@pytest.mark.parametrize(("username", "password", "status"), data)
class TestLogin():
    def setup_class(self):
        self.driver = webdriver.Chrome()
        self.driver.maximize_window()
        # self.driver.implicitly_wait(20)
        # 访问 "登录" 页面
        self.driver.get(url)
```

```python
    def teardown_class(self):
        self.driver.quit()

    def test_001_login(self, username, password, status):
        # 登录的 3 个操作用业务场景方法一条语句代替
        login_page.LoginScenario(self.driver).login(username,password)
        if status == '0':
            # 登录失败后的提示信息,通过封装的元素操作来代替
            text = login_page.LoginOper(self.driver).get_login_failed_info()
            assert   text == '无效的用户名或密码'
        elif status == '1':
            # 登录成功后显示的用户名,通过封装的元素操作来代替
            text = login_page.LoginOper(self.driver).get_login_name()
            assert username in text
            # 增加一个断言
            assert "我的工作台" in self.driver.page_source
        else:
            print('参数化的状态只能传入 0 或 1')

if __name__ == '__main__':
    # pytest.main(['-s', '-q', '--alluredir', '../report/'])
    pytest.main(['-s', 'test_001_login.py'])
    # pytest.main(['-s', '-q', '--alluredir', '../../Report/report'])
```

再次执行代码。第一个用例执行完成之后(登录失败)并不会退出浏览器,而是会继续执行第二个测试用例(登录成功)。这样就省去了重复启动、初始化浏览器的动作,整体测试的执行时间会节省 30% 左右。

但细心的读者应该会发现,要达到这样的效果是有前提条件的。首先,第一个测试必须登录失败,此时被测页面仍然停留在"登录"页面,这样才能无缝衔接第二个测试用例的执行,否则就会因为找不到"用户名"或"密码"文本框,而无法执行第二个测试用例;其次,这种情况只适用于测试用例中做了参数化(通过数据文件读取)的情况,无法在多个测试用例文件之间执行。

实际上,该方法违背了自动化测试设计的基础原则,即自动化测试用例不应依赖于其他用例的成败。所以并不推荐使用这种方法。

16.3 着眼未来

虽然笔者建议团队应当同时采用 UI 自动化测试和接口自动化测试作为快速验收的一种测试策略,并且应该重接口、轻 UI,这种思路也是业内的主流思路,但这还是很难保证你的 UI 自动化测试用例不会越来越多。总之,如果你希望加快执行速度,那么请看本节内容。

16.3.1 分布式执行

Selenium Grid 是 Selenium 套件的一部分，专门用于将测试用例并行执行在不同的浏览器、操作系统和计算机上。这里我们以 Selenium Grid 2 为例介绍其用法。

Selenium Grid 主要使用 Hub/Nodes 理念。一个 Hub 可以对应多个基于 Hub 注册的子节点（Nodes）。当我们在 Master 执行测试用例时，Hub 会被分发给适当的 Node 去执行，如图 16-3 所示。

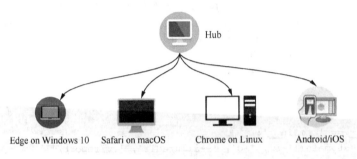

图 16-3　Hub/Nodes

（1）什么时候用 Selenium Grid

- 用于兼容性测试，同时在不同的浏览器、操作系统和计算机上执行测试用例。
- 想减少执行时间。

启动 Selenium Grid 的 3 种方式：命令行启动；借助 JSON 配置文件；使用 Docker 启动。

（2）命令行启动 Selenium Grid

这里将会使用两台计算机，一台运行 Hub，另一台运行 Node。为了方便描述，将运行 Hub 的计算机命名为"Machine H"（IP：192.168.1.100），将运行 Node 的计算机命名为"Machine N"（IP：192.168.1.101）。

前提条件如下。

- 配置Java环境。
- 已安装需要运行的浏览器。
- 下载浏览器driver，放到和Selenium Server相同的目录下，否则在启动Node时要加参数才能启动浏览器（java -Dwebdriver.chrome.driver="C:\your path\chromedriver.exe" -jar selenium-server-standalone-3.141.59.jar -role node -hub http://192.168.1.100:5566/grid/register/，该命令可切换浏览器）。
- 下载Selenium Server，将selenium-server-standalone-X.XX.jar分别放在"Machine H"和"Machine N"上（即放在自定义目录中），如图16-4所示。

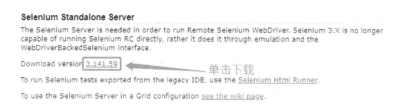

图 16-4　Selenium Standlone Server

◆ 启动 Hub

在"Machine H"上打开命令行窗口，找到 Selenium Server 所在的目录，执行"java -jar selenium-server-standalone-3.141.59.jar -role hub -port 5566"命令。启动成功后你会看到图 16-5 所示的类似内容。

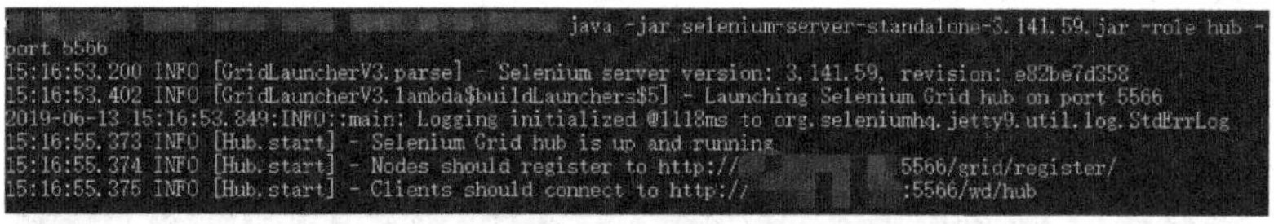

图 16-5　启动 Hub 成功

或者直接在"Machine H"上的浏览器中（"Machine N"则需要将 IP 修改为"Machine H"的）打开 http://localhost:5566/grid/console，将会看到图 16-6 所示的类似页面。

图 16-6　Hub 页面

在"Machine N"上打开命令行窗口，找到 Selenium Server 所在的目录，执行"java -jar selenium-server-standalone-3.141.59.jar -role node -hub http://192.168.1.100:5566/grid/register/ -port 5577"命令。启动成功后你会看到图 16-7 所示的类似内容。

图 16-7　启动 Node 成功

刷新 http://localhost:5566/grid/console，将会看到图 16-8 所示的类似页面。

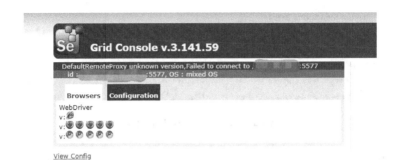

图 16-8　Node 页面

♦ 启动 Node

执行测试脚本,将会看到在"Machine N"上打开了 Chrome 浏览器,并执行了测试用例,如图 16-9 所示。

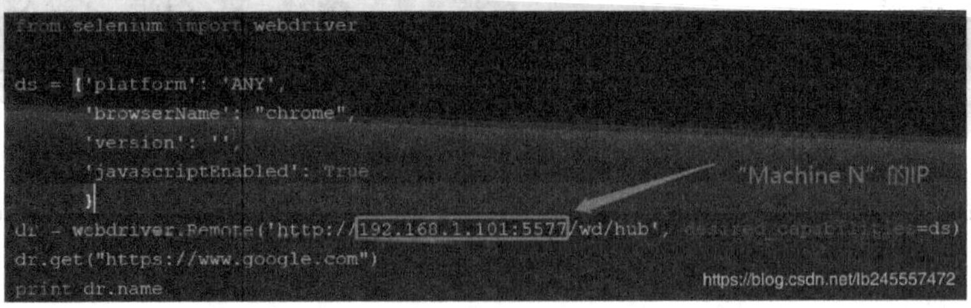

图 16-9　启动 Node

```
from selenium import webdriver

ds = {'platform': 'ANY',
      'browserName': "chrome",
      'version': '',
      'javascriptEnabled': True
      }
dr = webdriver.Remote('http://192.168.1.101:5577/wd/Hub', desired_capabilities=ds)
dr.get("https://www.baidu.com")
print dr.name
```

(3) 借助 JSON 配置文件启动

创建 Hub 的 JSON 配置文件的代码如下。

```
{
  "port": 4444,
  "newSessionWaitTimeout": -1,
  "servlets" : [],
  "withoutServlets": [],
  "custom": {},
  "capabilityMatcher": "org.openqa.grid.internal.utils.DefaultCapabilityMatcher",
  "registry": "org.openqa.grid.internal.DefaultGridRegistry",
  "throwOnCapabilityNotPresent": True,
```

```
    "cleanUpCycle": 5000,
    "role": "Hub",
    "debug": False,
    "browserTimeout": 0,
    "timeout": 1800
}
```

将上述代码保存为 Hub_config.json 文件，放在"Machine H"上和 Selenium Server 相同的目录下。

创建 Nodes 的 JSON 配置文件的代码如下。

```
{
  "capabilities":
  [
    {
      "browserName": "firefox",
      "marionette": True,
      "maxInstances": 5,
      "seleniumProtocol": "WebDriver"
    },
    {
      "browserName": "chrome",
      "maxInstances": 5,
      "seleniumProtocol": "WebDriver"
    },
    {
      "browserName": "internet explorer",
      "platform": "WINDOWS",
      "maxInstances": 1,
      "seleniumProtocol": "WebDriver"
    },
    {
      "browserName": "safari",
      "technologyPreview": False,
      "platform": "MAC",
      "maxInstances": 1,
      "seleniumProtocol": "WebDriver"
    }
  ],
  "proxy": "org.openqa.grid.selenium.proxy.DefaultRemoteProxy",
  "maxSession": 5,
  "port": -1,
  "register": True,
  "registerCycle": 5000,
  "Hub": "http://192.168.1.100:4444",
  "NodeStatusCheckTimeout": 5000,
  "NodePolling": 5000,
  "role": "Node",
  "unregisterIfStillDownAfter": 60000,
```

```
"downPollingLimit": 2,
"debug": false,
"servlets" : [],
"withoutServlets": [],
"custom": {}
}
```

将上述代码保存为 Node_config.json 文件（注意将 Hub 对应的值改为"Machine H"的 IP），放在"Machine N"上和 Selenium Server 相同的目录下（当存在多个 Node 时，需将该文件放在多个 Node 计算机上或者在同一个计算机上启动多个 Node）。

- 启动 Hub

在运行 Hub 的计算机的命令行窗口执行命令：java -jar selenium-server-standalone-3.141.59.jar -role Hub -HubConfig Hub_config.json。

- 启动 Node

在运行 Node 的计算机的命令行窗口执行命令：java -jar selenium-server-standalone-3.141.59.jar -role Node -NodeConfig Node_config.json。

通过之前的验证方法和脚本查看代码是否正确。

16.3.2 Docker 技术

Selenium Grid 虽然帮助我们实现了分布式运行，但是每个 Node 都需要下载相关软件并进行配置，一旦出现问题，还需要逐个分析解决。总之，配置软件的过程非常痛苦。16.3.1 小节中我们说过，可以借助 Docker 来启动 Node。

Docker 是什么呢？它是一个开源的应用容器引擎，可以让开发者打包他们的 App 以及依赖包到一个可移植的镜像中，然后发布到任何流行的采用 Linux 或 Windows 的计算机上，也可以实现虚拟化。容器完全使用沙箱机制，相互之间不会有任何接口。

借助 Docker 来启动 Selenium Grid 能帮我们简化操作过程。Docker 上已经有 Selenium 官方的 Selenium Grid 镜像，只要你安装了 Docker，就可使用。

（1）启动 Hub

命令：Docker run -d -p 4444:4444 --name selenium-Hub selenium/Hub。

（2）启动 Node（Chrome 和 Firefox）

命令：Docker run -d --link selenium-Hub:Hub selenium/Node-chrome。

命令：Docker run -d --link selenium-Hub:Hub selenium/Node-firefox。

执行命令将会下载内置镜像文件（包括 Java、Chrome、Firefox、selenium-server-standalone-

XXX.jar 等运行 Selenium 所需的环境），此时你可以访问 http://localhost:4444/grid/console，如图 16-10 所示。

图 16-10　访问 Grid

如果需要多个 Chrome Node 则继续执行这个命令：Docker run -d --link selenium-Hub:Hub selenium/Node-chrome。刷新一次则会看到多了一个 Chrome 实例。

执行命令：Docker ps。程序会显示正在运行的容器，如图 16-11 所示。

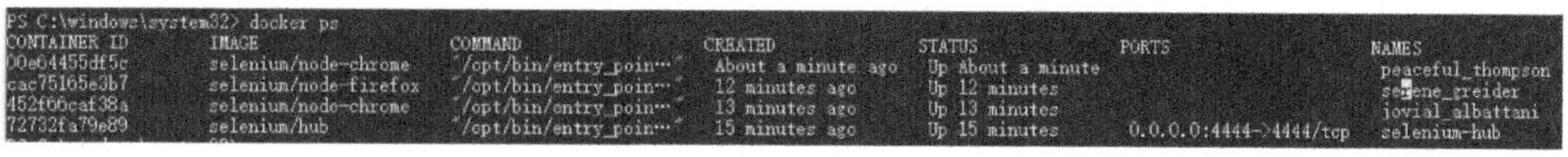

图 16-11　查看容器信息

关闭 Docker-grid 的命令：Docker stop $(Docker ps -a -q)，Docker rm $(Docker ps -a -q)。

Docker 已经简化了 Selenium Grid 的搭建流程，但是还是有很多的手动工作，需要一个一个地启动和关闭 Hub/Nodes。

◆ Docker 组件启动 Selenium Grid

Selenium Grid 通常需要启动一个 Hub，多个 Nodes（如 Chrome、Firefox 等）。我们可以把它们定义到一个名为"Docker-compose.yml"的文件中，并通过一个命令来整体启动，Docker 提供了一个这样的工具——Docker-Compose。

安装 Docker-Compose 工具，一旦安装成功，就创建一个新的文件夹，并创建文件 Docker-compose.yml，文件内容如下。

```
version: "3"
services:
  selenium-Hub:
    image: selenium/Hub
    container_name: selenium-Hub
    ports:
      - "4444:4444"
  chrome:
    image: selenium/Node-chrome
    depends_on:
      - selenium-Hub
    environment:
```

```yaml
    - Hub_PORT_4444_TCP_ADDR=selenium-Hub
    - Hub_PORT_4444_TCP_PORT=4444
firefox:
  image: selenium/Node-firefox
  depends_on:
    - selenium-Hub
  environment:
    - Hub_PORT_4444_TCP_ADDR=selenium-Hub
    - Hub_PORT_4444_TCP_PORT=4444
```

Docker-compose 的命令如下。

- 启动（到Docker-compose.yml目录下）：Docker-compose up -d。
- 查看启动是否成功：Docker-compose ps。
- 创建更多实例：Docker-compose scale chrome=5。
- 关闭：Docker-compose down。

浏览器打开 http://localhost:4444/grid/console，将会看到类似图 16-12 所示的信息。

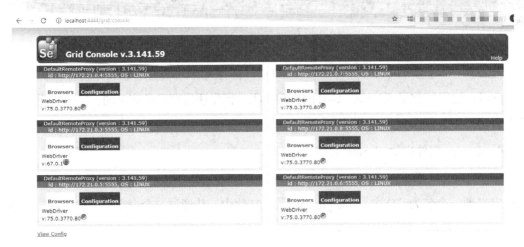

图 16-12　Grid 的 Node 信息

接下来直接执行脚本即可。

```python
import unittest
from selenium import webdriver


class MyTestCase(unittest.TestCase):

    def setUp(self):
        ds = {'platform': 'ANY',
              'browserName': "chrome",
              'version': '',
              'javascriptEnabled': True
              }
```

```python
            self.dr = webdriver.Remote('http://localhost:4444/wd/hub', desired_capabilities=ds)

    def test_something(self):
        self.dr.get("https://www.baidu.com")
        self.assertEqual(self.dr.name, "chrome")

    def test_search_button(self):
        self.dr.get("https://www.baidu.com")
        self.assertTrue(self.dr.find_element_by_id("su").is_displayed())

    def tearDown(self):
        self.dr.quit()


if __name__ == '__main__':
    unittest.main()
```

> **注意** ▶ 使用 Docker 启动 Selenium Grid 和前面两种启动方法不太一样，这里不会打开浏览器（即在容器内部执行）。

写在最后

在本书的最后，我们来聊聊 Selenium 有哪些"糟糕实践"。失败的经验也很宝贵，实践过程中，你应该避免这些问题。

（1）验证码

CAPTCHA 是 Completely Automated Public Turing Test to Tell Computers and Humans Apart（全自动区分计算机和人类的图灵测试）的简称。CAPTCHA 是区分计算机和人类的一种程序算法，是一种区分用户是计算机还是人的计算程序，这种程序必须能生成并评价人类能很容易通过但计算机通不过的测试。

简单来说，验证码存在的目的就是防止自动化，所以请不要尝试用各种方法去识别验证码。一般来说，我们可以通过以下两种方式避免项目中遇到"验证码"。

- 测试环境中关闭验证码功能。
- 使用万能验证码功能。

（2）双因子验证

双因子验证（2 Factor Authentication，2FA）是一种安全密码验证方式。传统的密码验证由一组静态信息组成，如字符、图像、手势等，其很容易被获取，相对不安全。2FA 会基于时间、历史长度、实物（信用卡、SMS 手机、令牌、指纹）等自然变量结合一定的加密算法组合出一组动态密码，一般每 60 秒刷新一次，不容易被获取和破解，相对安全。

在 Selenium 中，如果遇到 2FA 类型的验证方式，一般来说可以采取以下方式避免。

- 在测试环境中为某些用户禁用2FA，以便可以在自动化中使用这些用户凭据。
- 在测试环境中禁用2FA。
- 设置某特定IP请求不进行2FA，这样我们就可以配置测试机IP来避免2FA。

（3）文件下载

在 6.12 节中，我们详细介绍了 Selenium 有关文件下载的相关功能。我们了解到尽管可以在 Selenium 中通过单击浏览器的链接来开始下载，但该 API 不会获取下载进度，这使其不适合测试下载的文件。所以，应尽量避免使用 Selenium 来验证项目的下载功能，或者你应该和需求方确认清楚"他想要验证的到底是什么"。

（4）测试用例依赖

在 14.4 节中，我们对如何准备自动化测试过程中需要用到的测试数据做了详细的讲解。这里我想再次强调一下，你的测试用例应该能够以任何顺序执行（测试用例之间没有耦合关系），并且某个用例能否执行成功不应该依赖于其他测试用例的执行结果。

（5）性能测试

不要尝试用 Selenium 来做性能测试，性能测试追求的是相同时间节点上模拟众多用户发送给服务器端大量的请求。Selenium 官方强调过这并非其擅长的场景，所以请使用其他专业的性能测试工具，如 JMeter、Gatling 等。

（6）抓取信息

网络上，有部分文章介绍如何借助 Selenium 来抓取某某网站的信息。Selenium 确实可以实现该功能，但官方有声明，基于 WebDriver 的实现原理，它绝不是最理想的工具。也许我们可以尝试使用"BeautifulSoup"之类的库，因为这些库中的方法不依赖于创建浏览器和导航页面，这样可以节省大量的时间。

（7）登录邮箱、账号

网络上，有部分文章介绍如何借助 Selenium 实现登录邮箱、登录 12306 抢票、登录京东网站参加整点抢购商品活动。实际上，这有点"哗众取宠"，因为：第一，通过页面的操作方式去抢购的速度绝对没有直接发请求来得快；第二，这会在无形中违反了一些网站的使用条款，有可能会面临账户被关闭的风险。